Vue.js开发

快速入门到精通

明日科技　编著

化学工业出版社

·北京·

内容简介

《Vue.js 开发快速入门到精通》是一本侧重编程基础 + 实践的 Vue.js 程序开发图书，为了保证读者可以学以致用，在实践方面循序渐进地进行 3 个层次的实践：基础知识实践、进阶应用实践和综合应用实践。全面介绍了使用 Vue.js 进行程序开发的必备知识，从学习到实践的角度出发，以帮助读者快速掌握 Vue.js 开发的技能，拓宽职场的道路。本书通过各种示例将学习与应用相结合，通过案例对所学知识进行综合应用，通过开发实际项目将 Vue.js 开发的各项技能应用到实际工作中。

全书共 20 章，主要分为三个篇章：基础篇包括初识 Vue.js、基础特性、条件判断、列表渲染、计算属性和监听属性、样式绑定、事件处理、表单控件绑定、自定义指令、组件、过渡效果、使用插件实现路由和 Ajax、单页 Web 应用、状态管理；案例篇包括模拟 QQ 聊天窗口、贪吃蛇小游戏、注册与登录、时光音乐网首页设计、游戏公园；项目篇包括 51 购商城。

本书提供丰富的资源，包含实例、实战练习、案例、项目，力求为读者打造一本基础 + 应用 + 实践一体化精彩的 Vue.js 开发实例图书。

本书不仅适合初学者、编程爱好者、准备毕业设计的学生、参加实习的“菜鸟”程序员，而且适合初、中级程序开发人员以及程序测试和维护人员。

图书在版编目（CIP）数据

Vue.js开发快速入门到精通 / 明日科技编著. 北京 : 化学工业出版社，2024. 7. -- ISBN 978-7-122-44870-5

Ⅰ. TP393.092.2

中国国家版本馆CIP数据核字第20241YF342号

责任编辑：曾　越　　文字编辑：师明远
责任校对：刘　一　　装帧设计：王晓宇

出版发行：化学工业出版社
（北京市东城区青年湖南街13号　邮政编码100011）
印　　刷：北京云浩印刷有限责任公司
装　　订：三河市振勇印装有限公司
787mm×1092mm　1/16　印张23½　字数590千字
2024年11月北京第1版第1次印刷

购书咨询：010-64518888　　售后服务：010-64518899
网　　址：http://www.cip.com.cn
凡购买本书，如有缺损质量问题，本社销售中心负责调换。

定　　价：99.00元

前言

本书从初学者的角度出发，为想要学习 Vue.js 程序开发、想要进行前端开发的初中级开发人员、编程爱好者、大学师生精心策划。所讲内容从技术应用的角度出发，结合实际应用进行讲解。本书侧重 Vue.js 的编程基础与实践，为保证读者学以致用，循序渐进地进行 3 个层次的篇章介绍：基础篇、案例篇和项目篇。

本书内容

全书共分为 20 章，主要通过“基础篇（14 章）+ 案例篇（5 章）+ 项目篇（1 章）”三大维度一体化的方式讲解，具体的学习结构如下图所示。

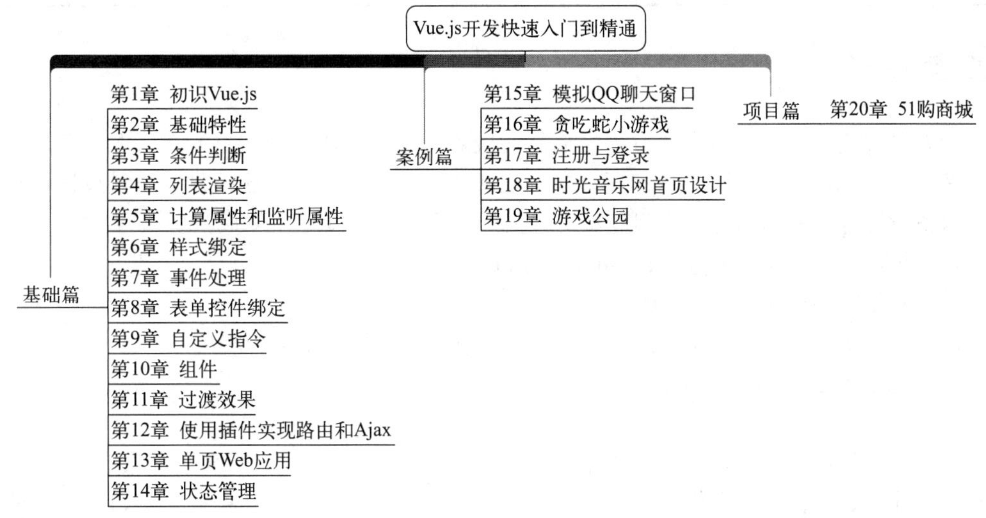

本书特色

1. 突出重点、学以致用

书中每个知识点都结合了简单易懂的示例代码以及非常详细的注释信息，力求读者能够快速理解所学知识，提升学习效率，缩短学习路径。

2. 提升思维、综合运用

本书会以知识点综合运用的方式，带领读者制作各种趣味性较强的应用案例，让读者不断提升编写 Vue.js 程序的思维，还可以快速提升对知识点的综合运用能力，让读者能够回顾以往所学的知识点，并结合新的知识点进行综合应用。

3. 综合技术、实际项目

本书在项目篇中提供了 1 个贴近实际应用的项目，力求通过实际应用使读者更容易地掌握 Vue.js 技术与对应业务的需求。项目是根据实际开发经验总结而来，包含了在实际开发中所遇到的各种问题。项目结构清晰、扩展性强，读者可根据个人需求进行扩展开发。

4. 精彩栏目、贴心提示

本书根据实际学习的需要，设置了“注意”“说明”等许多贴心的小栏目，辅助读者轻松理解所学知识，规避编程陷阱。

5. 丰富资源、边学边练

本书提供了丰富的学习资源，包含视频、源代码、实战练习等。读者可访问我社官网 > 服务 > 资源下载页面：www.cip.com/Service/Download 搜索本书并获取配书资源的下载链接。

本书约定

本书推荐系统及开发工具	
系统（Win7、Win11 兼容）	WebStorm 2021.1（2020、2019、2018 等兼容）
Windows10	WS

读者服务

为方便解决读者在学习本书过程中遇到的疑难问题及获取更多图书配套资源，我们在明日学院网站为您提供了社区服务和配套学习服务支持。此外，我们还提供了质量反馈信箱及售后服务电话等，如图书有质量问题，可以及时联系我们，我们将竭诚为您服务。

- ✓ 质量反馈信箱：mingrisoft@mingrisoft.com
- ✓ 售后服务电话：4006751066
- ✓ 售后服务 QQ 群：706013952（若此群已满，请根据提示加入相应的群）
- ✓ 微信公众号：明日 IT 部落

本书由明日科技的 Web 前端开发团队策划并组织编写，主要编写人员有张鑫、王小科、赵宁、周佳星、李磊、王国辉、高春艳、赛奎春、葛忠月、宋万勇、杨丽、刘媛媛、依莹莹等。在编写本书的过程中，我们本着科学、严谨的态度，力求精益求精，但疏漏之处在所难免，敬请广大读者批评斧正。

感谢您阅读本书，希望本书能成为您编程路上的领航者。

祝您读书快乐！

编者

目录

Vue.js

基础篇

Vue.js

第 1 章 初识 Vue.js

近些年，互联网前端行业发展迅猛。前端开发不仅在 PC 端得到广泛应用，在移动端的前端项目中的需求也越来越强烈。为了改变传统的前端开发方式，进一步提高用户体验，越来越多的前端开发者开始使用框架来构建前端页面。目前，比较受欢迎的前端框架有 Google 的 AngularJS、Facebook 的 ReactJS，以及本书中将要介绍的 Vue.js。随着这些框架的出现，组件化的开发方式得到了普及，同时也改变了原有的开发思维和方式。

本章先对 Vue.js 的概念进行介绍，然后介绍 Vue.js 的安装方法以及开发模式，接下来再对开发工具 WebStorm 进行简单介绍。

1.1 Vue.js 概述

Vue.js 是一套用于构建用户界面的渐进式框架。与其他重量级框架不同的是，它只关注视图层，采用自底向上增量开发的设计。Vue.js 的目标是通过尽可能简单的 API 实现响应的数据绑定和组合的视图组件。它不仅容易上手，还非常容易与其他库或已有项目进行整合。

1.1.1 什么是 Vue.js

Vue.js 实际上是一个用于开发 Web 前端界面的库，其本身具有响应式编程和组件化的特点。所谓响应式编程，即保持状态和视图的同步。响应式编程允许将相关模型的变化自动反映到视图上，反之亦然。Vue.js 采用的是 MVVM（Model-View-ViewModel）的开发模式。与传统的 MVC 开发模式不同，MVVM 将 MVC 中的 Controller 改成了 ViewModel。在这种模式下，View 的变化会自动更新到 ViewModel，而 ViewModel 的变化也会自动同步到 View 上进行显示。ViewModel 模式的示意图如图 1.1 所示。

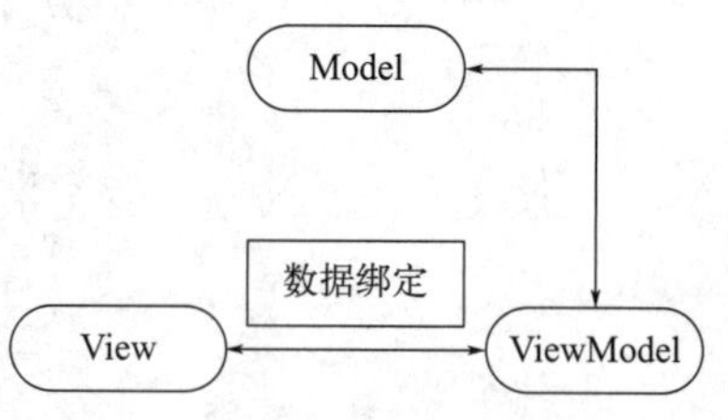

图 1.1 ViewModel 模式的示意图

与 ReactJS 一样，Vue.js 同样拥有“一切都是组件”的理念。应用组件化的特点，可以将任意封装好的代码注册成标签，这样就在很大程度上减少了重复开发，提高了开发效率和代码复用性。如果配合 Vue.js 的周边工具 vue-loader，可以将一个组件的 HTML、CSS 和 JavaScript 代码都写在一个文件当中，这样可以实现模块化的开发。

1.1.2 Vue.js 的主要特性

Vue.js 的主要特性如下：

① 轻量级　相比较 AngularJS 和 ReactJS 而言，Vue.js 是一个更轻量级的前端库。不但容量非常小，而且没有其他的依赖。

② 数据绑定　数据绑定是 Vue.js 最主要的特点。在传统的 Web 项目中，如果需要修改视图，需要通过获取 DOM 的方法进行修改，这样才能维持数据和视图的一致。而 Vue.js 是一个响应式的数据绑定系统，在建立绑定后，DOM 将和 Vue 对象中的数据保持同步，这样就无须手动获取 DOM 的值再同步到视图中。

③ 应用指令　同 AngularJS 一样，Vue.js 也提供了指令这一概念。指令用于在表达式的值发生改变时，将某些行为应用到绑定的 DOM 上，通过对应表达式值的变化就可以修改对应的 DOM。

④ 插件化开发　与 AngularJS 类似，Vue.js 也可以用来开发一个完整的单页应用。在 Vue.js 的核心库中并不包含路由管理、Ajax 请求和状态管理等功能，但是可以非常方便地加载对应的插件来实现这样的功能。例如，vue-router 插件提供了路由管理的功能，Vuex 插件提供了状态管理的功能。

1.2 Vue.js 的安装

1.2.1 直接下载并引入

在 Vue.js 的官方网站中可以直接下载 vue.js 文件，下载后使用 <script> 标签将其引入 HTML 文件中。下面介绍下载和引入 Vue.js 的方法。

（1）下载 Vue.js

Vue.js 是一个开源的库，从它的官方网站中就可以下载到。具体的下载步骤如下：

① 在浏览器中打开 Vue.js 的官方网站，找到如图 1.2 所示的内容。

② 根据开发者的实际情况选择不同的版本进行下载。这里以下载开发版本为例，在“开发版本”按钮上单击鼠标右键，如图 1.3 所示。

③ 在弹出的右键菜单中单击“链接另存为”选项，弹出下载对话框，如图 1.4 所示，单击对话框中的“保存”按钮，即可将 vue.js 文件下载到本地计算机上。

图 1.2 根据实际情况选择版本

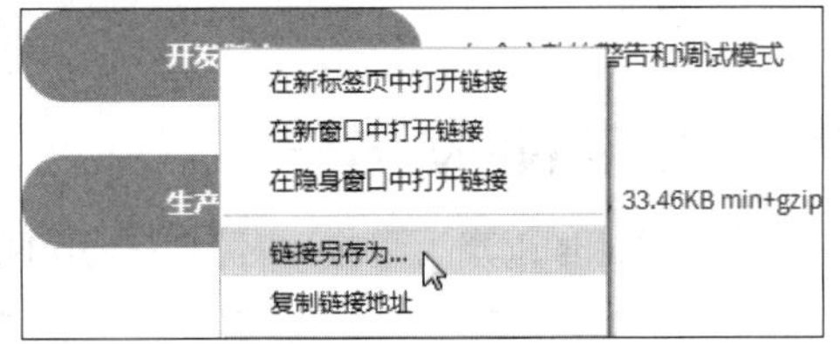

图 1.3 在“开发版本”按钮上单击鼠标右键

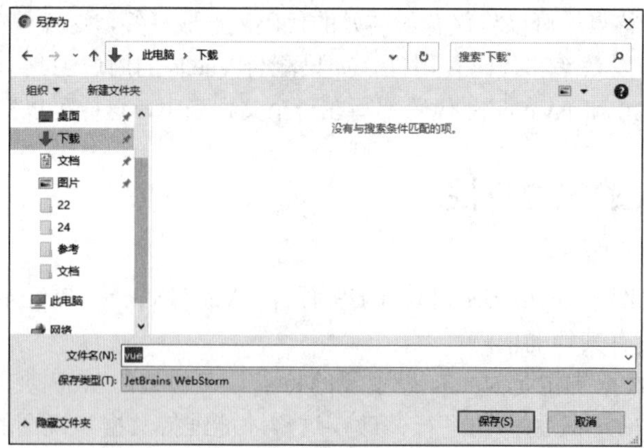

图 1.4　下载 vue.js 文件

此时下载的文件为完整不压缩的开发版本。因为该版本中包含了所有常见错误相关的警告，所以在开发环境下推荐使用该版本。如果在生产环境下，推荐使用压缩后的生产版本，因为使用生产版本可以带来比开发环境下更快的速度体验。

（2）引入 Vue.js

将 Vue.js 下载到本地计算机后，要想使用 Vue.js，还需要在项目中引入该文件。即将下载后的 vue.js 文件放到项目的指定文件夹中，通常放在 JS 文件夹中，然后在需要的页面中使用 <script> 标签将其引入。代码如下：

```
<script type="text/javascript" src="JS/vue.js"></script>
```

注意

引入 Vue.js 的 <script> 标签，必须放在所有的自定义脚本文件的 <script> 之前，否则在自定义的脚本代码中应用不到 Vue.js。

1.2.2　引用外部 CDN 文件

在项目中使用 Vue.js，还可以采用引用外部 CDN 文件的方式。在项目中直接通过 <script> 标签加载外部 CDN 文件，代码如下：

```
<script src="https://cdnjs.cloudflare.com/ajax/libs/vue/2.5.21/vue.js"></script>
```

说明　为了防止出现外部 CDN 文件不可用的情况，还是建议用户将 Vue.js 下载到本地计算机中。

1.2.3　使用 NPM 方法

在使用 Vue.js 构建大型应用时推荐使用 NPM 方法进行安装，执行命令如下：

```
npm install vue
```

使用 NPM 方法安装 Vue.js 需要在计算机中安装 Node.js。

1.3 Vue.js 的开发模式

在引入 Vue.js 框架后，在 <body> 标签中使用 new Vue() 的方式创建一个 Vue 实例，这就是 Vue.js 最基本的开发模式。下面通过一段完整的代码来快速体验一下这种开发模式。

```
<!DOCTYPE html>
<html lang="en">
<head>
    <meta charset="UTF-8">
    <title>Vue 示例 </title>
    <script type="text/javascript" src="JS/vue.js"></script>
</head>
<body>
<div id="app">
    <ul>
        <li v-for="item in items">{{item}}</li>
    </ul>
</div>
<script type="text/javascript">
    var demo = new Vue({
        el : '#app',
        data : {
            items : ['HTML','CSS','JavaScript','Vue.js']
        }
    });
</script>
</body>
</html>
```

运行上述代码，会将列表内容循环显示出来，结果如图 1.5 所示。

对于一些业务逻辑比较复杂的项目，可以使用 Vue 单文件组件的形式，必要时还需要使用 Vuex 来实现状态管理，使用 vue-router 来实现路由管理。这里提到的一些概念只是为了说明 Vue.js 开发模式的多样化，在后面的章节中会对它们进行详细介绍。

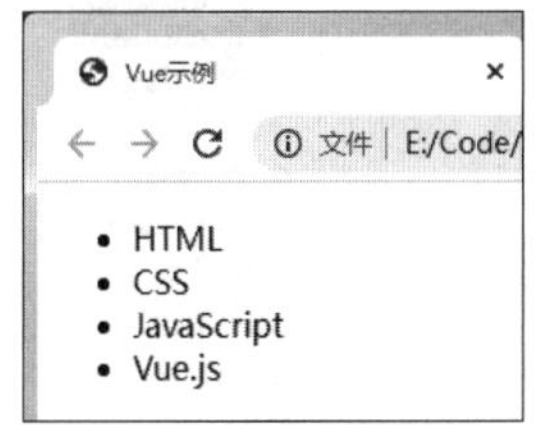

图 1.5　示例运行结果

1.4 WebStorm 简介

WebStorm 是 JetBrains 公司旗下一款 JavaScript 开发工具，被广大中国 JavaScript 开发者誉为 Web 前端开发神器、最强大的 HTML5 编辑器、最智能的 JavaScript IDE 等。WebStorm 添加了对 Vue.js 的语法支持，通过安装插件的方式识别以 .vue 为后缀的文件，在 WebStorm 中用于支持 Vue.js 的插件名称就叫 Vue.js。

本书中使用的 WebStorm 版本是 WebStorm 2021.1。在该版本中已经默认安装了 Vue.js 插件，用户无须手动进行安装。

由于 WebStorm 的版本会不断更新，因此这里以 WebStorm 2021.1（以下简称 WebStorm）为例，介绍 WebStorm 的下载和安装。

1.4.1 WebStorm 的下载

WebStorm 的不同版本可以通过官方网站进行下载。下载 WebStorm 的步骤如下：

① 在浏览器的地址栏中输入官方网站地址，按下 <Enter> 键进入 WebStorm 的主页面，如图 1.6 所示。

图 1.6 WebStorm 的主页面

② 单击图 1.6 中右上角的“Download”按钮，进入 WebStorm 的下载页面，如图 1.7 所示。

图 1.7 WebStorm 的下载页面

③ 单击图 1.7 中的“Download”按钮，即可将 WebStorm 的安装文件下载到本地计算机上。

1.4.2 WebStorm 的安装

WebStorm 的安装步骤如下：

① WebStorm 下载完成后，双击“WebStorm-2021.1.exe”安装文件，打开 WebStorm 的

安装欢迎界面，如图1.8所示。

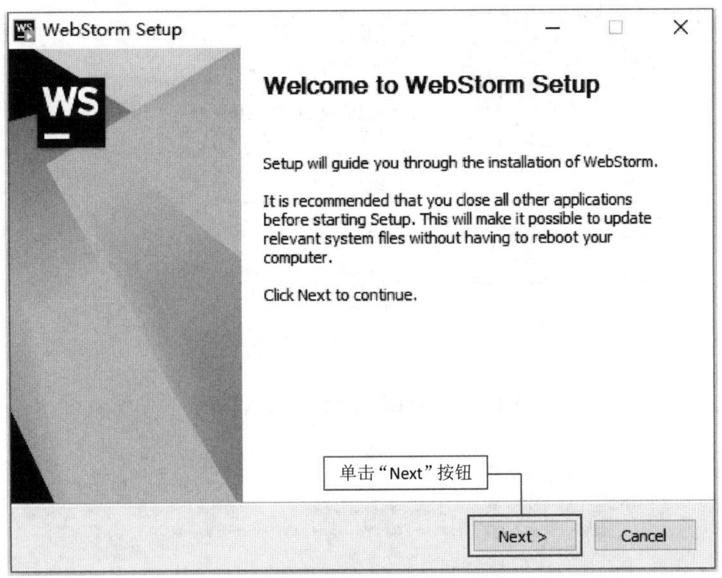

图1.8　WebStorm安装欢迎界面

② 单击图1.8中的“Next”按钮，打开WebStorm的选择安装路径界面，如图1.9所示。在该界面中可以设置WebStorm的安装路径，这里将安装路径设置为“E:\WebStorm 2021.1”。

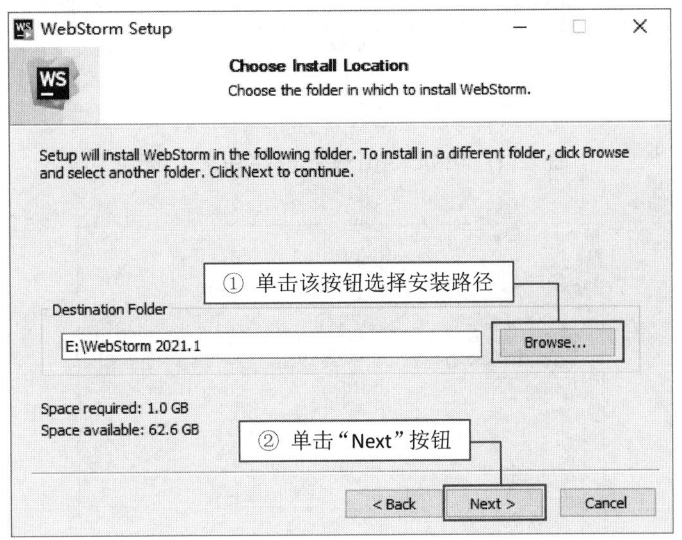

图1.9　WebStorm选择安装路径界面

③ 单击图1.9中的“Next”按钮，打开WebStorm的安装选项界面，如图1.10所示。在该界面中可以设置是否创建WebStorm的桌面快捷方式，以及选择创建关联文件。

④ 单击图1.10中的“Next”按钮，打开WebStorm的选择开始菜单文件夹界面，如图1.11所示。

⑤ 单击图1.11中的“Install”按钮开始安装WebStorm，正在安装界面如图1.12所示。

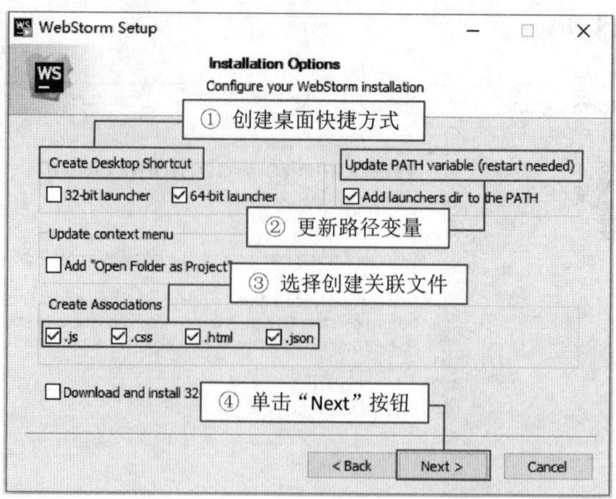

图 1.10　WebStorm 安装选项界面

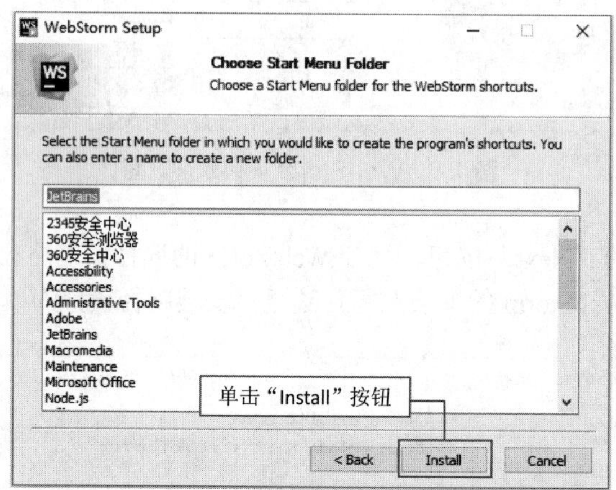

图 1.11　WebStorm 选择开始菜单文件夹界面

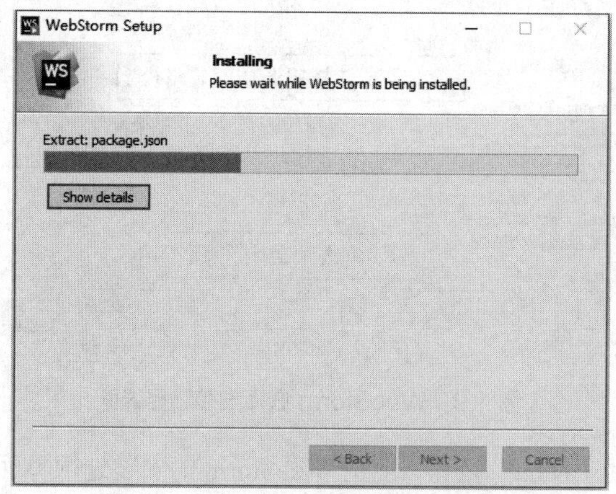

图 1.12　WebStorm 正在安装界面

⑥ 安装结束后会打开如图 1.13 所示的完成安装界面，在该界面中选中“I want to manually reboot later”前面的单选按钮，然后单击“Finish”按钮完成安装。

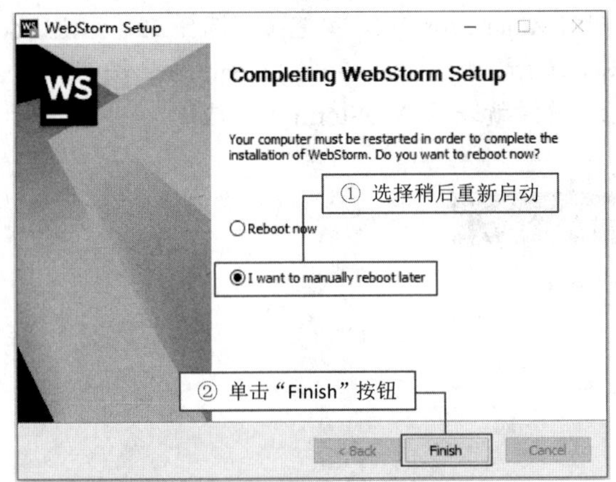

图 1.13　WebStorm 完成安装界面

⑦ 单击桌面上的“WebStorm 2021.1 x64”快捷方式运行 WebStorm。在首次运行 WebStorm 时会弹出如图 1.14 所示的对话框，提示用户是否需要导入 WebStorm 之前的设置，这里选择“Do not import settings”。

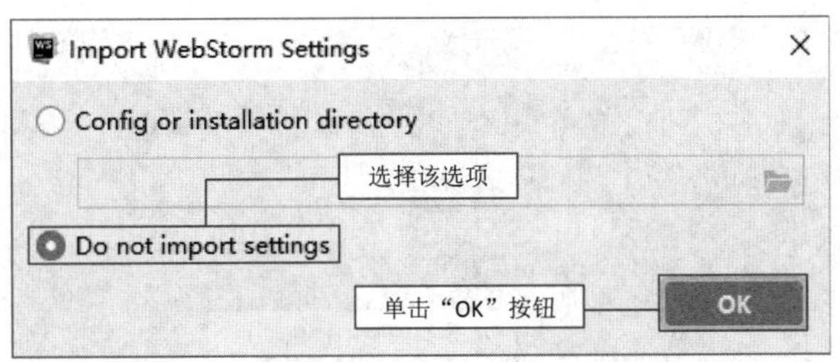

图 1.14　是否导入 WebStorm 设置提示对话框

⑧ 单击图 1.14 中的“OK”按钮，打开 WebStorm 的许可证激活界面，如图 1.15 所示。由于 WebStorm 是收费软件，因此这里选择的是 30 天试用版。如果读者想使用正式版，可以通过官方渠道购买。

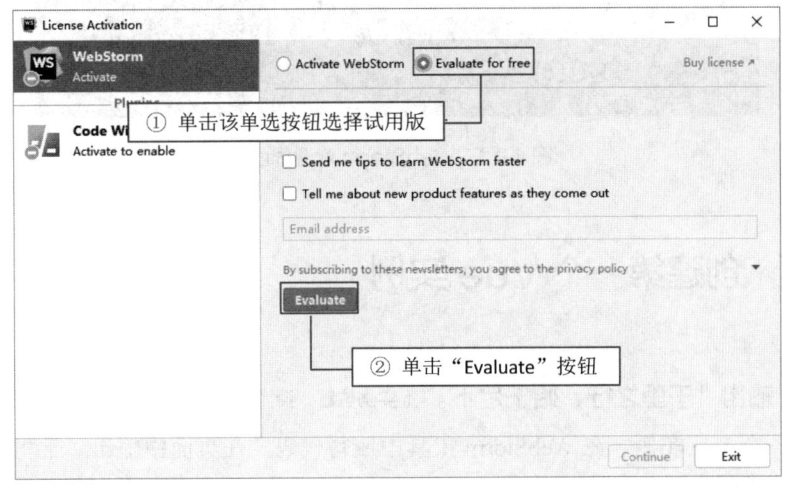

图 1.15　WebStorm 许可证激活界面 1

⑨ 单击图 1.15 中的“Evaluate for free”单选按钮选择 30 天试用版，然后单击“Evaluate”按钮，此时会打开如图 1.16 所示的界面，单击“Continue”按钮，将会打开 WebStorm 的欢迎界面，如图 1.17 所示。这时就表示 WebStorm 启动成功。

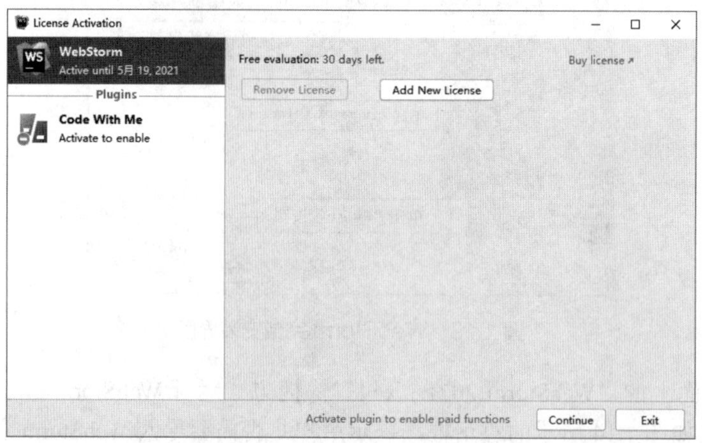

图 1.16　WebStorm 许可证激活界面 2

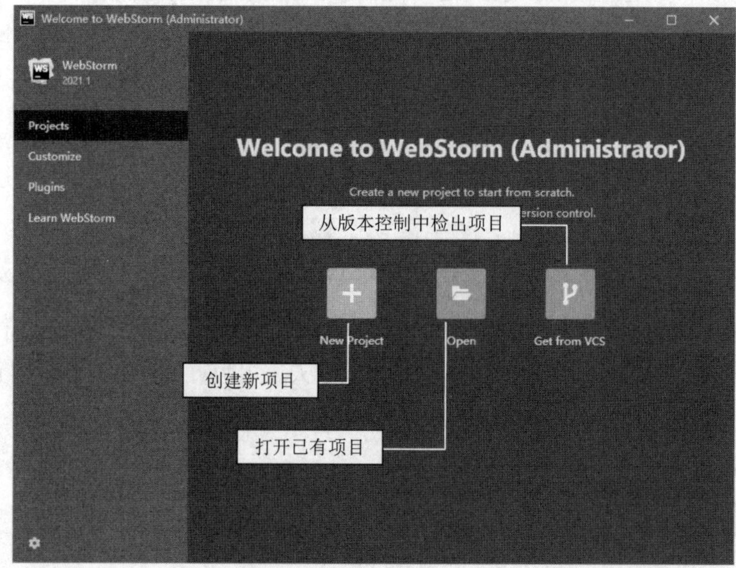

图 1.17　WebStorm 欢迎界面

1.5 创建第一个 Vue 实例

实例  输出“千里之行，始于足下。”（实例位置：资源包 \Code\01\01）

创建第一个 Vue 实例，在 WebStorm 工具中编写代码，在页面中输出“千里之行，始于足下。”。具体步骤如下：

① 启动 WebStorm，如果还未创建过任何项目，会弹出如图 1.18 所示的对话框。

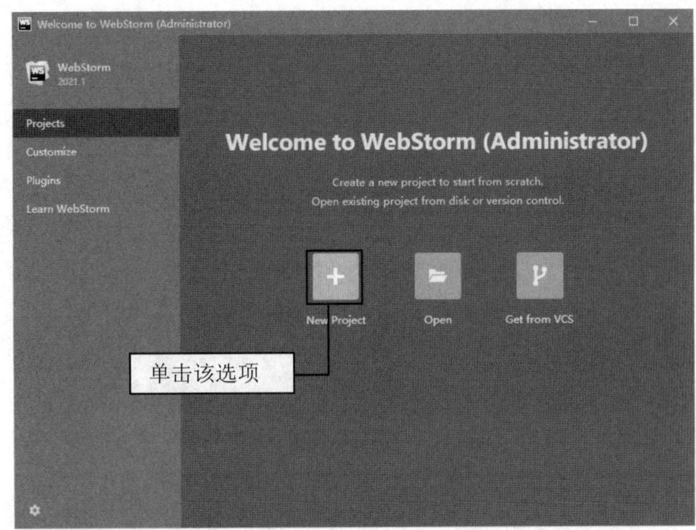

图 1.18 WebStorm 欢迎界面

② 单击图 1.18 中的“New Project”选项弹出“创建新项目”对话框，如图 1.19 所示。在对话框中输入项目名称“Code”，并选择项目存储路径，将项目文件夹存储在计算机中的 E 盘，然后单击“Create”按钮创建项目。

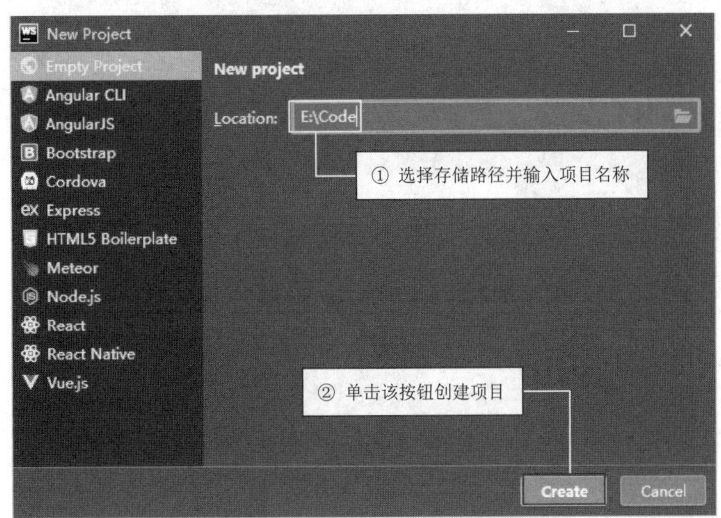

图 1.19 “创建新项目”对话框

③ 在项目名称“Code”上单击鼠标右键，然后依次选择“New”→“Directory”选项，如图 1.20 所示。

④ 单击“Directory”选项，弹出新建目录对话框，如图 1.21 所示，在文本框中输入新建目录的名称“01”作为本章实例文件夹，然后单击键盘中的 <Enter> 键，完成文件夹的创建。

⑤ 按照同样的方法，在文件夹 01 下创建第一个实例文件夹 01。

⑥ 在第一个实例文件夹 01 上单击鼠标右键，然后依次选择“New”→“HTML File”选项，如图 1.22 所示。

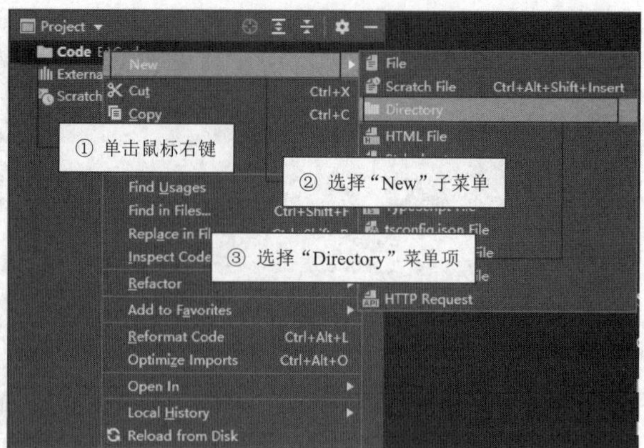

图 1.20　在项目中创建目录

图 1.21　输入新建目录名称

图 1.22　在文件夹下创建 HTML 文件

⑦ 单击“HTML File”选项，弹出“新建 HTML 文件”对话框，如图 1.23 所示，在文本框中输入新建文件的名称“index”，然后单击键盘中的 <Enter> 键，完成 index.html 文件的创建。此时，开发工具会自动打开刚刚创建的文件，结果如图 1.24 所示。

图 1.23　“新建 HTML 文件”对话框

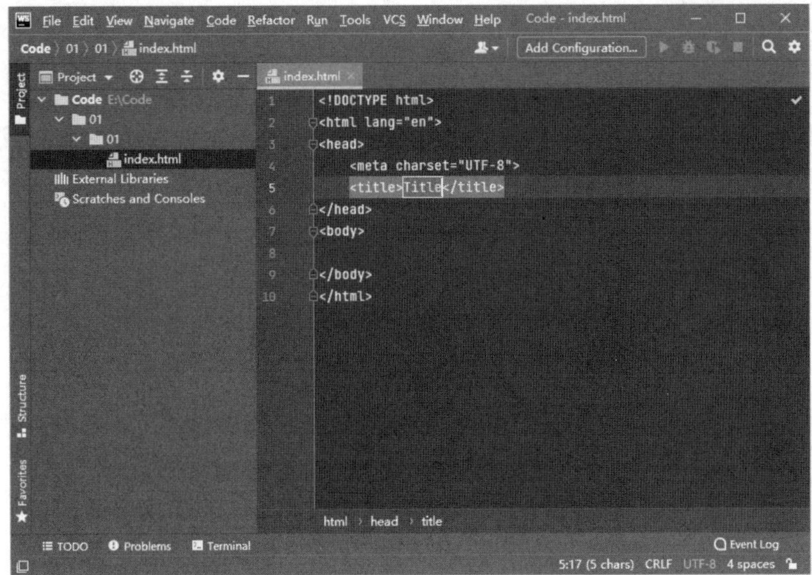

图 1.24　打开新创建的文件

⑧ 在 index.html 文件中编写代码，具体代码如下：

```
<!DOCTYPE html>
<html lang="en">
<head>
    <meta charset="UTF-8">
    <title> 第一个 Vue 实例 </title>
    <script type="text/javascript" src="../JS/vue.js"></script>
</head>
<body>
<div id="app">
    <h1>{{message}}</h1>
</div>
<script type="text/javascript">
    var demo = new Vue({
        el : '#app',
        data : {
            message : ' 千里之行，始于足下。'
        }
    });
</script>
</body>
</html>
```

使用浏览器运行“E:\Code\01\01”目录下的 index.html 文件，在浏览器中将会查看到运行结果，如图 1.25 所示。

图 1.25　程序运行结果

小结

本章主要介绍了 Vue.js 的特性、Vue.js 的安装方法、Vue.js 的开发模式以及开发工具 WebStorm 的下载和安装。通过这些内容让读者对 Vue.js 先有个初步的了解，为以后的学习奠定基础。

第 2 章 基础特性

应用 Vue.js 开发程序，首先要了解如何将数据显示在视图中。在构建视图时，Vue.js 采用了一种不同的语法。本章主要介绍 Vue.js 的构造函数中的几个选项对象，以及如何通过数据绑定将数据显示在视图中。

2.1 创建 Vue 实例

要构建 Vue.js 的应用，需要通过构造函数创建一个 Vue 的实例。创建一个 Vue 实例的语法格式如下：

```
var vm = new Vue({
    // 选项
})
```

在创建对象实例时，可以在构造函数中传入一个选项对象。在选项对象中可以定义挂载元素、数据、方法、生命周期钩子函数等选项。下面分别介绍一下这几个选项。

2.1.1 使用 el 选项定义挂载元素

在 Vue.js 的构造函数中有一个 el 选项，通过该选项可以为 Vue 实例提供挂载元素。定义挂载元素后，接下来的全部操作都在该元素内进行，元素外部不受影响。该选项的值可以使用 CSS 选择符，也可以使用 DOM 元素名称。例如，页面中定义了一个 div 元素，代码如下：

```
<div id="app" class="app"></div>
```

如果将该元素作为 Vue 实例的挂载元素，可以设置为 "el:'#app'""el:'.app'" 或 "el:'div'"。挂载元素成功后，可以通过 Vue 实例的 $el 属性来访问该元素。代码如下：

```
<div id="app" class="app"></div>
<script type="text/javascript">
    var vm = new Vue({
        el : '#app'
    });
```

```
    document.write(vm.$el.tagName);
</script>
```

运行结果为：

```
DIV
```

2.1.2 使用 data 选项定义数据

在 Vue 实例中，定义数据可以使用 data 选项，而通过 Vue 实例可以访问 data 选项中的所有数据。示例代码如下：

```
<script type="text/javascript">
    var vm = new Vue({
        el : '#app',
        data : {
            text : '路遥知马力，日久见人心。',// 定义数据
        }
    });
    document.write('<h2>'+vm.text+'</h2>');
</script>
```

运行结果如图 2.1 所示。

图 2.1　输出 data 选项中的属性值

上述代码中，vm 是创建的 Vue 实例，在实例的 data 选项中定义了一个属性 text。通过 vm.text 即可访问该属性。

在创建 Vue 实例时，除了在 data 选项中直接定义数据之外，还可以将 data 指向一个预先定义的变量，并且它们之间会默认建立双向绑定，当任意一个发生变化时，另一个也会随之变化。因此，data 选项中定义的属性被称为响应式属性。示例代码如下：

```
<script type="text/javascript">
    var data = {name : 'Jack', sex : '男', age : 20};
    var vm = new Vue({
        el : '#app',
        data : data
    });
    vm.name = 'Tony';// 重新设置 Vue 属性
    document.write(data.name);// 原数据也会随之改变
    data.age = 25;// 重新设置原数据属性
    document.write('<br>'+vm.age);//Vue 属性也会随之改变
</script>
```

运行结果如图 2.2 所示。

图 2.2　修改属性

上述代码中，在 Vue 实例外定义了一个 data 对象。在 Vue 实例中，将 data 选项指向定义的 data 对象。这样，通过实例 vm 就可以调用 data 对象中的属性。当重新设置 Vue 实例的属性值时，原数据属性也会随之改变，反之亦然。

注意

只有在创建 Vue 实例时，传入 data 选项中的属性才是响应式的。如果开始不能确定某些属性的值，可以为它们设置一些初始值。例如：

```
data : {
    bookname : '',
    count : 0,
    songs : [],
    sign : true
}
```

除了 data 选项中定义的属性，Vue.js 还提供了一些有用的实例属性与方法。这些属性和方法的名称都以“$”开头。例如，通过 Vue 实例中的 $data 属性可以获取声明的数据，示例代码如下：

```
<script type="text/javascript">
    var book = {name : 'Vue.js 开发技术手册', count : 10};
    var vm = new Vue({
        el : '#app',
        data : book
    });
    document.write(vm.$data === book);
</script>
```

运行结果为：

```
true
```

2.1.3 使用 methods 选项定义方法

在 JavaScript 中，要实现某个功能，可以使用函数，而在 Vue.js 中，可以将要实现的功能定义成方法。方法需要定义在 Vue 实例的 methods 选项中。而且 Vue 实例本身也可以像访问 data 数据那样来调用方法。示例代码如下：

```
<script type="text/javascript">
    var vm = new Vue({
        el : '#app',
        data : {
            text : '业精于勤，荒于嬉；行成于思，毁于随。',
            author : ' — 韩愈 '
        },
        methods : {
            show : function(){
                return this.text + this.author;// 连接字符串
            }
        }
    });
```

```
    document.write('<h3>'+vm.show()+'</h3>');
</script>
```

运行结果如图 2.3 所示。

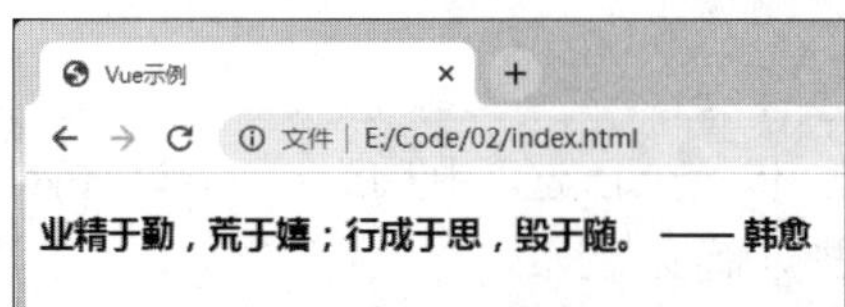

图 2.3　输出方法的返回值

在上述代码中，在 Vue 实例的 methods 选项中定义了一个 show() 方法，通过实例名称 vm 可以调用 show() 方法，从而输出 data 选项中的属性值。

2.1.4　生命周期钩子函数

每个 Vue 实例在创建时都有一些初始化步骤。例如，创建数据绑定、编译模板、将实例挂载到 DOM 并在数据变化时触发 DOM 更新、销毁实例等。在这个过程中会运行一些叫作生命周期钩子的函数，通过这些钩子函数可以实现特定的操作。Vue 实例中几个主要的生命周期钩子函数说明如表 2.1 所示。

表 2.1　生命周期钩子函数及其说明

钩子函数	说明
beforeCreate	在 Vue 实例开始初始化时调用
created	在实例创建之后进行调用，此时尚未开始 DOM 编译。在需要初始化处理一些数据时会比较有用
mounted	在 DOM 文档渲染完毕之后进行调用。相当于 JavaScript 中的 window.onload() 方法
beforeDestroy	在销毁实例前进行调用，此时实例仍然有效。此时可以解绑一些使用 addEventListener 监听的事件等
destroyed	在实例被销毁之后进行调用

下面通过一个示例来了解 Vue.js 内部的运行机制。为了实现效果，在 mounted 函数中应用了 $destroy() 方法，该方法用于销毁一个实例。代码如下：

```
<div id="app"></div>
<script type="text/javascript">
    var vm = new Vue({
        el : '#app',
        beforeCreate : function(){
            console.log('beforeCreate');
        },
        created : function(){
            console.log('created');
        },
        beforeDestroy : function(){
            console.log('beforeDestroy');
        },
        destroyed : function(){
            console.log('destroyed');
```

```
        },
        mounted : function(){
            console.log('mounted');
            this.$destroy();
        }
    });
</script>
```

在浏览器控制台中运行上述代码，结果如图 2.4 所示。

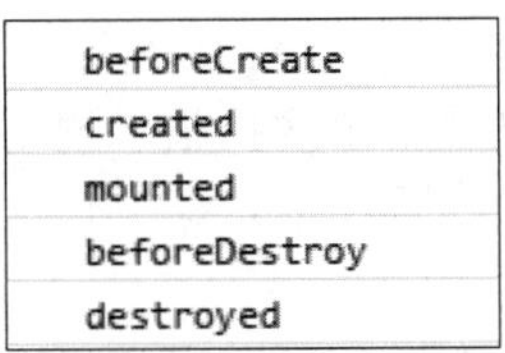

图 2.4　生命周期钩子函数的运行顺序

图 2.4 中展示了这几个生命周期钩子函数的运行顺序。

2.2　实现数据绑定

数据绑定是 Vue.js 最核心的一个特性。建立数据绑定后，数据和视图会相互关联，当数据发生变化时，视图会自动进行更新。这样就无须手动获取 DOM 的值，使代码更加简洁，提高了开发效率。下面介绍 Vue.js 中数据绑定的几种方式。

2.2.1　插值

（1）文本插值

文本插值就是将 data 选项中定义的数据插入 HTML 元素中，它是数据绑定最基本的形式。文本插值使用的是双大括号标签 {{}}，通过该标签可以将绑定的数据实时显示出来。

实例 2.1　插入文本（实例位置：资源包 \Code\02\01）

使用双大括号标签将文本插入 HTML 中，代码如下：

```
<div id="app">
    <h2>{{text}}</h2>
</div>
<script type="text/javascript">
    var vm = new Vue({
        el : '#app',
        data : {
            text : '只要功夫深，铁杵磨成针。'// 定义数据
        }
    });
</script>
```

运行结果如图 2.5 所示。

图 2.5　输出插入的文本

上述代码中，{{text}} 标签会被 data 选项中 text 属性的值所替代，而且将 DOM 中的 text 与 data 选项中的 text 属性进行了绑定。当 data 选项中的 text 属性值发生改变时，文本中的值也会相应地变化。

如果只需渲染一次数据，可以使用单次插值。使用单次插值，在第一次插入文本后，当 data 选项中的属性值发生改变时，插入的文本并不会随着改变。实现单次插值使用的是 v-once 指令。示例代码如下：

```
<div id="app">
    <h2 v-once>{{text}}</h2>
</div>
```

上述代码中，在 <h2> 标签中应用了 v-once 指令，这样，当修改 data 选项中的 text 属性值时并不会更新视图。

关于指令的概念将在本章第 2.2.3 小节中进行介绍。

在正常情况下，使用双大括号标签 {{}} 可以将绑定的数据显示出来。如果想要显示 {{}} 标签，而不进行替换，可以使用 v-pre 指令，通过该指令可以跳过该元素和其子元素的编译过程。示例代码如下：

```
<div id="app">
    <p v-pre>{{text}}</p>
</div>
<script type="text/javascript">
    var vm = new Vue({
        el : '#app',
        data : {
            text : '读万卷书，行万里路。'// 定义数据
        }
    });
</script>
```

运行结果如图 2.6 所示。

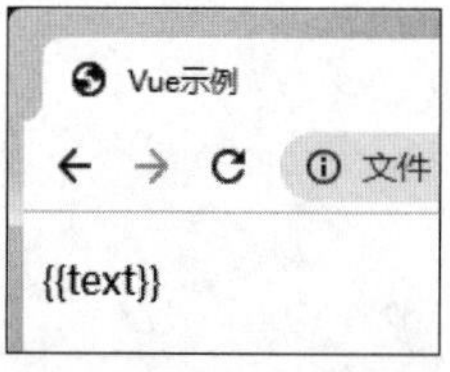

图 2.6　输出 {{}} 标签

（2）插入 HTML 内容

双大括号标签会将绑定的数据当作普通文本来处理。如果在绑定的数据中含有 HTML

标签，为了输出真正的 HTML 内容，需要使用 v-html 指令。

实例 2.2　插入 HTML 内容（实例位置：资源包 \Code\02\02）

使用 v-html 指令将 HTML 内容插入标签中，代码如下：

```
<div id="app">
    <p v-html="text"></p>
</div>
<script type="text/javascript">
    var vm = new Vue({
        el : '#app',
        data : {
            text : '<h1>学而不思则罔，思而不学则殆。</h1>'// 定义数据
        }
    });
</script>
```

运行结果如图 2.7 所示。

图 2.7　输出插入的 HTML 内容

上述代码中，为 <p> 标签应用了 v-html 指令，这时，data 选项中 text 属性的值将作为 HTML 元素插入 <p> 标签中。

（3）绑定属性

双大括号标签不能应用在 HTML 属性中。如果要为 HTML 元素绑定属性，不能直接使用文本插值的方式，而需要使用 v-bind 指令对属性进行绑定。

实例 2.3　为元素设置样式（实例位置：资源包 \Code\02\03）

使用 v-bind 指令为 HTML 元素绑定 class 属性，为元素设置样式。代码如下：

```
<style type="text/css">
    .title{
        font-size: 18px;
        color:#FF0000;
        border:1px solid green;
        display:inline-block;
        padding:10px;
    }
</style>
<div id="app">
    <span v-bind:class="value">欢迎来到 Vue.js 的世界 </span>
</div>
<script type="text/javascript">
    var vm = new Vue({
        el : '#app',
        data : {
            value : 'title'// 定义绑定的属性值
```

```
        }
    });
</script>
```

运行结果如图 2.8 所示。

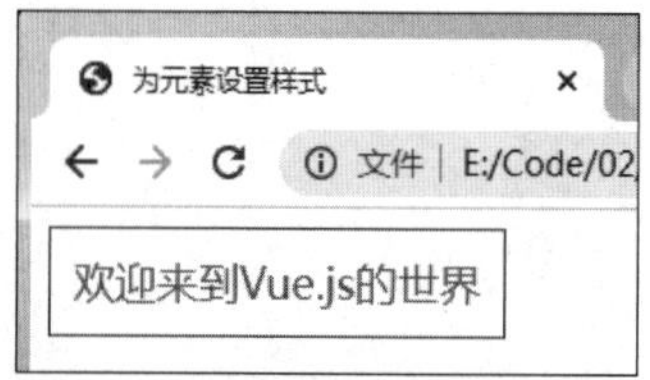

图 2.8　通过绑定属性设置元素样式

上述代码中，为 <span> 标签应用 v-bind 指令，将该标签的 class 属性与数据对象中的 value 属性进行绑定，这样，数据对象中 value 属性的值将作为 <span> 标签的 class 属性值。

在应用 v-bind 指令绑定元素属性时，还可以将属性值设置为对象的形式。例如，将实例 2.3 的代码修改如下：

```
<div id="app">
    <span v-bind:class="{title:value}">欢迎来到 Vue.js 的世界 </span>
</div>
<script type="text/javascript">
    var vm = new Vue({
        el : '#app',
        data : {
            value : true
        }
    });
</script>
```

上述代码中，应用 v-bind 指令将 <span> 标签的 class 属性与数据对象中的 value 属性进行绑定，并判断 value 的值，如果 value 的值为 true，就使用 title 类的样式，否则就不使用。

为 HTML 元素绑定属性的操作比较频繁。为了简化代码，Vue.js 为该指令提供了一种简写形式“:”。例如，为文本“天才出于勤奋”设置 class 属性的完整格式如下：

```
<a v-bind:class="value">天才出于勤奋 </a>
```

简写格式如下：

```
<a :class="value">天才出于勤奋 </a>
```

实例 2.4　为图片绑定属性（实例位置：资源包 \Code\02\04）

使用 v-bind 指令的简写形式为图片绑定属性，代码如下：

```
<style type="text/css">
    .myImg{
        width:200px;
        border:2px solid #0000FF;
    }
</style>
<div id="app">
    <img :src="src" :class="value" :title="tip">
</div>
<script type="text/javascript">
```

```
    var vm = new Vue({
        el : '#app',
        data : {
            src : 'images/mr.gif',// 图片 URL
            value : 'myImg',// 图片 CSS 类名
            tip : ' 明日科技 '// 图片提示文字
        }
    });
</script>
```

运行结果如图 2.9 所示。

图 2.9　为图片绑定属性

（4）表达式

使用双大括号标签进行数据绑定，标签中可以是一个 JavaScript 表达式。表达式的值是其运算后的结果。示例代码如下：

```
<div id="app">
    {{number + 20}}<br>
    {{flag ? ' 真 ' : ' 假 '}}<br>
    {{str.toUpperCase()}}
</div>
<script type="text/javascript">
    var vm = new Vue({
        el : '#app',
        data : {
            number : 10,
            flag : true,
            str : 'yesterday once more'
        }
    });
</script>
```

运行结果如图 2.10 所示。

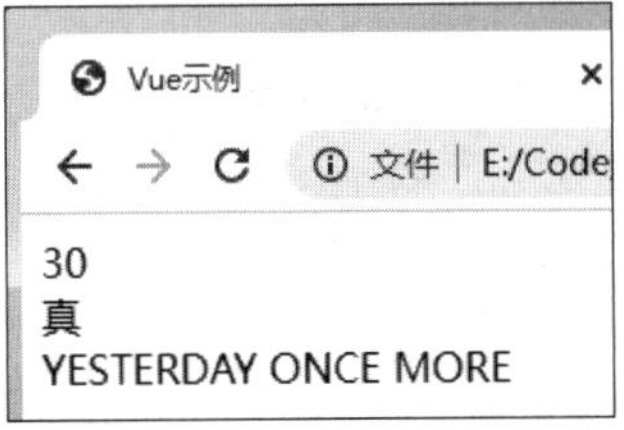

图 2.10　输出绑定的表达式的值

注意

每个数据绑定中只能包含单个表达式，而不能使用 JavaScript 语句。下面的示例代码中即为无效的表达式。

```
{{var num = 0}}
{{if(flag) return '真'}}
```

实例 2.5　获取 QQ 邮箱地址中的 QQ 号（实例位置：资源包 \Code\02\05）

明日科技的企业 QQ 邮箱地址为“4006751066@qq.com”，在双大括号标签中应用表达式获取该 QQ 邮箱地址中的 QQ 号，代码如下：

```
<div id="app">
    邮箱地址：{{email}}<br>
    QQ 号码：{{email.substr(0,email.indexOf('@'))}}
</div>
<script type="text/javascript">
    var vm = new Vue({
        el : '#app',
        data : {
            email : '4006751066@qq.com'//定义邮箱地址
        }
    });
</script>
```

运行结果如图 2.11 所示。

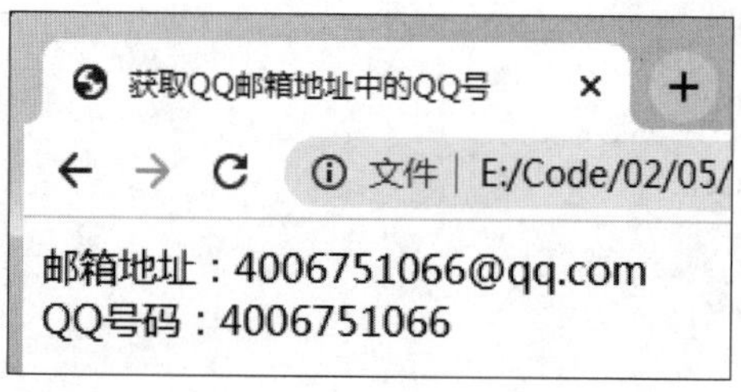

图 2.11　输出 QQ 邮箱地址中的 QQ 号

2.2.2　定义过滤器

在某些情况下需要对绑定的数据进行格式化处理，比如字母全部大写或小写、为数字保留指定的小数位数等。这时可以使用 Vue.js 提供的过滤器，通过自定义的过滤器可以对文本进行格式化。

过滤器可以用在双大括号插值和 v-bind 指令中。在应用过滤器时，需要将其添加在 JavaScript 表达式的尾部，由管道符号“|”表示。格式如下：

```
<!-- 在双大括号中 -->
{{ message | myfilter }}
<!-- 在 v-bind 指令中 -->
<div v-bind:id="rawId | formatId"></div>
```

定义过滤器主要有两种方式，第一种是应用 Vue.js 提供的全局方法 Vue.filter()，第二种是应用选项对象中的 filters 选项。下面分别进行介绍。

（1）定义全局过滤器

在 Vue.js 中提供了全局方法 Vue.filter()，通过该方法可以定义全局过滤器。格式如下：

```
Vue.filter(ID,function(){})
```

该方法中有两个参数，第一个参数为定义的过滤器名称，第二个参数为定义的过滤器函数，过滤器函数以表达式的值作为第一个参数，再将参数的值格式化为想要的结果。

注意

使用全局方法 Vue.filter() 定义的过滤器需要定义在创建的 Vue 实例之前。

实例 2.6　获取当前的日期和星期（实例位置：资源包 \Code\02\06）

应用 Vue.filter() 方法定义过滤器，获取当前的日期和星期并输出。代码如下：

```
<div id="app">
    <span>{{date | curdate}}</span>
</div>
<script type="text/javascript">
    Vue.filter('curdate',function(value){
        var year=value.getFullYear();                    // 获取当前年份
        var month=value.getMonth()+1;                    // 获取当前月份
        var date=value.getDate();                        // 获取当前日期
        var day=value.getDay();                          // 获取当前星期
        var week="";                                     // 初始化变量
        switch(day){
            case 1:                                      // 如果变量 day 的值为 1
                week=" 星期一 ";                          // 为变量赋值
                break;                                   // 退出 switch 语句
            case 2:                                      // 如果变量 day 的值为 2
                week=" 星期二 ";                          // 为变量赋值
                break;                                   // 退出 switch 语句
            case 3:                                      // 如果变量 day 的值为 3
                week=" 星期三 ";                          // 为变量赋值
                break;                                   // 退出 switch 语句
            case 4:                                      // 如果变量 day 的值为 4
                week=" 星期四 ";                          // 为变量赋值
                break;                                   // 退出 switch 语句
            case 5:                                      // 如果变量 day 的值为 5
                week=" 星期五 ";                          // 为变量赋值
                break;                                   // 退出 switch 语句
            case 6:                                      // 如果变量 day 的值为 6
                week=" 星期六 ";                          // 为变量赋值
                break;                                   // 退出 switch 语句
            default:                                     // 默认值
                week=" 星期日 ";                          // 为变量赋值
                break;                                   // 退出 switch 语句
        }
        var dstr=" 今天是：" +year+" 年 "+month+" 月 "+date+" 日 "+week;
        return dstr;
    });
    var vm = new Vue({
```

```
        el : '#app',
        data : {
            date : new Date()
        }
    });
</script>
```

运行结果如图 2.12 所示。

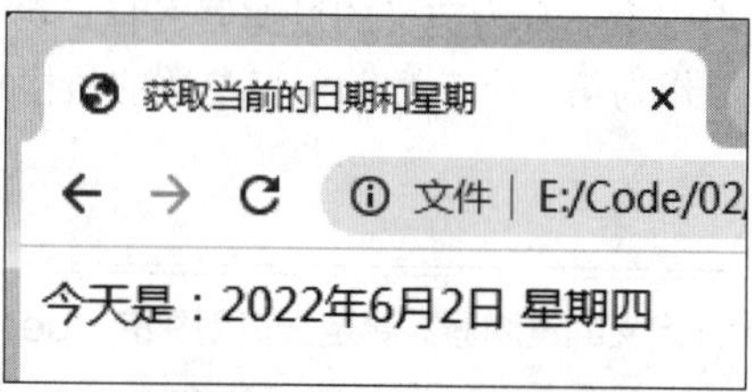

图 2.12　输出当前日期和星期

（2）定义本地过滤器

定义本地过滤器需要使用 Vue 实例中的 filters 选项，定义的本地过滤器包括过滤器名称和过滤器函数两部分，过滤器函数以表达式的值作为第一个参数。

实例 2.7　截取新闻标题（实例位置：资源包 \Code\02\07）

应用 filters 选项定义过滤器，对商城头条的标题进行截取并输出。代码如下：

```
<div id="box">
    <ul>
        <li><a href="#"><span>[ 特惠 ]</span>{{title1 | subStr}}</a></li>
        <li><a href="#"><span>[ 公告 ]</span>{{title2 | subStr}}</a></li>
        <li><a href="#"><span>[ 特惠 ]</span>{{title3 | subStr}}</a></li>
        <li><a href="#"><span>[ 公告 ]</span>{{title4 | subStr}}</a></li>
        <li><a href="#"><span>[ 特惠 ]</span>{{title5 | subStr}}</a></li>
    </ul>
</div>
<script type="text/javascript">
    var vm = new Vue({
        el : '#box',
        data : {
            title1 : '超级品牌联盟盛典超值好物随心抢',
            title2 : '物美价廉颜更高你值得拥有',
            title3 : '工业品省钱放心购满 199 省 20',
            title4 : '全新腕表见证每一个值得珍藏的时刻',
            title5 : '引领智能家居新体验人体传感器了解一下'
        },
        filters : {
            subStr : function(value){
                if(value.length > 10){                    // 如果字符串长度大于 10
                    return value.substr(0,10)+"..."; // 返回字符串前 10 个字符，然后输出省略号
                }else{                                     // 如果字符串长度不大于 10
                    return value;                          // 直接返回该字符串
                }
            }
        }
    });
</script>
```

运行结果如图 2.13 所示。

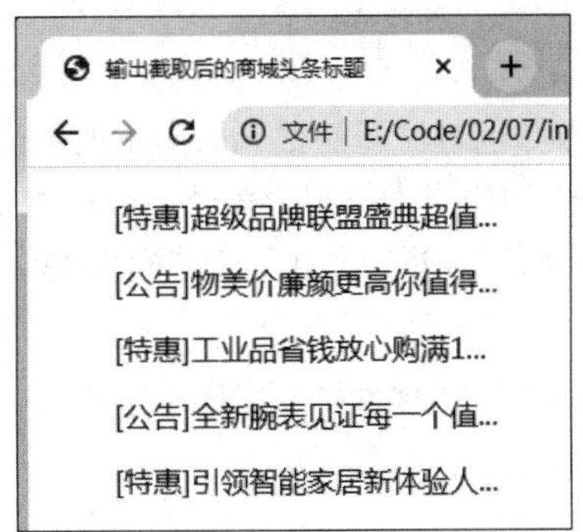

图 2.13　输出截取后的标题

如果为绑定表达式使用一个过滤器不能满足需求，可以使用多个过滤器，多个过滤器可以串联使用。格式如下：

```
{{ message | filterA | filterB }}
```

在串联使用过滤器时，首先调用过滤器 filterA 对应的函数，然后调用过滤器 filterB 对应的函数。其中，filterA 对应的函数以 message 作为参数，而 filterB 对应的函数将以 filterA 的结果作为参数。例如，将以“+”为分隔符的字符串“HTML+CSS+JavaScript”修改为以“、”为分隔符的字符串。示例代码如下：

```
<div id="app">
    <span>{{str | splitStr | joinStr}}</span>
</div>
<script type="text/javascript">
    var vm = new Vue({
        el : '#app',
        data : {
            str : 'HTML+CSS+JavaScript'
        },
        filters : {
            splitStr : function(value){
                return value.split('+');// 以 "+" 为分隔符分隔字符串
            },
            joinStr : function(value){
                return value.join("、");// 以 "、" 为分隔符连接字符串
            }
        }
    });
</script>
```

运行结果如图 2.14 所示。

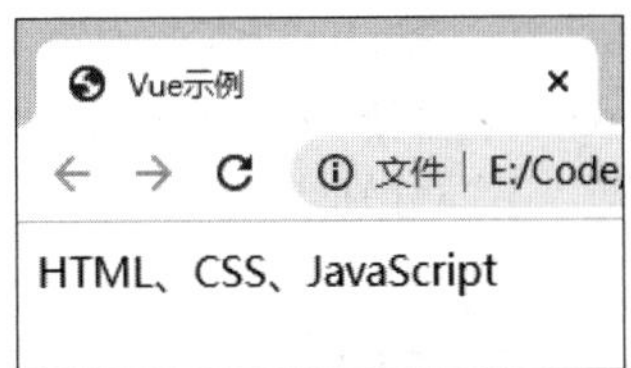

图 2.14　输出以“、”为分隔符的字符串

过滤器实质上是一个函数，因此也可以像函数一样接收多个参数，格式如下：

```
{{ message | filterA(arg1, arg2 ,……) }}
```

其中，filterA 为接收多个参数的过滤器函数。message 的值作为过滤器函数的第一个参数，arg1 的值作为第二个参数，arg2 的值作为第三个参数，以此类推。

例如，将表示商品价格的数字“198”格式化为“¥198.00”的形式，示例代码如下：

```
<div id="app">
    <span>商品价格：{{price | formatPrice("¥")}}</span>
</div>
<script type="text/javascript">
    var vm = new Vue({
        el : '#app',
        data : {
            price : 198
        },
        filters : {
            formatPrice : function(value,symbol){
                return symbol + value.toFixed(2);// 添加人民币符号并保留两位小数
            }
        }
    });
</script>
```

运行结果如图 2.15 所示。

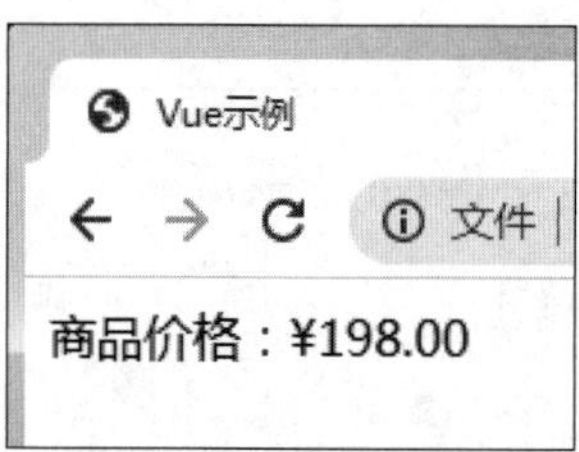

图 2.15　格式化商品价格

2.2.3　使用指令

指令是 Vue.js 中的重要特性之一，它是带有“v-”前缀的特殊属性。指令用于在绑定表达式的值发生改变时，将这种数据的变化应用到 DOM 上。当数据变化时，指令会根据指定的操作对 DOM 进行修改，这样就无须手动去管理 DOM 的变化和状态，提高了程序的可维护性。示例代码如下：

```
<p v-if="show">有志者事竟成</p>
```

上述代码中，v-if 指令将根据表达式 show 的值来确定是否插入 p 元素。如果 show 的值为 true，则插入 p 元素；如果 show 的值为 false，则移除 p 元素。还有一些指令的语法略有不同，它们能够接收参数和修饰符。下面分别进行介绍。

（1）指令的参数

一些指令能够接收一个参数，例如 v-bind 指令、v-on 指令。该参数位于指令和表达式之间，并用冒号分隔。v-bind 指令的示例代码如下：

```
<div v-bind:class="bright"></div>
```

上述代码中，class 即为参数，通过 v-bind 指令将 div 元素的 class 属性与表达式 bright 的值进行绑定。

v-on 指令的示例代码如下：

```
<button v-on:click="search">搜索</button>
```

上述代码中，click 即为参数，该参数为监听的事件名称。当触发“搜索”按钮的 click 事件时会调用 search() 方法。

关于 v-on 指令的具体介绍请参考本书后面的章节。

（2）指令的修饰符

修饰符是在参数后面以半角句点符号指明的特殊后缀。例如，.prevent 修饰符用于调用 event.preventDefault() 方法。示例代码如下：

```
<form v-on:submit.prevent="onSub"></form>
```

上述代码中，当提交表单时会调用 event.preventDefault() 方法用于阻止浏览器的默认行为。

关于更多修饰符的介绍请参考本书后面的章节。

2.3 综合案例——动态显示时间

在页面中输出动态显示的日期和时间，并对日期时间进行格式化。（**实例位置：资源包\Code\02\08**）

（1）案例分析

本案例中，要输出动态显示的日期和时间，需要使用两个生命周期钩子函数 mounted 和 beforeDestroy。

mounted 在 DOM 文档渲染完毕之后进行调用。当文档渲染完毕后，通过使用 setInterval() 方法设置定时器，每隔 1s 调用一次指定的函数，在函数中获取当前日期和时间，实现动态显示时间的效果。

beforeDestroy 在销毁实例前进行调用，在 Vue 实例销毁前清除定时器。

（2）实现过程

① 创建 HTML 文件，在文件中引入 Vue.js 文件，代码如下：

```
<script type="text/javascript" src="../JS/vue.js"></script>
```

② 定义 <div> 元素，并设置其 id 属性值为 app，代码如下：

```
<div id="app"></div>
```

③ 创建自定义函数 formatNum()，通过该函数对数字进行格式化输出，代码如下：

```
<script type="text/javascript">
    var formatNum = function(num){
        return num < 10 ? "0" + num : num;// 为数字前添加前导 0
    }
</script>
```

④ 创建 Vue 实例，在实例中分别定义挂载元素、数据、过滤器和钩子函数，代码如下：

```
var vm = new Vue({
    el : '#app',
    data : {
        nowdate : new Date()
    },
    filters : {
        formatDate : function(value){
            var year = value.getFullYear();
            var month = formatNum(value.getMonth() + 1);
            var date = formatNum(value.getDate());
            var hour = formatNum(value.getHours());
            var minute = formatNum(value.getMinutes());
            var second = formatNum(value.getSeconds());
            return year+"-"+month+"-"+date+" "+hour+":"+minute+":"+second;
        }
    },
    //DOM 文档渲染完毕后调用
    mounted : function(){
        var _this = this;
        var timer = setInterval(function(){
            _this.nowdate = new Date()// 修改数据
        },1000);
    },
    // 实例销毁之前调用
    beforeDestroy : function(){
        if(this.timer){
            clearInterval(this.timer); // 在 Vue 实例销毁前清除定时器
        }
    }
});
```

⑤ 在 <div> 元素中应用双大括号标签进行数据绑定，代码如下：

```
<div id="app">
    {{nowdate | formatDate}}
</div>
```

运行结果如图 2.16 所示。

图 2.16　动态输出日期和时间

2.4 实战练习

有这样一段绕口令："吃葡萄不吐葡萄皮，不吃葡萄倒吐葡萄皮"。编写程序，获取字符"葡萄"在绕口令中出现的次数。运行结果如图 2.17 所示。（**实例位置：资源包 \Code\02\09**）

获取字符"葡萄"在绕口令中的出

文件 | E:/Code/02/09/index.html

绕口令：吃葡萄不吐葡萄皮，不吃葡萄倒吐葡萄皮
绕口令中有4个"葡萄"

图 2.17 输出绕口令和指定字符的出现次数

小结

本章主要介绍了 Vue.js 构造函数的选项对象中的基本选项，以及建立数据绑定的方法。希望读者可以熟练掌握这些内容，只有掌握这些基础知识，才可以学好后面的内容。

第 3 章 条件判断

在程序设计中，条件判断是必不可少的技术。在视图中，经常需要通过条件判断控制 DOM 的显示或隐藏。Vue.js 提供了相应的指令用于实现条件判断，包括 v-if、v-else、v-else-if、v-show 指令。本章主要介绍这些指令的使用方法。

3.1 使用 v-if 指令

3.1.1 基本用法

v-if 指令的作用是根据表达式的值判断是否输出 DOM 元素及其包含的子元素。如果表达式的值为 true，就输出 DOM 元素及其包含的子元素；否则，就将 DOM 元素及其包含的子元素移除。

例如，输出数据对象中的属性 m 和 n 的值，比较两个值的大小，并输出比较结果。代码如下：

```
<div id="app">
   <p>m 的值：{{m}}</p>
   <p>n 的值：{{n}}</p>
   <p v-if="m>n">m 大于 n</p>
   <p v-if="m<n">m 小于 n</p>
</div>
<script type="text/javascript">
   var vm = new Vue({
      el : '#app',
      data : {
         m : 60,
         n : 50
      }
   });
</script>
```

运行结果如图 3.1 所示。

图 3.1　输出比较结果

3.1.2　判断一组元素

v-if 指令只能添加到一个元素上，根据表达式的结果判断是否输出该元素及其包含的子元素。如果需要判断是否输出一组元素，需要使用 <template> 元素作为包装元素，并在该元素上使用 v-if 指令，最后的渲染结果里不会包含 <template> 元素。

例如，根据表达式的结果判断是否输出一组单选按钮。代码如下：

```
<div id="app">
    <template v-if="show">
        <input type="radio" value="basketball"> 篮球
        <input type="radio" value="football"> 足球
        <input type="radio" value="volleyball"> 排球
        <input type="radio" value="tennis"> 网球
    </template>
</div>
<script type="text/javascript">
    var vm = new Vue({
        el : '#app',
        data : {
            show : true
        }
    });
</script>
```

运行结果如图 3.2 所示。

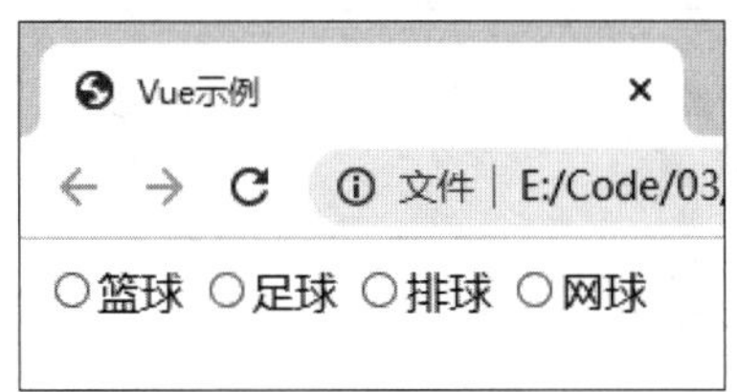

图 3.2　输出一组单选按钮

3.2　使用 v-else 指令

v-else 指令的作用相当于 JavaScript 中的 else 语句部分。v-else 指令经常和 v-if 指令一起使用。当 v-if 指令绑定的表达式的值为 false 时，就输出使用 v-else 指令的 DOM 元素及其包含的子元素。

例如，输出数据对象中的属性 m 和 n 的值，比较两个属性值的大小，并输出比较的结果。代码如下：

```
<div id="app">
   <p>m 的值：{{m}}</p>
   <p>n 的值：{{n}}</p>
   <p v-if="m>n">m 大于 n</p>
   <p v-else>m 小于 n</p>
</div>
<script type="text/javascript">
   var vm = new Vue({
      el : '#app',
      data : {
         m : 50,
         n : 60
      }
   });
</script>
```

运行结果如图 3.3 所示。

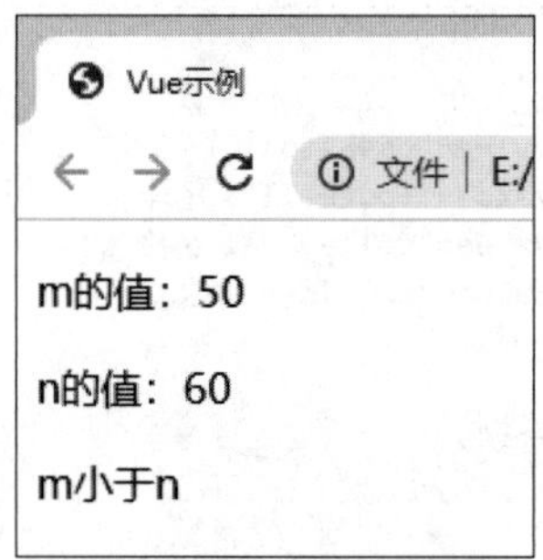

图 3.3　输出比较结果

实例 3.1　判断 2022 年 2 月份的天数（实例位置：资源包 \Code\03\01）

应用 v-if 指令和 v-else 指令判断 2022 年 2 月份的天数，代码如下：

```
<div id="app">
   <p v-if="(year%4==0 && year%100!=0) || year%400==0">
      {{show(' 是 ',29)}}
   </p>
   <p v-else>
      {{show(' 不是 ',28)}}
   </p>
</div>
<script type="text/javascript">
    var vm = new Vue({
       el : '#app',
       data : {
        year : 2022
      },
      methods : {
         show : function(result,days){
```

```
            return this.year+' 年 '+result+' 闰年，2 月份有 '+days+' 天 ';
        }
    }
});
</script>
```

运行结果如图 3.4 所示。

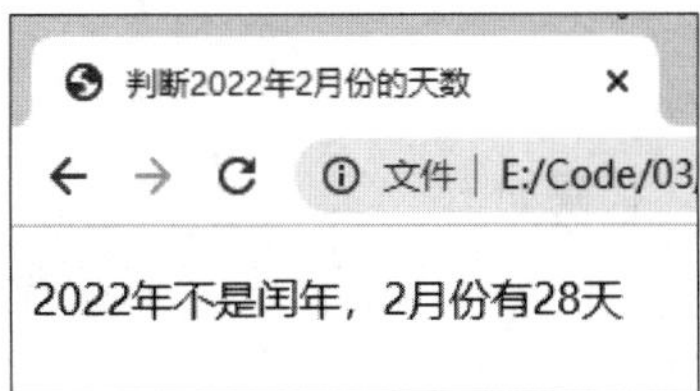

图 3.4　输出 2022 年 2 月份的天数

3.3 使用 v-else-if 指令

v-else-if 指令的作用相当于 JavaScript 中的 else if 语句部分。应用该指令可以进行更多的条件判断，不同的条件对应不同的输出结果。

例如，输出数据对象中的属性 m 和 n 的值，比较两个属性值的大小，并输出比较的结果。代码如下：

```
<div id="app">
    <p>m 的值：{{m}}</p>
    <p>n 的值：{{n}}</p>
    <p v-if="m<n">m 小于 n</p>
    <p v-else-if="m==n">m 等于 n</p>
    <p v-else>m 大于 n</p>
</div>
<script type="text/javascript">
    var vm = new Vue({
        el : '#app',
        data : {
            m : 60,
            n : 60
        }
    });
</script>
```

运行结果如图 3.5 所示。

图 3.5　输出比较结果

实例 3.2　判断 20 岁处在哪个年龄段（实例位置：资源包 \Code\03\02）

年龄段划分标准如下：

① 0 ～ 6 岁属于童年；

② 7 ～ 17 岁属于少年；

③ 18 ～ 40 岁属于青年；

④ 41 ～ 65 岁属于中年；

⑤ 66 岁及以上属于老年。

判断 20 岁处在哪个年龄段。代码如下：

```
<div id="app">
   <div v-if="age > 0 && age <= 6">
      {{age}} 岁处在童年时期
   </div>
   <div v-else-if="age >= 7 && age <= 17">
      {{age}} 岁处在少年时期
   </div>
   <div v-else-if="age >= 18 && age <= 40">
      {{age}} 岁处在青年时期
   </div>
   <div v-else-if="age >= 41 && age <= 65">
      {{age}} 岁处在中年时期
   </div>
   <div v-else>
      {{age}} 岁处在老年时期
   </div>
</div>
<script type="text/javascript">
    var vm = new Vue({
        el : '#app',
        data : {
         age : 20,
      }
    });
</script>
```

运行结果如图 3.6 所示。

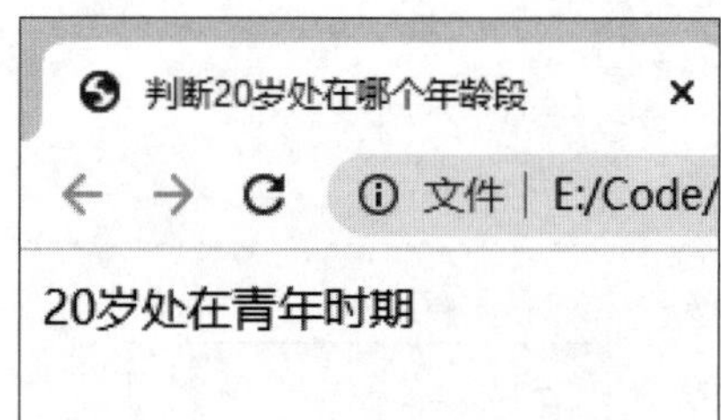

图 3.6　输出 20 岁正处在哪个年龄段

注意

v-else 指令必须紧跟在 v-if 指令或 v-else-if 指令的后面，否则 v-else 指令将不起作用。同样，v-else-if 指令也必须紧跟在 v-if 指令或 v-else-if 指令的后面。

3.4 管理可复用的元素

为了提高效率，Vue 会尽可能地复用已有元素而不是重新渲染。例如，允许用户在不同的登录方式之间进行切换，代码如下：

```
<div id="app">
   <template v-if="type == 'email'">
      <label> 登录邮箱：</label>
      <input placeholder=" 请输入邮箱 ">
   </template>
   <template v-else>
      <label> 登录手机号：</label>
      <input placeholder=" 请输入手机号 ">
   </template>
   <button v-on:click="toggle"> 切换登录方式 </button>
</div>
<script type="text/javascript">
   var vm = new Vue({
      el : '#app',
      data : {
         type : 'email'
      },
      methods : {
         toggle : function () {
            this.type = this.type == 'email' ? 'tel' : 'email';// 切换登录类型
         }
      }
   });
</script>
```

运行程序，在文本框中输入登录邮箱，结果如图 3.7 所示。单击“切换登录方式”按钮切换登录方式，结果如图 3.8 所示。

图 3.7　切换之前

图 3.8　切换之后

由图 3.8 可以看出，虽然切换了登录方式，但是不会清除用户已经输入的内容。因为两个模板使用了相同的 <input> 元素，所以该元素被复用了。显然这样不一定符合实际需求。为了解决这个问题，可以使用 Vue.js 提供的 key 属性，通过该属性可以设置元素不被复用，key 属性的值必须唯一。例如，为上述代码中的两个 <input> 元素分别设置 key 属性，代码如下：

```
<div id="app">
   <template v-if="type == 'email'">
      <label> 登录邮箱：</label>
      <input placeholder=" 请输入邮箱 " key="email">
   </template>
   <template v-else>
      <label> 登录手机号：</label>
```

```
        <input placeholder=" 请输入手机号 " key="tel">
    </template>
    <button v-on:click="toggle"> 切换登录方式 </button>
</div>
<script type="text/javascript">
    var vm = new Vue({
        el : '#app',
        data : {
            type : 'email'
        },
        methods : {
            toggle : function () {
                this.type = this.type == 'email' ? 'tel' : 'email';// 切换登录类型
            }
        }
    });
</script>
```

再次运行程序，当单击“切换登录方式”按钮时，文本框中输入的内容也会被清除。由此可见，为 <input> 元素设置了 key 属性之后，该元素就不会被复用了。

上述代码中的 <label> 元素仍然会被复用，因为它们没有添加 key 属性。

3.5 使用 v-show 指令

3.5.1 基本用法

v-show 指令的作用是根据表达式的值来判断是否显示或隐藏 DOM 元素。当表达式的值为 true 时会显示元素，当表达式的值为 false 时会隐藏元素。在隐藏元素时，实际上是为元素添加了一个内联样式 style="display:none"。与 v-if 指令不同，使用 v-show 指令的元素，无论表达式的值为 true 还是 false，该元素都始终会被渲染并保留在 DOM 中。当表达式的值发生改变时，只是简单地切换元素样式中的 display 属性。

注意

v-show 指令不支持 <template> 元素，也不支持 v-else 指令。

实例 3.3　切换图片的显示和隐藏（实例位置：资源包 \Code\03\03）

通过单击按钮切换图片的显示和隐藏。代码如下：

```
<div id="app">
    <input type="button" :value="bText" v-on:click="toggle">
    <div v-show="show">
        <img src="banner.jpg">
    </div>
</div>
```

```
<script type="text/javascript">
    var vm = new Vue({
        el : '#app',
        data : {
         bText : ' 隐藏图片 ',
         show : true
      },
      methods : {
         toggle : function(){
            // 切换按钮文字
            this.bText == '隐藏图片' ? this.bText = '显示图片' : this.bText = '隐藏图片';
            this.show = !this.show;// 修改属性值
         }
      }
    });
</script>
```

运行结果如图 3.9、图 3.10 所示。

图 3.9　显示图片

图 3.10　隐藏图片

3.5.2　v-if 指令和 v-show 指令的比较

v-if 指令和 v-show 指令可以实现相似的功能，但是两者也有着本质的区别。主要区别如下：

① 在进行 v-if 切换时，Vue.js 会有一个局部编译 / 卸载的过程。而在进行 v-show 切换时，只是样式发生了变化。因此从切换的角度考虑，v-show 消耗的性能要比 v-if 小。

② 如果表达式的初始值为 false 时，v-if 本身什么都不会做，而使用 v-show 时，不管表达式的初始值是 true 还是 false，DOM 元素总是会被渲染。因此从初始渲染的角度考虑，v-if 消耗的性能要比 v-show 小。

综上所述，v-if 有更高的切换消耗，而 v-show 有更高的初始渲染消耗。因此，如果需要频繁地切换元素，最好使用 v-show 指令；如果在运行时条件很少改变，就使用 v-if 指令。

3.6　综合案例——输出奖项级别及奖品

某公司年会举行抽奖活动，中奖号码及其对应的奖品设置如下：

①“1”代表“一等奖”，奖品是“华为 Mate 40 手机”；

②“2”代表“二等奖”，奖品是“小米平板电脑”；

③“3”代表“三等奖”，奖品是“九阳电饭煲”；

④ 其他号码代表“安慰奖”，奖品是“32G-U 盘”。

假设某员工抽中的奖号为 3，输出该员工抽中的奖项级别以及所获得的奖品（**实例位置：资源包 \Code\03\04**）。

（1）案例分析

本案例中，将员工抽中的奖项级别以及所获得的奖品分别定义在 data 选项中，并分别进行初始化。在 methods 选项中定义一个方法，在该方法中根据员工抽中的中奖号码定义奖项级别以及所获得的奖品，再使用 v-if、v-else-if 和 v-else 指令实现条件判断，通过数据绑定输出该员工获得的奖项级别和奖品。

另外，在本案例中还使用了生命周期钩子函数 mounted，在 DOM 文档渲染完毕之后就调用定义奖项级别和奖品的方法，实现输出该员工获得的奖项级别和奖品的功能。

（2）实现过程

① 创建 HTML 文件，在文件中引入 Vue.js 文件，代码如下：

```
<script type="text/javascript" src="../JS/vue.js"></script>
```

② 定义 <div> 元素，并设置其 id 属性值为 app，在该元素中分别应用 v-if、v-else-if 和 v-else 指令实现条件判断，并应用双大括号标签进行数据绑定，代码如下：

```
<div id="app">
   <div v-if="code === 1">
      该员工获得了 {{grade}}，奖品是 {{prize}}
   </div>
   <div v-else-if="code === 2">
      该员工获得了 {{grade}}，奖品是 {{prize}}
   </div>
   <div v-else-if="code === 3">
      该员工获得了 {{grade}}，奖品是 {{prize}}
   </div>
   <div v-else>
      该员工获得了 {{grade}}，奖品是 {{prize}}
   </div>
</div>
```

③ 创建 Vue 实例，在实例中分别定义挂载元素、数据和方法，在数据中定义奖项级别、奖品和中奖号码，在 methods 选项中定义 getResult() 方法，该方法用于定义员工获得的奖品和奖项级别。代码如下：

```
<script type="text/javascript">
    var vm = new Vue({
        el : '#app',
        data : {
          grade : '',                              // 奖项级别
          prize : '',                              // 获得的奖品
          code : 3                                 // 中奖号码
      },
      methods : {
          getResult : function(){
             switch(this.code){
                case 1:                            // 如果中奖号码为 1
                   this.grade=" 一等奖 ";           // 定义奖项级别
                   this.prize=" 华为 Mate 40 手机 "; // 定义获得的奖品
```

```
                    break;                              // 退出 switch 语句
                case 2:                                 // 如果中奖号码为 2
                    this.grade=" 二等奖 ";              // 定义奖项级别
                    this.prize=" 小米平板电脑 ";        // 定义获得的奖品
                    break;                              // 退出 switch 语句
                case 3:                                 // 如果中奖号码为 3
                    this.grade=" 三等奖 ";              // 定义奖项级别
                    this.prize=" 九阳电饭煲 ";          // 定义获得的奖品
                    break;                              // 退出 switch 语句
                default:                                // 如果中奖号码为其他号码
                    this.grade=" 安慰奖 ";              // 定义奖项级别
                    this.prize="32G-U 盘 ";             // 定义获得的奖品
                    break;                              // 退出 switch 语句
            }
        }
    },
    mounted : function (){
        this.getResult();
    }
  });
</script>
```

运行结果如图 3.11 所示。

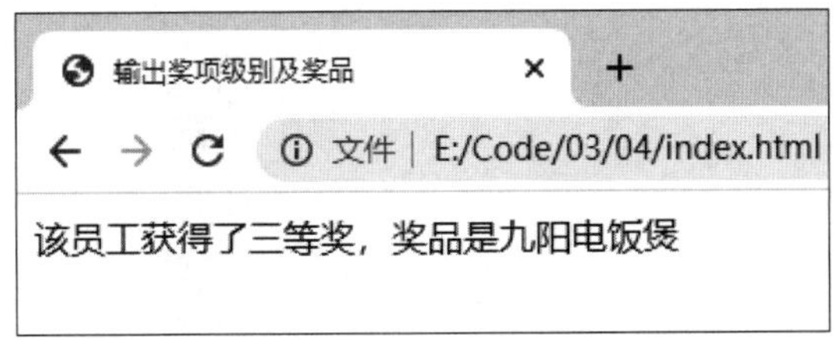

图 3.11　输出员工获得的奖项级别和奖品

3.7 实战练习

空气污染指数（API）是评估空气质量状况的一组数字，空气质量状况的判断标准如下：

① 空气污染指数为 0 ～ 100 属于良好；

② 空气污染指数为 101 ～ 200 属于轻度污染；

③ 空气污染指数为 201 ～ 300 属于中度污染；

④ 空气污染指数大于 300 属于重度污染。

假设某城市今天的空气污染指数为 65，判断该城市的空气质量状况。运行结果如图 3.12 所示（**实例位置：资源包** \Code\03\05）。

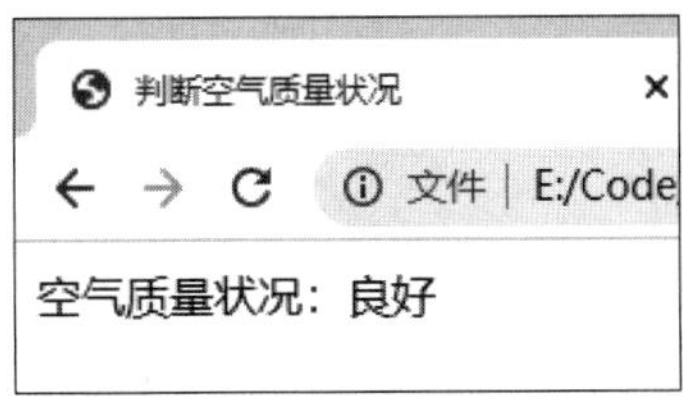

图 3.12　判断空气质量状况

小结

本章主要介绍了 Vue.js 中实现条件判断的相关指令。根据条件判断的指令来控制 DOM 的显示或隐藏。通过本章的学习，读者可以掌握这些指令的使用，这些指令在实际编程过程中非常常用，所以读者一定要熟练掌握。

第 4 章 列表渲染

在程序设计中，循环控制是变化最丰富的技术。Vue.js 提供了列表渲染的功能，即将数组或对象中的数据循环渲染到 DOM 中。在 Vue.js 中，列表渲染使用的是 v-for 指令，其效果类似于 JavaScript 中的遍历。本章主要介绍 v-for 指令的使用方法。

4.1 遍历数组

4.1.1 基本用法

通过 v-for 指令可以对数组中的数据进行遍历，并将这些数据重复渲染到 DOM 中。使用该指令遍历数组使用的语法形式为 item in items。其中，items 为数据对象中的数组名称，item 为数组元素的别名，通过别名可以获取当前遍历的每个数组元素。

例如，应用 v-for 指令将 <li> 标签循环渲染，输出数组中存储的人物名称。代码如下：

```
<div id="app">
    <ul>
        <li v-for="name in names">{{name}}</li>
    </ul>
</div>
<script type="text/javascript">
    var vm = new Vue({
        el : '#app',
        data : {
            names : ['刘备','关羽','张飞']//定义人物名称数组
        }
    });
</script>
```

运行结果如图 4.1 所示。

在应用 v-for 指令遍历数组时，还可以指定一个参数作为当前数组元素的索引，语法格式为 (item,index) in items。其中，items 为遍历的数组名称，item 为数组元素的别名，index 为数组元素的索引。

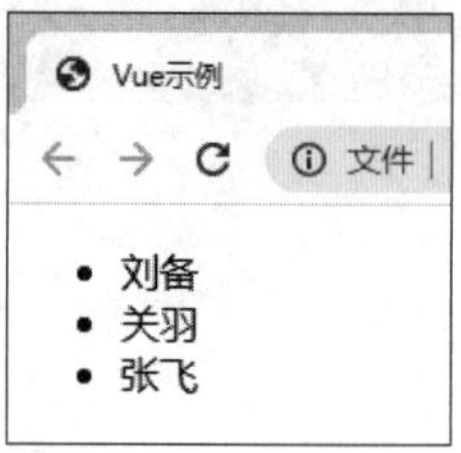

图 4.1　输出人物名称

例如，应用 v-for 指令循环渲染 <li> 标签，输出数组中存储的人物名称和相应的索引。代码如下：

```
<div id="app">
   <ul>
      <li v-for="(name,index) in names">{{index}} - {{name}}</li>
   </ul>
</div>
<script type="text/javascript">
   var vm = new Vue({
      el : '#app',
      data : {
         names : ['刘备','关羽','张飞']// 定义人物名称数组
      }
   });
</script>
```

运行结果如图 4.2 所示。

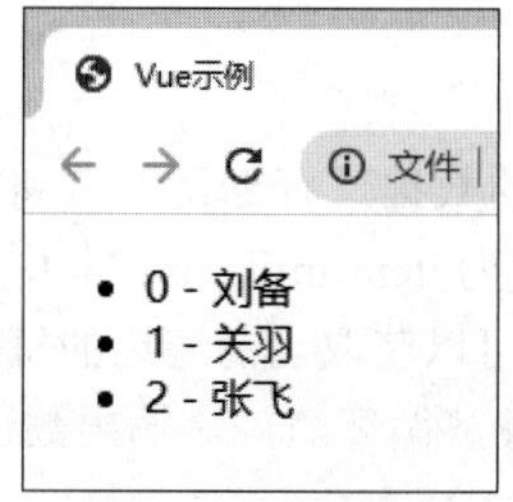

图 4.2　输出人物名称和索引

实例 4.1　输出古典四大名著信息（实例位置：资源包\Code\04\01）

应用 v-for 指令输出数组中定义的古典四大名著信息，包括序号、书名、作者和主要人物，代码如下：

```
<div id="app">
   <div class="title">
      <div class="col-1">序号</div>
      <div class="col-1">书名</div>
      <div class="col-1">作者</div>
      <div class="col-2">主要人物</div>
   </div>
   <div class="content" v-for="(novel,index) in novels">
      <div class="col-1">{{index + 1}}</div>
      <div class="col-1">{{novel.title}}</div>
      <div class="col-1">{{novel.author}}</div>
```

```
        <div class="col-2">{{novel.character}}</div>
    </div>
</div>
<script type="text/javascript">
    var vm = new Vue({
        el : '#app',
        data : {
         novels : [{ // 定义古典四大名著信息数组
            title : ' 水浒传 ',
            author : ' 施耐庵 ',
            character : ' 宋江 吴用 卢俊义 武松 '
         },{
            title : ' 三国演义 ',
            author : ' 罗贯中 ',
            character : ' 刘备 曹操 孙权 关羽 '
         },{
            title : ' 西游记 ',
            author : ' 吴承恩 ',
            character : ' 唐僧 孙悟空 猪八戒 沙和尚 '
         },{
            title : ' 红楼梦 ',
            author : ' 曹雪芹 ',
            character : ' 贾宝玉 林黛玉 薛宝钗 王熙凤 '
         }]
        }
    });
</script>
```

运行结果如图 4.3 所示。

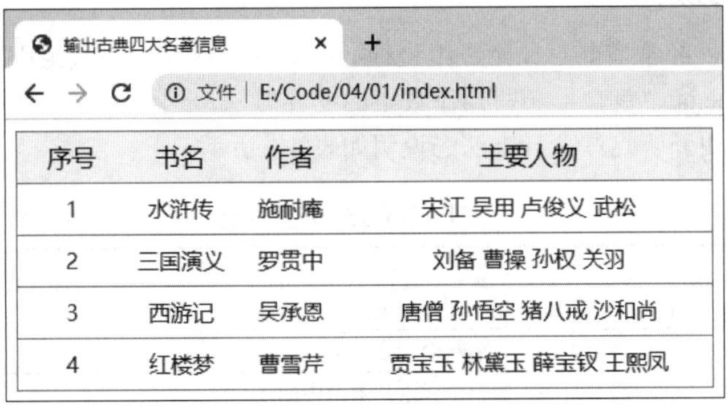

输出古典四大名著信息　×　+

文件 | E:/Code/04/01/index.html

序号	书名	作者	主要人物
1	水浒传	施耐庵	宋江 吴用 卢俊义 武松
2	三国演义	罗贯中	刘备 曹操 孙权 关羽
3	西游记	吴承恩	唐僧 孙悟空 猪八戒 沙和尚
4	红楼梦	曹雪芹	贾宝玉 林黛玉 薛宝钗 王熙凤

图 4.3　输出古典四大名著信息

4.1.2　循环渲染多个元素

与 v-if 指令类似，如果需要循环渲染的有多个元素，可以在多个元素的最外层使用 <template> 元素作为包装元素，并在该元素上使用 v-for 指令。

实例 4.2　输出网站导航菜单（实例位置：资源包 \Code\04\02）

在 <template> 元素中使用 v-for 指令，实现输出网站导航菜单的功能。代码如下：

```
<div id="app">
    <ul>
```

```
        <template v-for="menu in menulist">
            <li class="item">{{menu}}</li>
            <li class="separator"></li>
        </template>
    </ul>
</div>
<script type="text/javascript">
    var vm = new Vue({
        el : '#app',
        data : {
         menulist : ['电视','冰箱','洗衣机','空调','厨电']//定义导航菜单数组
      }
    });
</script>
```

运行结果如图 4.4 所示。

图 4.4　输出网站导航菜单

4.1.3　数组的操作

在实际开发中，经常需要对原始数组进行一些处理，例如，向数组中添加元素、删除数组中的元素等。Vue.js 中包含了一些操作数组的变异方法，这些方法在调用时可以改变原始数组，并触发视图更新。这些变异方法的说明如表 4.1 所示。

表 4.1　变异方法及其说明

方法	说明
push()	向数组的末尾添加一个或多个元素
pop()	将数组中的最后一个元素从数组中删除
shift()	将数组中的第一个元素从数组中删除
unshift()	向数组的开头添加一个或多个元素
splice()	添加或删除数组中的元素
sort()	对数组的元素进行排序
reverse()	颠倒数组中元素的顺序

例如，应用变异方法 push() 向数组中添加一个元素，并应用 v-for 指令循环渲染 <li> 标签，输出数组中存储的人物名称。代码如下：

```
<div id="app">
   <ul>
      <li v-for="name in names">{{name}}</li>
   </ul>
</div>
<script type="text/javascript">
```

```
    var vm = new Vue({
        el : '#app',
        data : {
            names : ['刘备','关羽','张飞']//定义人物名称数组
        }
    });
    vm.names.push('赵云');//向数组末尾添加数组元素
</script>
```

运行结果如图 4.5 所示。

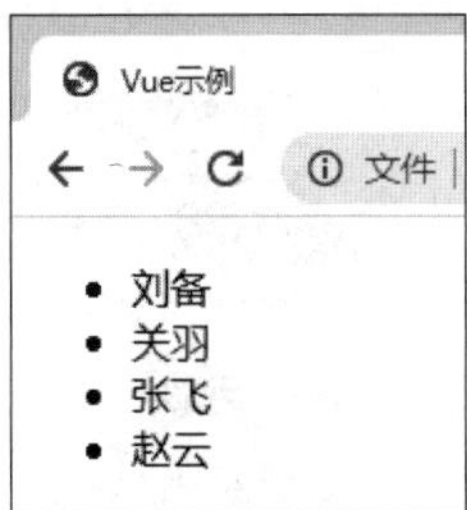

图 4.5　向数组中添加元素

实例 4.3　输出 2021 年内地电影票房排行榜前十名（实例位置：资源包 \Code\04\03）

将 2021 年内地电影票房排行榜前十名的影片名称和票房定义在数组中，对数组按影片票房进行降序排序，将排序后的影片排名、影片名称和票房输出在页面中。代码如下：

```
<div id="app">
    <div class="title">
        <div class="col-1">排名</div>
        <div class="col-2">电影名称</div>
        <div class="col-1">票房</div>
    </div>
    <div class="content" v-for="(value,index) in movie">
        <div class="col-1">{{index + 1}}</div>
        <div class="col-2">{{value.name}}</div>
        <div class="col-1">{{value.boxoffice}}亿</div>
    </div>
</div>
<script type="text/javascript">
var vm = new Vue({
    el:'#app',
    data:{
        movie : [//定义影片信息数组
            { name : '哥斯拉大战金刚',boxoffice : 12.32 },
            { name : '怒火·重案',boxoffice : 13.29 },
            { name : '你好，李焕英',boxoffice : 54.13 },
            { name : '悬崖之上',boxoffice : 11.9 },
            { name : '中国医生',boxoffice : 13.28 },
            { name : '我和我的父辈',boxoffice : 14.76 },
            { name : '唐人街探案 3',boxoffice : 45.15 },
            { name : '送你一朵小红花',boxoffice : 11.96 },
            { name : '长津湖',boxoffice : 57.72 },
            { name : '速度与激情 9',boxoffice : 13.92 }
        ]
    }
})
```

```
// 为数组重新排序
demo.movie.sort(function(a,b){
   var x = a.boxoffice;
   var y = b.boxoffice;
   return x < y ? 1 : -1;
});
</script>
```

运行结果如图 4.6 所示。

2021年内地电影票房排行

文件 | E:/Code/04/03/index.html

排名	电影名称	票房
1	长津湖	57.72亿
2	你好，李焕英	54.13亿
3	唐人街探案3	45.15亿
4	我和我的父辈	14.76亿
5	速度与激情9	13.92亿
6	怒火·重案	13.29亿
7	中国医生	13.28亿
8	哥斯拉大战金刚	12.32亿
9	送你一朵小红花	11.96亿
10	悬崖之上	11.9亿

图 4.6　输出 2021 年内地电影票房排行

使用变异方法可以改变原始数组。除此之外，Vue.js 还包含了几个非变异方法，例如 filter()、concat() 和 slice() 方法。调用这些方法不会改变原始数组，而是返回一个新的数组。当使用非变异方法时，可以将结果赋值给一个新的数组。

例如，应用 slice() 方法获取数组中第二个元素后的所有元素，并应用 v-for 指令循环渲染 <li> 标签，输出新数组中存储的人物名称。代码如下：

```
<div id="app">
   <ul>
      <li v-for="name in names">{{name}}</li>
   </ul>
</div>
<script type="text/javascript">
   var vm = new Vue({
      el : '#app',
      data : {
         names : ['刘备','关羽','张飞']// 定义人物名称数组
      }
   });
   vm.names = vm.names.slice(1);// 获取数组中第二个元素后的所有元素
</script>
```

运行结果如图 4.7 所示。

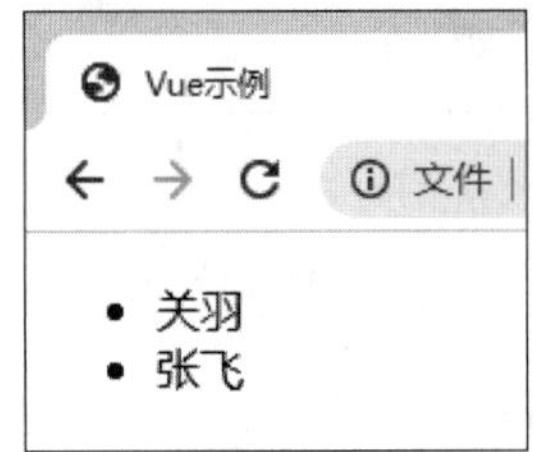

图 4.7　输出数组中某部分元素

由于 JavaScript 的限制，以下两种操作并不能触发视图的更新：

① 直接使用数组索引修改数组元素，例如：vm.items[2] = ' 古典名著 '。

② 修改数组的长度，例如：vm.items.length = 6。

为了解决第一种情况，可以使用全局方法 Vue.set(array,index,value)，或实例方法 vm.$set(array,index,value) 来设置数组元素的值。通过这两个方法设置的数组元素是响应式的，从而实现视图的更新。

实例方法 vm.$set() 为全局方法 Vue.set() 的别名。

例如，应用全局方法 Vue.set() 设置数组中第三个元素的值，并应用 v-for 指令循环渲染 <li> 标签，输出修改后数组中存储的人物名称。代码如下：

```
<div id="app">
    <ul>
        <li v-for="name in names">{{name}}</li>
    </ul>
</div>
<script type="text/javascript">
    var vm = new Vue({
        el : '#app',
        data : {
            names : [' 刘备 ',' 关羽 ',' 张飞 ']// 定义人物名称数组
        }
    });
    // 或者 vm.$set(vm.names,2,' 赵云 ')
    Vue.set(vm.names,2,' 赵云 ');
</script>
```

运行结果如图 4.8 所示。

图 4.8　设置第三个元素的值

为了解决第二种情况，可以通过使用 splice() 方法删除数组元素的方式修改数组的长度。

例如，将数组的长度修改为 2，代码如下：

```
<div id="app">
   <ul>
      <li v-for="name in names">{{name}}</li>
   </ul>
</div>
<script type="text/javascript">
   var vm = new Vue({
      el : '#app',
      data : {
         names : ['刘备','关羽','张飞']// 定义人物名称数组
      }
   });
   vm.names.splice(2);
</script>
```

运行结果如图 4.9 所示。

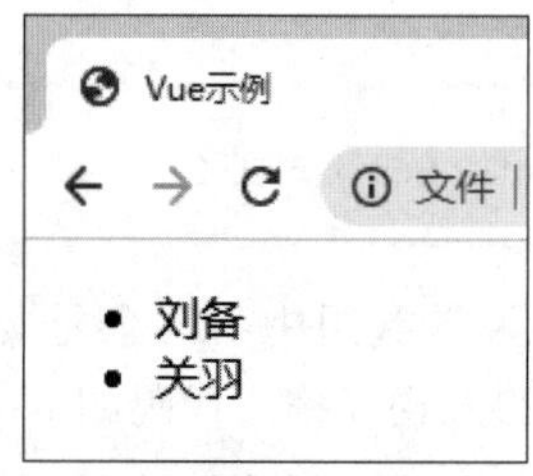

图 4.9　修改数组长度

4.2 遍历对象

4.2.1　基本用法

除了遍历数组之外，应用 v-for 指令还可以遍历对象。遍历对象使用的语法形式为 value in object，其中，object 为对象名称，value 为对象属性值的别名。

例如，应用 v-for 指令循环渲染 <li> 标签，输出对象中存储的人物信息。代码如下：

```
<div id="app">
   <ul>
      <li v-for="value in object">{{value}}</li>
   </ul>
</div>
<script type="text/javascript">
   var vm = new Vue({
      el : '#app',
      data : {
         object : {// 定义人物信息对象
            name : '夏天',
            sex : '男',
            age : 20
         }
      }
   });
</script>
```

运行结果如图 4.10 所示。

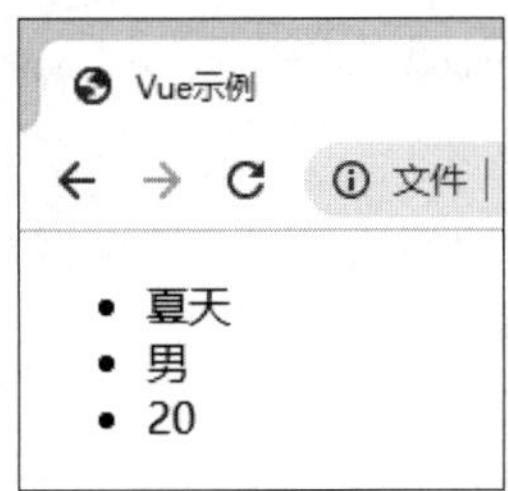

图 4.10　输出人物信息

在应用 v-for 指令遍历对象时，还可以指定一个参数作为对象属性名的别名，语法格式为 (value,key) in object。其中，object 为对象名称，value 为对象属性值的别名，key 为对象属性名的别名。

例如，应用 v-for 指令循环渲染 <li> 标签，输出对象中的属性名和属性值。代码如下：

```
<div id="app">
    <ul>
        <li v-for="(value,key) in object">{{key}} : {{value}}</li>
    </ul>
</div>
<script type="text/javascript">
    var vm = new Vue({
        el : '#app',
        data : {
            object : {// 定义人物信息对象
                name : ' 夏天 ',
                sex : ' 男 ',
                age : 20
            }
        }
    });
</script>
```

运行结果如图 4.11 所示。

图 4.11　输出属性名和属性值

在应用 v-for 指令遍历对象时，还可以使用第三个参数为对象提供索引，语法格式为 (value,key,index) in object。其中，object 为对象名称，value 为对象属性值的别名，key 为对象属性名的别名，index 为对象的索引。

例如，应用 v-for 指令循环渲染 <li> 标签，输出对象中的索引和对应的属性。代码如下：

```
<div id="app">
   <ul>
      <li v-for="(value,key,index) in object">{{index}} - {{key}} : {{value}}</li>
   </ul>
</div>
<script type="text/javascript">
   var vm = new Vue({
      el : '#app',
      data : {
         object : {// 定义人物信息对象
            name : '夏天',
            sex : '男',
            age : 20
         }
      }
   });
</script>
```

运行结果如图 4.12 所示。

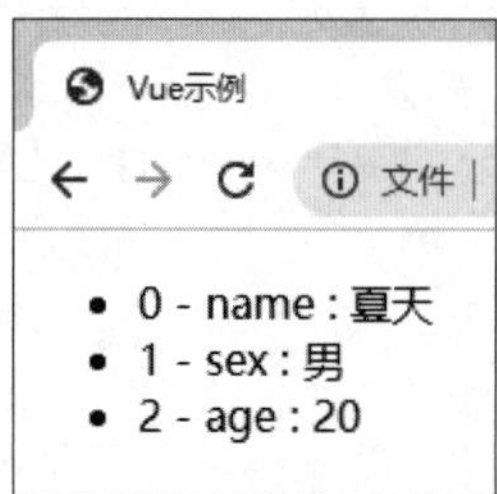

图 4.12　输出对象的索引和属性

4.2.2　添加响应式属性

在已经创建的实例中，如果要向对象中添加响应式属性，并同时触发视图更新，可以使用全局方法 Vue.set(object, key, value)，或实例方法 vm.$set(object, key, value)。

例如，应用全局方法 Vue.set() 给对象添加一个新的属性，并输出添加后的人物信息。代码如下：

```
<div id="app">
   <ul>
      <li v-for="(value,key) in object">{{key}} : {{value}}</li>
   </ul>
</div>
<script type="text/javascript">
   var vm = new Vue({
      el : '#app',
      data : {
         object : {// 定义人物信息对象
            name : '夏天',
            sex : '男',
            age : 20
         }
      }
   });
   Vue.set(vm.object,'interest','运动、看电影、听音乐');// 向对象中添加属性
</script>
```

运行结果如图 4.13 所示。

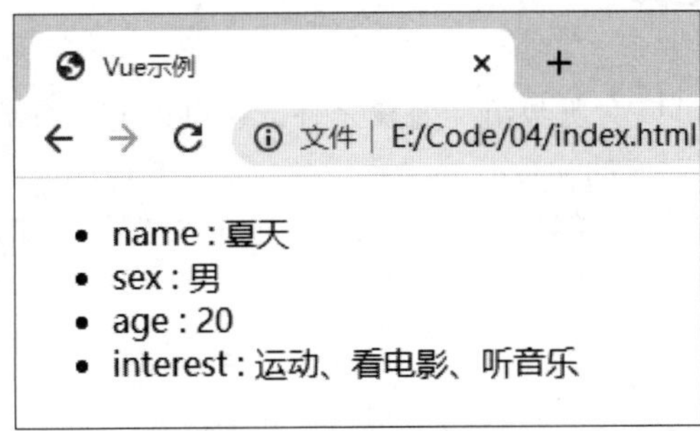

图 4.13　输出添加后的属性

如果需要给对象添加多个响应式属性，可以使用 Object.assign() 方法。在使用该方法时，需要将源对象的属性和新添加的属性合并为一个新的对象。

例如，应用 Object.assign() 方法在对象中添加两个新的属性，对添加属性后的新对象进行遍历，并输出新对象中的人物信息。代码如下：

```
<div id="app">
    <ul>
        <li v-for="(value,key) in object">{{key}} : {{value}}</li>
    </ul>
</div>
<script type="text/javascript">
    var vm = new Vue({
        el : '#app',
        data : {
            object : {// 定义人物信息对象
                name : ' 夏天 ',
                sex : ' 男 ',
                age : 20
            }
        }
    });
    vm.object = Object.assign({},vm.object,{// 向对象中添加两个新属性
        interest : ' 运动、看电影、听音乐 ',
        address : ' 吉林省长春市 '
    });
</script>
```

运行结果如图 4.14 所示。

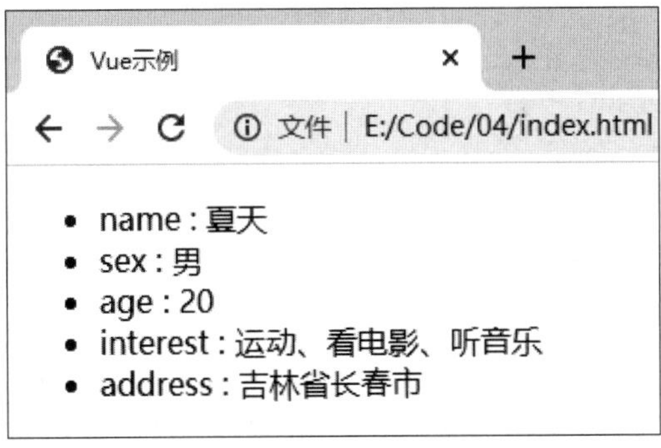

图 4.14　输出添加后的属性

4.3 遍历整数

使用 v-for 指令除了可以遍历数组和对象之外，还可以遍历整数，遍历的整数即为循环次数，因此模板会被重复对应的次数。

例如，使用 v-for 指令遍历整数，在下拉菜单中循环输出年份和月份，代码如下：

```
<div id="app">
   请选择：
   <select name="year">
      <option v-for="n in 30">{{n + year}} 年 </option>
   </select>
   <select name="month">
      <option v-for="n in 12">{{n}} 月 </option>
   </select>
</div>
<script type="text/javascript">
   var vm = new Vue({
      el:'#app',
      data:{
         year:1990
      }
   })
</script>
```

运行结果如图 4.15 所示。

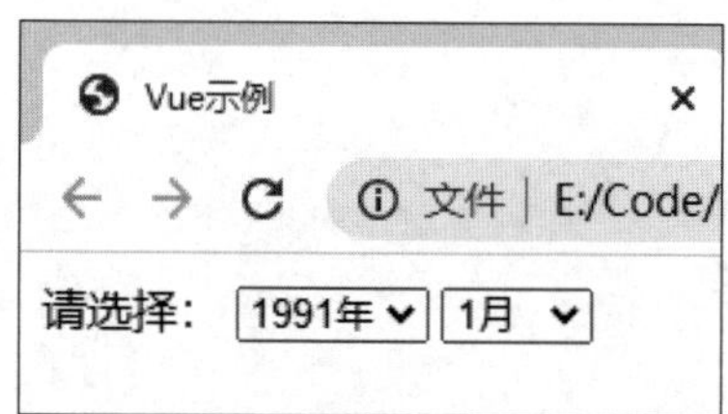

图 4.15　循环输出年份和月份

实例 4.4　输出九九乘法表（实例位置：资源包 \Code\04\04）

使用 v-for 指令输出九九乘法表。代码如下：

```
<div id="app">
    <div v-for="n in 9">
      <span v-for="m in n">
         {{m}}×{{n}}={{m*n}}
      </span>
    </div>
</div>
<script type="text/javascript">
    var vm = new Vue({
        el : '#app'
    });
</script>
```

运行结果如图 4.16 所示。

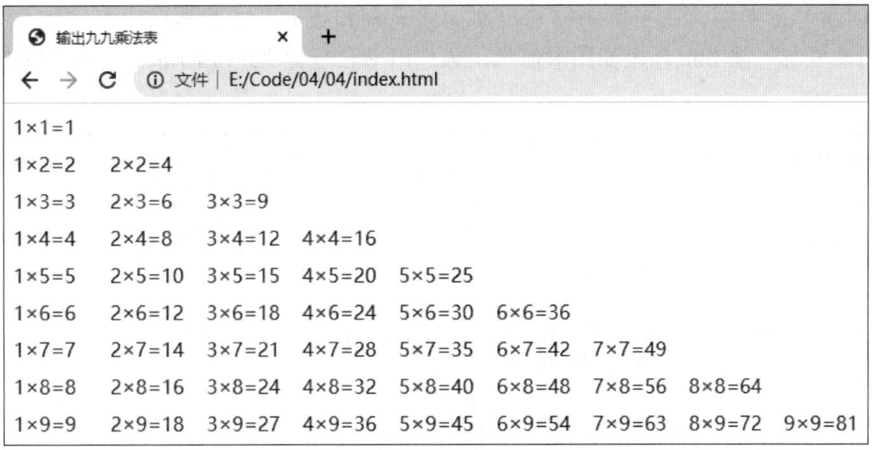

输出九九乘法表

文件 | E:/Code/04/04/index.html

1×1=1

1×2=2　2×2=4

1×3=3　2×3=6　3×3=9

1×4=4　2×4=8　3×4=12　4×4=16

1×5=5　2×5=10　3×5=15　4×5=20　5×5=25

1×6=6　2×6=12　3×6=18　4×6=24　5×6=30　6×6=36

1×7=7　2×7=14　3×7=21　4×7=28　5×7=35　6×7=42　7×7=49

1×8=8　2×8=16　3×8=24　4×8=32　5×8=40　6×8=48　7×8=56　8×8=64

1×9=9　2×9=18　3×9=27　4×9=36　5×9=45　6×9=54　7×9=63　8×9=72　9×9=81

图 4.16　输出九九乘法表

4.4　综合案例——过滤图书信息

图书信息列表中有 4 本不同名称的编程图书，编写程序，找出书名包含“JavaScript”的所有图书信息（**实例位置：资源包 \Code\04\05**）。

（1）案例分析

本案例中，将 4 本图书信息以数组的形式定义在 data 选项中，每个元素都包括图书名称、图书作者以及出版社等信息。根据题意，要想找出书名包含“JavaScript”的所有图书信息，需要对图书信息数组进行过滤。实现过滤数组的功能可以使用 Vue.js 中的非变异方法 filter()，使用该方法可以筛选出书名包含“JavaScript”的所有图书，再通过 v-for 指令就能遍历输出要找的所有图书信息。

（2）实现过程

① 创建 HTML 文件，在文件中引入 Vue.js 文件，代码如下：

```
<script type="text/javascript" src="../JS/vue.js"></script>
```

② 定义 <div> 元素，并设置其 id 属性值为 app，在该元素中应用 v-for 指令遍历图书信息数组，分别输出图书名称、图书作者以及出版社等信息，代码如下：

```
<div id="app">
   <div class="main">
      <div class="title">
         <div> 书名 </div>
         <div> 作者 </div>
         <div> 出版社 </div>
      </div>
      <div class="content" v-for="(book,index) in books">
         <div>{{book.name}}</div>
         <div>{{book.author}}</div>
         <div>{{book.press}}</div>
      </div>
   </div>
</div>
```

③ 创建 Vue 实例，在实例中分别定义挂载元素和数据，在数据中定义图书信息数组，然后使用非变异方法 filter() 过滤图书信息，筛选出书名包含“JavaScript”的所有图书。代码如下：

```
<script type="text/javascript">
var vm = new Vue({
   el:'#app',
   data:{
      books : [{// 图书信息数组
         name : '零基础学 JavaScript',
         author : '明日科技',
         press : '吉林大学出版社'
      },{
         name : 'Python 从入门到精通',
         author : '明日科技',
         press : '清华大学出版社'
      },{
         name : 'JavaScript 范例宝典',
         author : '明日科技',
         press : '人民邮电出版社'
      },{
         name : 'Java 精彩编程 200 例',
         author : '明日科技',
         press : '吉林大学出版社'
      }]
   }
})
vm.books = vm.books.filter(function(item){ // 过滤数组
   if(item.name.indexOf('JavaScript') !== -1){
      return item;
   }
})
</script>
```

运行结果如图 4.17 所示。

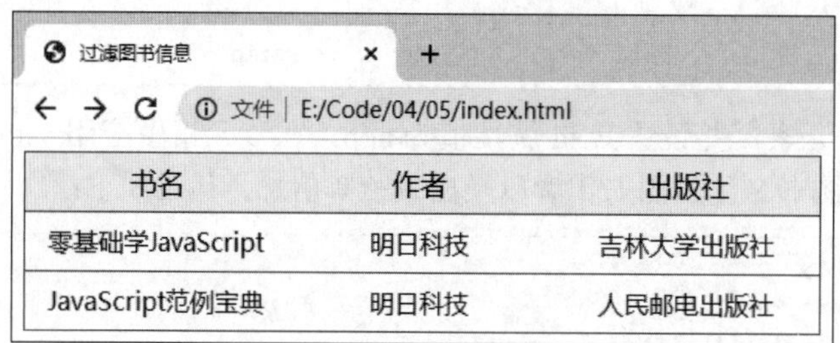

图 4.17　显示过滤的图书信息

4.5 实战练习

在页面中输出某学生的考试成绩表，包括第一学期和第二学期各学科分数以及总分。运行结果如图 4.18 所示（**实例位置：资源包 \Code\04\06**）。

成绩表

姓名：郭某某 性别：男　年龄：16

学期	数学	物理	化学	英语	计算机	总分
第一学期	95	88	92	90	96	461
第二学期	96	87	93	91	95	462

图 4.18　输出成绩表

小结

本章主要介绍了 Vue.js 中实现列表渲染的 v-for 指令。根据 v-for 指令对数组或对象进行遍历输出。遍历操作在实际开发过程中非常常用，读者一定要熟练掌握 v-for 指令的用法。

第 5 章 计算属性和监听属性

在模板中绑定的表达式只能用于简单的运算。如果运算比较复杂，可以使用 Vue.js 提供的计算属性，通过计算属性可以处理比较复杂的逻辑。另外，如果需要监测和响应数据的变化，还可以使用 Vue.js 提供的监听属性。本章主要介绍 Vue.js 的计算属性和监听属性的作用。

5.1 计算属性的基本用法

5.1.1 什么是计算属性

在模板中绑定表达式的形式使用起来虽然便利，但是它通常被用于简单的运算。如果在模板中放入过多的逻辑就会变得难以维护。例如，在模板中使用表达式，将以“、”为分隔符的字符串“HTML、CSS、JavaScript”转换为以“+”为分隔符的字符串，并在字符串尾部添加“Vue.js”，代码如下：

```
<div id="app">
   <span>{{str.split('、').concat('Vue.js').join('+')}}</span>
</div>
<script type="text/javascript">
   var vm = new Vue({
      el : '#app',
      data : {
         str : 'HTML、CSS、JavaScript'
      }
   });
</script>
```

运行结果为：

```
HTML+CSS+JavaScript+Vue.js
```

上例中，模板中定义的表达式包含了多个操作，结构比较复杂。因此，为了使模板的结构清晰，对于比较复杂的逻辑，可以使用 Vue.js 提供的计算属性。对上述代码使用计算属性进行改写，代码如下：

```
<div id="app">
    <span>{{convert}}</span>
</div>
<script type="text/javascript">
    var vm = new Vue({
        el : '#app',
        data : {
            str : 'HTML、CSS、JavaScript'
        },
        computed : {
            convert : function(){
                return this.str.split('、').concat('Vue.js').join('+');
            }
        }
    });
</script>
```

上述代码中，convert 就是定义的计算属性。由此可见，计算属性需要以函数的形式定义在 computed 选项中，最后返回一个计算结果，该结果可以在插值时进行调用并渲染出来。

5.1.2　简单应用

通过计算属性可以实现各种复杂的逻辑，包括运算、函数调用等，只要最后返回一个计算结果就可以。当计算属性依赖的数据发生变化时，计算属性的值会自动更新，所有依赖该计算属性的数据绑定也会同步进行更新。

实例 5.1　每个单词首字母大写（实例位置：资源包 \Code\05\01）

将字符串“take me to your heart”中的每个单词的首字母改为大写，代码如下：

```
<div id="app">
    <p>原字符串：{{str}}</p>
    <p>新字符串：{{newstr}}</p>
</div>
<script type="text/javascript">
    var vm = new Vue({
        el:'#app',
        data:{
            str : 'take me to your heart'
        },
        computed : {
            newstr : function(){
                var arr = this.str.split(' ');//对字符串进行分隔
                for(var i = 0; i < arr.length; i++){
                    //每个数组元素改为首字母大写，其他字母小写
                    arr[i] = arr[i].charAt(0).toUpperCase() + arr[i].substr(1).toLowerCase();
                }
                return arr.join(' '); //将数组转换为字符串并返回
            }
        }
    })
</script>
```

运行结果如图 5.1 所示。

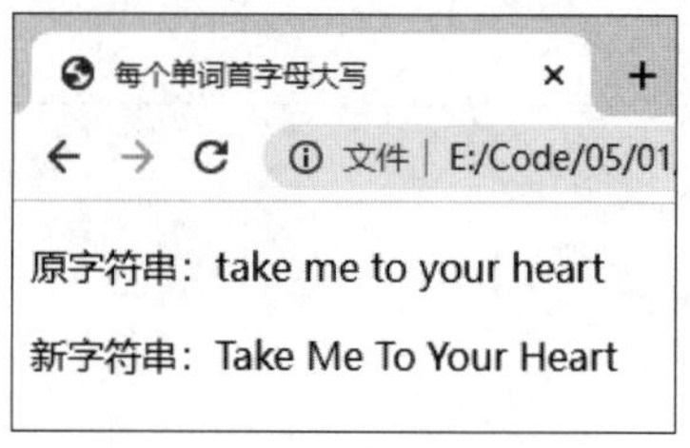

图 5.1　输出原字符串和新字符串

上述代码中，定义的计算属性 newstr 的值依赖于 data 选项中 str 属性的值。当 str 属性的值发生变化时，newstr 属性的值也会随之变化。

计算属性可以依赖 Vue 实例中的多个数据，只要其中任一数据发生变化，计算属性就会随之变化，视图也会随之更新。

5.2　getter 和 setter

5.2.1　使用 getter 读取属性值

每一个计算属性都包含一个 getter 和一个 setter。上面的示例中都是计算属性的默认用法，只是使用 getter 来读取数据。例如，定义一个获取人物姓名的计算属性，代码如下：

```
<div id="app">
   <p>人物姓名：{{fullname}}</p>
</div>
<script type="text/javascript">
   var vm = new Vue({
      el:'#app',
      data:{
         surname : '韦',
         name : '小宝'
      },
      computed : {
         fullname : function(){
            return this.surname + this.name;//连接字符串
         }
      }
   })
</script>
```

运行结果如图 5.2 所示。

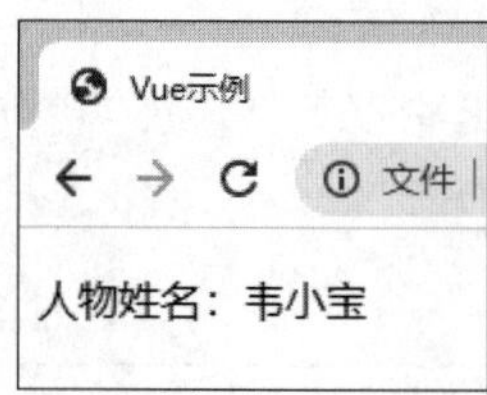

图 5.2　输出人物姓名

上述代码中，fullname 是定义的计算属性，为该属性定义的函数将默认作为 fullname 属性的 getter。将上述代码修改为使用 getter 的形式，代码如下：

```
<div id="app">
   <p>人物姓名：{{fullname}}</p>
</div>
<script type="text/javascript">
   var vm = new Vue({
      el:'#app',
      data:{
         surname : '韦',
         name : '小宝'
      },
      computed : {
         fullname : {
            //getter
            get : function(){
               return this.surname + this.name; //连接字符串
            }
         }
      }
   })
</script>
```

5.2.2 使用 setter 设置属性值

计算属性默认只有 getter。除了 getter，还可以设置计算属性的 setter。getter 主要用来读取值，而 setter 主要用来设置值。当手动更新计算属性的值时，就会触发 setter，执行一些自定义的操作。例如，使用 setter 重新设置人物姓名，代码如下：

```
<div id="app">
   <p>人物姓名：{{fullname}}</p>
</div>
<script type="text/javascript">
   var vm = new Vue({
      el:'#app',
      data:{
         surname : '韦',
         name : '小宝'
      },
      computed : {
         fullname : {
            //getter
            get : function(){
               return this.surname + this.name; //连接字符串
            },
            //setter
            set : function(value){
               this.surname = value.substr(0,1);
               this.name = value.substr(1);
            }
         }
      }
   })
   vm.fullname = '张无忌';
</script>
```

运行结果如图 5.3 所示。

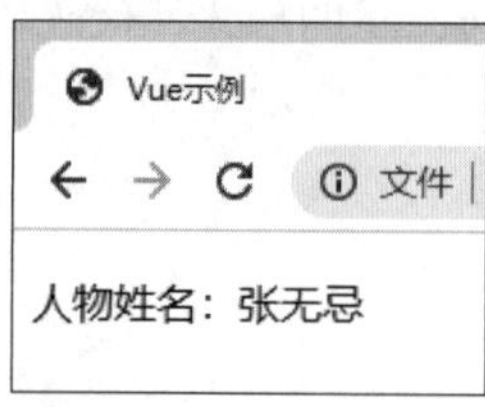

图 5.3　输出更新后的值

上述代码中，在为 fullname 属性重新赋值时，Vue.js 会自动调用 setter，并将新值作为参数传递给 set() 方法，surname 属性和 name 属性会相应进行更新，视图也会随之更新。如果未设置 setter 而对计算属性重新赋值，就不会触发视图更新。

5.3 计算属性的缓存

通过上面的示例可以发现，computed 选项中的计算属性完全可以用 methods 选项中的方法代替。例如，使用方法实现获取人物姓名的功能，代码如下：

```
<div id="app">
   <p>人物姓名：{{fullname()}}</p>
</div>
<script type="text/javascript">
   var vm = new Vue({
      el:'#app',
      data:{
         surname : '韦',
         name : '小宝'
      },
      methods : {
         fullname : function(){
            return this.surname + this.name; //连接字符串
         }
      }
   })
</script>
```

将相同的操作定义为一个方法，或者定义为一个计算属性，两种方式的结果完全相同。那么为什么还需要计算属性呢？因为计算属性是基于它们的依赖进行缓存的。当页面重新渲染时，如果依赖的数据未发生改变，使用计算属性获取的值就一直是缓存值。只有依赖的数据发生改变时才会重新获取值。如果使用的是方法，在页面重新渲染时，方法中的函数总会被重新调用执行。

下面通过一个示例来说明计算属性的缓存。代码如下：

```
<div id="app">
   <input v-model="message">
   <p>{{message}}</p>
   <p>{{getNowTimeC}}</p>
   <p>{{getNowTimeM()}}</p>
</div>
<script type="text/javascript">
```

```
    var vm = new Vue({
        el: '#app',
        data: {
            message : '',
            text1 : '通过计算属性获取的当前时间: ',
            text2 : '通过方法获取的当前时间: '
        },
        computed: {
            getNowTimeC: function () {
                var hour = new Date().getHours();
                var minute = new Date().getMinutes();
                var second = new Date().getSeconds();
                return this.text1 + hour + ":" + minute + ":" + second;
            }
        },
        methods: {
            getNowTimeM: function () {// 获取当前时间
                var hour = new Date().getHours();
                var minute = new Date().getMinutes();
                var second = new Date().getSeconds();
                return this.text2 + hour + ":" + minute + ":" + second;
            }
        }
    })
</script>
```

运行上述代码，页面中会输出一个文本框，下面分别输出通过计算属性和方法获取的当前时间，结果如图 5.4 所示。在文本框中输入内容后，页面进行了重新渲染，这时，通过计算属性获取的当前时间是缓存的时间，而通过方法获取的当前时间是最新的时间，结果如图 5.5 所示。

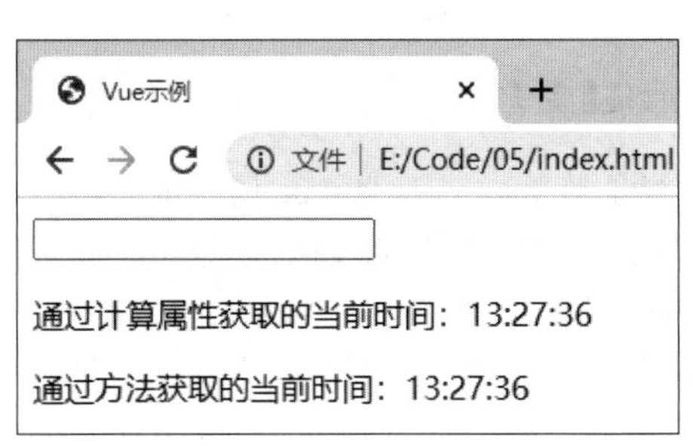

图 5.4　输出当前时间

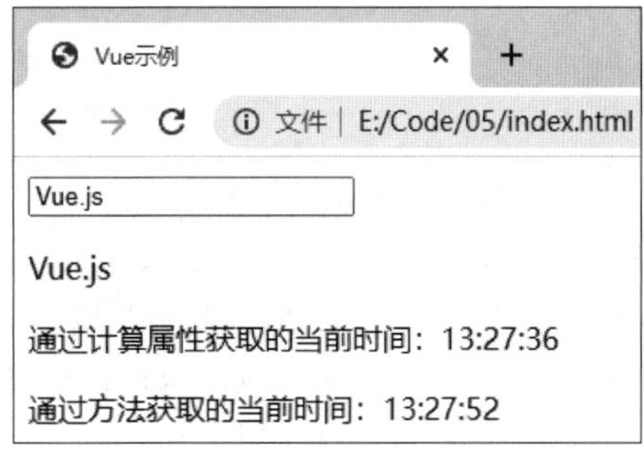

图 5.5　输出缓存时间和当前时间

在该示例中，getNowTimeC 计算属性依赖于 text1 属性。当页面重新渲染时，只要 text1 属性未发生改变，getNowTimeC 计算属性就会立即返回之前的计算结果，因此会输出缓存的时间。而在页面重新渲染时，每次调用 getNowTimeM() 方法总是会再次执行函数，因此会输出最新的时间。

v-model 指令用来在表单元素上创建双向数据绑定，关于该指令的详细介绍请参考后面的章节。

5.4 监听属性的用法

5.4.1 什么是监听属性

监听属性是 Vue.js 提供的一种用来监听和响应数据变化的方式。在监听 data 选项中的属性时，如果监听的属性发生变化，就会执行特定的操作。监听属性可以定义在 watch 选项中，也可以使用实例方法 vm.$watch() 进行定义。

例如，在 watch 选项中定义监听属性，输出属性的原值和新值，代码如下：

```
<div id="app"></div>
<script type="text/javascript">
   var vm = new Vue({
      el:'#app',
      data:{
         type : '古典名著'
      },
      watch : {
         type : function(newValue,oldValue){
            alert("原类型："+oldValue+" 新类型："+newValue);
         }
      }
   })
   vm.type = '现代文学';// 修改属性值
</script>
```

运行结果如图 5.6 所示。

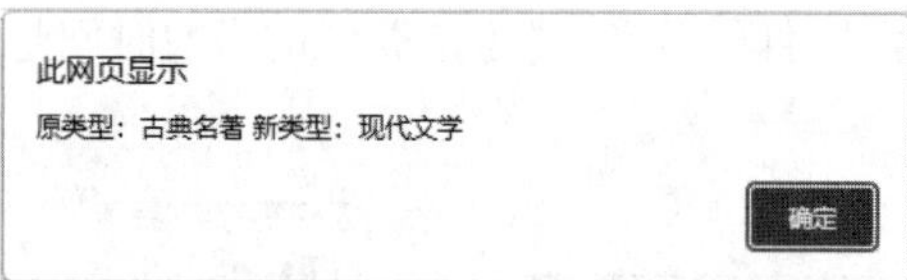

图 5.6　输出属性的原值和新值

上述代码中，在 watch 选项中对 type 属性进行了监听。当改变 type 属性值时，会执行监听 type 属性定义的回调函数，函数中有两个参数 newValue 和 oldValue，这两个参数分别表示监听属性的新值和旧值。其中，第二个参数可以省略。

使用实例方法 vm.$watch() 也可以定义监听属性，将上面的示例修改为使用实例方法定义监听属性的形式，代码如下：

```
<div id="app"></div>
<script type="text/javascript">
   var vm = new Vue({
      el:'#app',
      data:{
         type : '古典名著'
      }
   })
   vm.$watch('type',function(newValue,oldValue){
      alert("原类型："+oldValue+" 新类型："+newValue);
   });
   vm.type = '现代文学';// 修改属性值
</script>
```

上述代码中，应用实例方法 vm.$watch() 对 type 属性进行了监听。运行结果同样如图 5.6 所示。

5.4.2　简单应用

监听属性通常用来实现数据之间的换算，例如长度单位之间的换算、速度单位之间的换算、汇率之间的换算等。下面通过监听属性实现一个汇率换算的实例。

实例 5.2　实现汇率换算（实例位置：资源包 \Code\05\02）

应用监听属性实现人民币和美元之间的汇率换算。在文本框中输入要换算的数字，下方会显示换算的结果。代码如下：

```
<div id="app">
    <label for="rmb">¥：</label>
    <input id="rmb" type="number" v-model="rmb"><p>
    <label for="dollar">$：</label>
    <input id="dollar" type="number" v-model="dollar"><p>
    {{rmb}} 人民币 ={{dollar | formatNum}} 美元
</div>
<script type="text/javascript">
var vm = new Vue({
    el:'#app',
    data:{
        rate : 6.67,
        rmb : 0,
        dollar : 0
    },
    watch : {
        rmb : function(val){
            this.dollar = val / this.rate;// 获取美元的值
        },
        dollar : function(val){
            this.rmb = val * this.rate;// 获取人民币的值
        }
    },
    filters : {
        formatNum : function(value){
            return value.toFixed(2);// 保留两位小数
        }
    }
})
</script>
```

运行结果如图 5.7 所示。

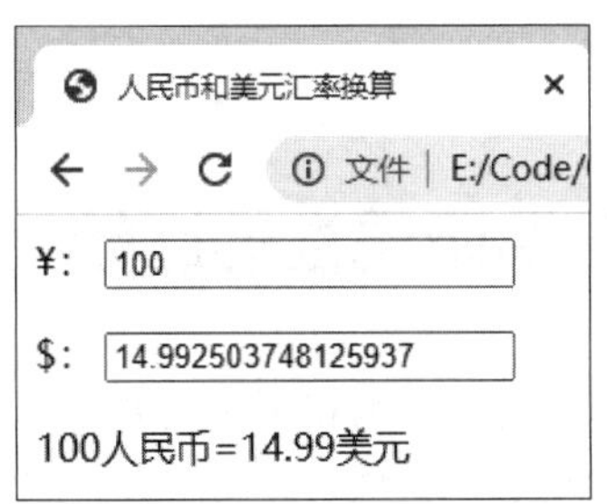

图 5.7　人民币兑换美元

5.4.3 deep 选项的用法

如果要监听的属性值是一个对象，要想监听对象内部值的变化，需要在监听属性的选项参数中设置 deep 选项的值为 true。例如，对值是对象的属性进行监听，示例代码如下：

```
<div id="app"></div>
<script type="text/javascript">
   var vm = new Vue({
      el:'#app',
      data:{
         info : {
            recipient : 'Tony', // 收件人
            tel : '166****9756', // 收件人手机号
            address : ' 吉林省长春市 ' // 收件人地址
         }
      },
      watch : {
         info : {
            handler : function(val){
               alert(' 收件人：' + val.recipient + "\n 新手机号：" + val.tel + "\n 收件地址：" + val.address);
            },
            deep : true
         }
      }
   })
   vm.info.tel = '152****3626';// 修改对象中的属性值
</script>
```

运行结果如图 5.8 所示。

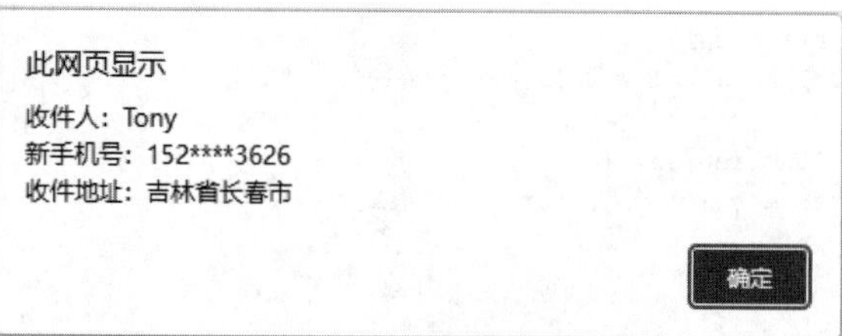

图 5.8　输出收件人信息

注意

当监听的数据是一个数组或者对象时，回调函数中的新值和旧值是相等的，因为这两个形参指向的是同一个数据对象。

5.5 计算属性和监听属性的比较

监听属性是 Vue.js 提供的一种用于监测和响应数据变化的更通用的方式。但是，使用监听属性的方式编写的代码是命令式的重复代码，所以在一般情况下，更好的做法是使用计算属性而不是命令式的监听属性。

例如，应用监听属性对人物姓名中的姓和名进行监听，代码如下：

```
<div id="app">
   <p>人物姓名：{{fullname}}</p>
</div>
<script type="text/javascript">
   var vm = new Vue({
      el:'#app',
      data:{
         surname : '韦',
         name : '小宝',
         fullname : '韦小宝'
      },
      watch : {
         surname : function(value){
            this.fullname = value + this.name;
         },
         name : function(value){
            this.fullname = this.surname + value;
         }
      }
   })
</script>
```

上述代码中，对 data 选项中定义的 surname 和 name 属性进行了监听。当其中的一个属性发生变化时，人物姓名也会随着变化。下面将上述代码使用计算属性进行改写，对两种不同的写法进行比较，代码如下：

```
<div id="app">
   <p>人物姓名：{{fullname}}</p>
</div>
<script type="text/javascript">
   var vm = new Vue({
      el:'#app',
      data:{
         surname : '韦',
         name : '小宝'
      },
      computed : {
         fullname : function(){
            return this.surname + this.name;
         }
      }
   })
</script>
```

由此可见，使用计算属性同样可以实现响应数据变化的功能。虽然在大多数情况下使用计算属性会更合适，但是如果在数据变化响应时执行异步请求的操作，使用监听属性的方式还是很有用的。

5.6 综合案例——统计购物车中的商品总价

购物车中的商品信息列表中包括商品名称、商品单价以及商品数量。编写程序，循环输出商品的名称、单价、数量、各商品的总价以及所有商品合计金额（**实例位置：资源包**

Code\05\03）。

（1）案例分析

购物车中的商品信息比较复杂，可以将商品信息以数组的形式定义在 data 选项中，每个元素都包括商品名称、商品单价以及商品数量。循环输出商品的名称、单价、数量、各商品的总价，可以使用 v-for 指令实现，关键是如何计算所有商品的总价。

计算所有商品的总价可以使用计算属性，在计算属性中实现计算商品总价的逻辑，最后返回计算的商品总价就能实现该程序的功能。

（2）实现过程

① 创建 HTML 文件，在文件中引入 Vue.js 文件，代码如下：

```
<script type="text/javascript" src="../JS/vue.js"></script>
```

② 定义 <div> 元素，并设置其 id 属性值为 app，在该元素中定义两个 <div> 元素，第一个 <div> 元素作为商品信息列表的标题，在第二个 <div> 元素中应用双大括号标签进行数据绑定，并应用 v-for 指令进行列表渲染，代码如下：

```
<div id="app">
    <div class="title">
        <div>商品名称</div>
        <div>单价</div>
        <div>数量</div>
        <div>金额</div>
    </div>
    <div class="content" v-for="value in shop">
        <div>{{value.name}}</div>
        <div>{{value.price | twoDecimal}}</div>
        <div>{{value.count}}</div>
        <div>{{value.price*value.count | twoDecimal}}</div>
    </div>
    <p>合计：{{totalprice | formatPrice("¥")}}</p>
</div>
```

③ 创建 Vue 实例，在实例中分别定义挂载元素、数据和计算属性，在数据中定义商品信息数组，在计算属性中定义 totalprice 属性及其对应的函数，实现计算商品总价的功能。代码如下：

```
<script type="text/javascript">
var vm = new Vue({
    el:'#app',
    data:{
        shop : [{//定义商品信息数组
            name : '戴尔笔记本灵越15-3511',
            price : 3799,
            count : 2
        },{
            name : '海信电视65E3G-PRO',
            price : 3369,
            count : 1
        }]
    },
    computed : {
        totalprice : function(){
            var total = 0;
            this.shop.forEach(function(s){
```

```
                total += s.price * s.count;// 计算商品总价
            });
            return total;
        }
    },
    filters : {
        twoDecimal : function(value){
            return value.toFixed(2);// 保留两位小数
        },
        formatPrice : function(value,symbol){
            return symbol + value.toFixed(2);// 添加人民币符号并保留两位小数
        }
    }
})
</script>
```

运行结果如图 5.9 所示。

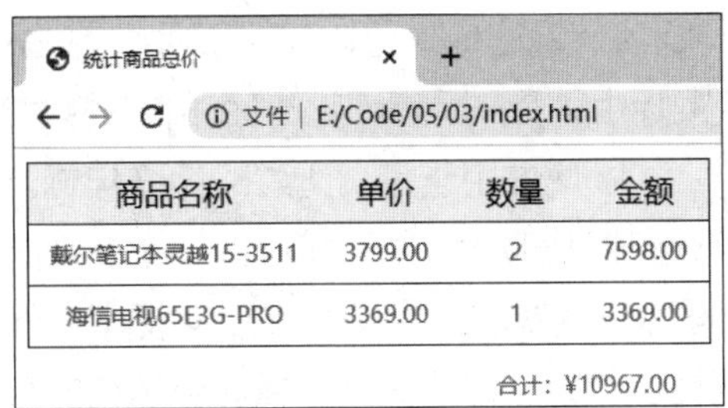

商品名称	单价	数量	金额
戴尔笔记本灵越15-3511	3799.00	2	7598.00
海信电视65E3G-PRO	3369.00	1	3369.00

合计：¥10967.00

图 5.9　输出商品列表和商品总价

5.7 实战练习

在页面中输出某公司三名员工的工资表，包括员工姓名、月度收入、专项扣除、个税、工资等信息，运行结果如图 5.10 所示（**实例位置：资源包 \Code\05\04**）。

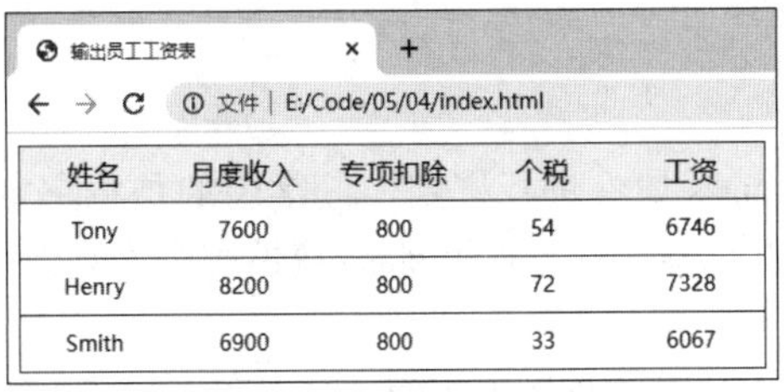

输出员工工资表
文件 | E:/Code/05/04/index.html

姓名	月度收入	专项扣除	个税	工资
Tony	7600	800	54	6746
Henry	8200	800	72	7328
Smith	6900	800	33	6067

图 5.10　输出员工工资表

小结

本章主要介绍了 Vue.js 的计算属性和监听属性。通过计算属性可以实现一些比较复杂的逻辑，通过监听属性可以监测和响应数据的变化。在实际开发过程中，计算属性的应用比较广泛，读者一定要熟练掌握计算属性的使用方法。

第 6 章 样式绑定

在 HTML 中，定义 DOM 元素的样式可以使用 class 属性和 style 属性。而在 Vue.js 中，对元素样式的绑定实际上就是对元素的 class 和 style 属性进行操作，class 属性用于定义元素的类名列表，style 属性用于定义元素的内联样式。使用 v-bind 指令可以对这两个属性进行数据绑定。在将 v-bind 用于 class 和 style 时，相比于 HTML，Vue.js 为这两个属性做了增强处理。表达式的结果类型除了字符串之外，还可以是对象或数组。本章主要介绍 Vue.js 中的样式绑定，包括 class 属性绑定和内联样式绑定。

6.1 绑定 class 属性

在 HTML 中，为元素设置样式使用较多的是 class 属性。在样式绑定中，对元素的 class 属性进行绑定，绑定的数据可以是对象或数组。下面分别介绍这两种语法。

6.1.1 绑定为对象

使用 v-bind 对元素的 class 属性进行绑定，最常用的是将绑定的数据设置为一个对象，这样可以动态地切换元素的 class。将元素的 class 属性绑定为对象主要有以下三种形式。

（1）内联绑定

这种形式是将元素的 class 属性直接绑定为一个对象，格式如下：

```
<div v-bind:class="{active : isActive}"></div>
```

上述代码中，active 是元素的 class 类名，isActive 是 data 选项中的属性，它是一个布尔值。如果该值为 true，就表示元素使用类名为 active 的样式，否则就不使用。

例如，为 div 元素绑定 class 属性，将字体样式设置为斜体，字体大小设置为 20 像素，文字颜色设置为蓝色，代码如下：

```
<style>
   .active{
      font-style:italic;                    /* 设置字体样式 */
```

```
        font-size:20px;                     /* 设置字体大小 */
        color:blue;                         /* 设置文字颜色 */
    }
</style>
<div id="app">
    <div v-bind:class="{active : isActive}">天才出于勤奋</div>
</div>
<script type="text/javascript">
    var vm = new Vue({
        el : '#app',
        data : {
            isActive : true// 使用 active 类名
        }
    });
</script>
```

运行结果如图 6.1 所示。

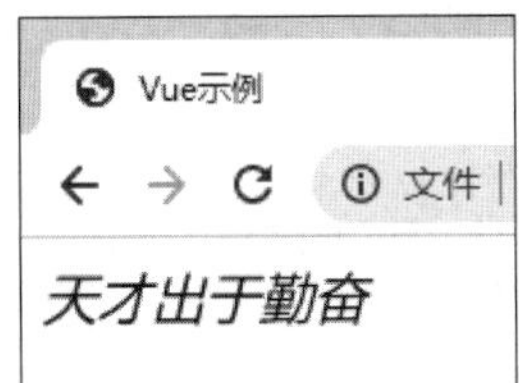

图 6.1　为 div 元素设置样式

实例 6.1　为书名添加颜色（实例位置：资源包 \Code\06\01）

在图书列表中，为书名“零基础学 JavaScript”和“零基础学 HTML5+CSS3”添加文字样式，实现步骤如下：

① 编写 CSS 代码，为页面元素设置样式。其中的 active 类名选择器用于设置书名“零基础学 JavaScript”和“零基础学 HTML5+CSS3”的文字样式，代码如下：

```
<style>
body{
    font-family: 微软雅黑 ;                  /* 设置字体 */
}
.item{
    width:350px;                            /* 设置宽度 */
    height:100px;                           /* 设置高度 */
    line-height:100px;                      /* 设置行高 */
    border-bottom:1px solid #999999;        /* 设置下边框样式 */
}
.item img{
    width:100px;                            /* 设置宽度 */
    float:left;                             /* 设置左浮动 */
}
.active{
    font-weight: bolder;                    /* 设置字体粗细 */
    color:#FF0000;                          /* 设置文字颜色 */
}
</style>
```

② 创建 Vue 实例，定义挂载元素和数据，为用于显示书名的 span 元素绑定 class 属性，代码如下：

```
<div id="app">
    <div>
        <div class="item" v-for="book in books">
            <img v-bind:src="book.image">
            <span v-bind:class="{active : book.active}">{{book.title}}</span>
        </div>
    </div>
</div>
<script type="text/javascript">
var vm = new Vue({
    el:'#app',
    data:{
        books : [{// 定义图书信息数组
            title : '零基础学 JavaScript',
            image : 'images/JavaScript.png',
            active : true
        },{
            title : '零基础学 Java',
            image : 'images/Java.png',
            active : false
        },{
            title : '零基础学 HTML5+CSS3',
            image : 'images/HTMLCSS.png',
            active : true
        },{
            title : '零基础学 C 语言',
            image : 'images/C.png',
            active : false
        }]
    }
})
</script>
```

运行结果如图 6.2 所示。

图 6.2　为指定书名添加样式

在元素的 class 属性绑定的对象中可以传入多个属性，这样可以动态切换元素的多个 class。另外，为元素绑定 class 属性的同时也可以为元素添加静态的 class 属性。示例代码如下：

```
<style>
   .italic{
      font-style: italic;                  /* 设置字体样式 */
   }
   .shadow{
      text-shadow: 2px 2px 3px #0000FF;    /* 设置文字阴影 */
   }
   .default{
      font-size: 24px;                     /* 设置文字大小 */
      color: red;                          /* 设置文字颜色 */
   }
</style>
<div id="app">
   <div class="default" v-bind:class="{italic : isItalic,shadow : isShadow}"> 理想是人生的太阳 </div>
</div>
<script type="text/javascript">
   var vm = new Vue({
      el : '#app',
      data : {
         isItalic : true, // 使用 italic 类名
         isShadow : true// 使用 shadow 类名
      }
   });
</script>
```

运行结果如图 6.3 所示。

图 6.3　为元素设置多个 class

上述代码中，由于 isItalic 和 isShadow 属性的值都为 true，因此结果渲染为：

```
<div class="default italic shadow"> 理想是人生的太阳 </div>
```

当 isItalic 或者 isShadow 的属性值发生变化时，元素的 class 列表也会相应进行更新。例如，将 isItalic 属性值设置为 false，则元素的 class 列表将变为 "default shadow"。

（2）非内联绑定

非内联绑定的形式是将元素的 class 属性绑定的对象定义在 data 选项中。例如，将上一个示例中绑定的对象定义在 data 选项中，代码如下：

```
<style>
   .italic{
      font-style: italic;                  /* 设置字体样式 */
   }
   .shadow{
      text-shadow: 2px 2px 3px #0000FF;    /* 设置文字阴影 */
   }
```

```
   .default{
      font-size: 24px;                       /* 设置文字大小 */
      color: red;                            /* 设置文字颜色 */
   }
</style>
<div id="app">
   <div class="default" v-bind:class="classObject">理想是人生的太阳</div>
</div>
<script type="text/javascript">
   var vm = new Vue({
      el : '#app',
      data : {
         classObject : {
            italic : true, // 使用 italic 类名
            shadow : true// 使用 shadow 类名
         }
      }
   });
</script>
```

运行结果同样如图 6.3 所示。

（3）绑定为一个计算属性

这种形式是将元素的 class 属性绑定为一个返回对象的计算属性，这是一种常用且强大的模式。例如，将上一个示例中的 class 属性绑定为一个计算属性，代码如下：

```
<style>
   .italic{
      font-style: italic;                    /* 设置字体样式 */
   }
   .shadow{
      text-shadow: 2px 2px 3px #0000FF;      /* 设置文字阴影 */
   }
   .default{
      font-size: 24px;                       /* 设置文字大小 */
      color: red;                            /* 设置文字颜色 */
   }
</style>
<div id="app">
   <div class="default" v-bind:class="show">理想是人生的太阳</div>
</div>
<script type="text/javascript">
   var vm = new Vue({
      el : '#app',
      data : {
         isItalic : true,
         isShadow : true
      },
      computed : {
         show : function (){
            return {
               italic : this.isItalic,
               shadow : this.isShadow
            }
         }
      }
   });
</script>
```

运行结果同样如图 6.3 所示。

实例 6.2　以垂直方式从右向左显示文本（实例位置：资源包 \Code\06\02）

模拟古诗的风格以垂直方式从右向左显示文本。实现步骤如下：

① 编写 CSS 代码，为页面元素设置样式。定义两个类名选择器 shape 和 typeface，shape 选择器用于设置元素的宽度、高度和边框等样式，typeface 选择器用于设置元素的文字样式，代码如下：

```
<style>
   .shape{
      width:400px;                              /* 设置元素宽度 */
      margin:10px auto;                         /* 设置外边距 */
      padding:30px;                             /* 设置内边距 */
      border:1px solid #CCCCCC;                 /* 设置元素边框 */
      box-shadow:3px 3px 6px #999999;           /* 设置边框阴影 */
      writing-mode:vertical-rl;                 /* 设置以垂直方式从右向左显示 */
   }
   .typeface{
      font-family:" 华文楷体 ";                  /* 设置字体 */
      background:lightyellow;                   /* 设置背景颜色 */
      font-size: 36px;                          /* 设置文字大小 */
      text-align: center;                       /* 设置文字居中 */
   }
</style>
```

② 创建 Vue 实例，定义挂载元素和数据，将 div 元素的 class 属性绑定为一个计算属性，代码如下：

```
<div id="app">
   <div v-bind:class="vertical">
      <h4> 望庐山瀑布 </h4>
      <p>
         日照香炉生紫烟，<br>
         遥看瀑布挂前川。<br>
         飞流直下三千尺，<br>
         疑是银河落九天。
      </p>
   </div>
</div>
<script type="text/javascript">
var vm = new Vue({
   el:'#app',
   data:{
      isShape : true,
      isTypeface : true
   },
   computed:{
      vertical : function(){
         return {
            shape : this.isShape,
            typeface : this.isTypeface
         }
      }
   }
})
</script>
```

运行实例，在页面中输出古诗《望庐山瀑布》，诗句以垂直方式进行展示，阅读的顺序为从右向左，结果如图 6.4 所示。

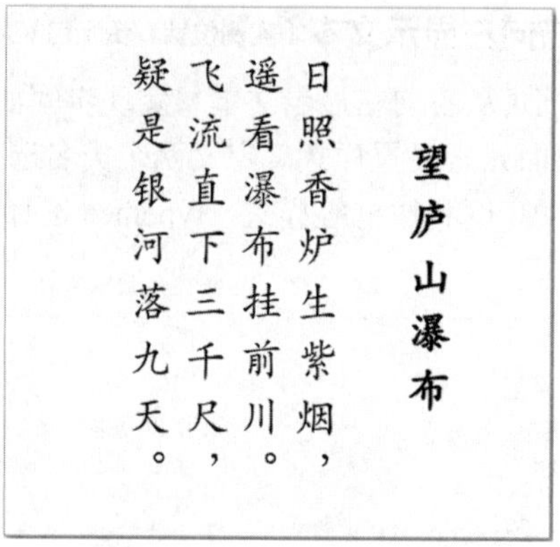

望庐山瀑布

日照香炉生紫烟，
遥看瀑布挂前川。
飞流直下三千尺，
疑是银河落九天。

图6.4　以垂直方式显示古诗

6.1.2　绑定为数组

使用 v-bind 对元素的 class 属性进行绑定，还可以将绑定的数据设置为一个数组的形式，这样可以为元素应用一个 class 列表。将元素的 class 属性绑定为数组同样有以下三种形式。

（1）直接绑定为数组

这种形式是将元素的 class 属性直接绑定为一个数组，格式如下：

```
<div v-bind:class="[element1, element2]"></div>
```

上述代码中，element1 和 element2 为 data 选项中的属性，它们的值为 class 列表中的类名。

例如，应用数组的形式为 div 元素绑定 class 属性，为文字设置大小、颜色和添加阴影的效果，代码如下：

```
<style>
   .size{
      font-size: 20px;                    /* 设置文字大小 */
   }
   .color{
      color: blue;                        /* 设置文字颜色 */
   }
   .shadow{
      text-shadow: 2px 2px 2px #FF00FF;   /* 设置文字阴影 */
   }
</style>
<div id="app">
   <div v-bind:class="[sizeClass,colorClass,shadowClass]">成功属于立刻行动的人</div>
</div>
<script type="text/javascript">
   var vm = new Vue({
      el : '#app',
      data : {
         sizeClass : 'size',
         colorClass : 'color',
         shadowClass : 'shadow'
      }
   });
</script>
```

运行结果如图 6.5 所示。

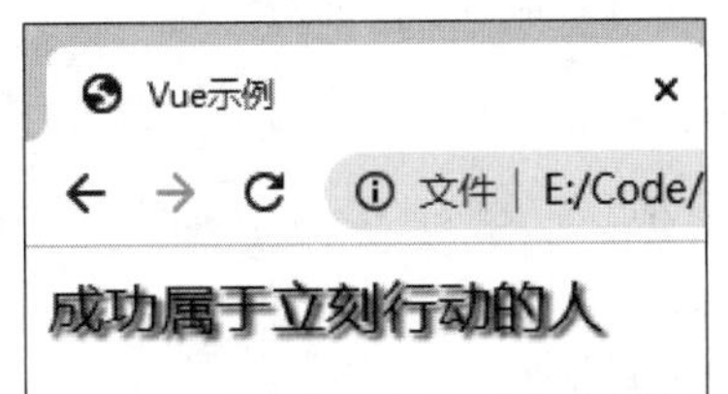

图 6.5　为文字设置大小、颜色和阴影效果

（2）使用条件运算符

使用数组形式绑定元素的 class 属性，可以在数组中使用条件运算符来判断是否使用列表中的某个 class。示例代码如下：

```
<style>
   .size{
      font-size: 20px;                       /* 设置文字大小 */
   }
   .color{
      color: blue;                           /* 设置文字颜色 */
   }
   .shadow{
      text-shadow: 2px 2px 2px #FF00FF;      /* 设置文字阴影 */
   }
</style>
<div id="app">
   <div v-bind:class="[sizeClass,colorClass,isShadow ? 'shadow' : '']">成功属于立刻行动的人</div>
</div>
<script type="text/javascript">
   var vm = new Vue({
      el : '#app',
      data : {
         sizeClass : 'size',
         colorClass : 'color',
         isShadow : true
      }
   });
</script>
```

上述代码中，sizeClass 和 colorClass 属性对应的类名是始终被添加的，而只有当 isShadow 为 true 时才会添加 shadow 类。因此，运行结果同样如图 6.5 所示。

（3）使用对象

如果在数组中使用多个条件运算符切换元素列表中的 class，这种写法就会比较烦琐。这时，可以在数组中使用对象来更新元素的 class 列表。

例如，将上一个示例中应用的条件运算符表达式更改为对象的形式，代码如下：

```
<style>
   .size{
      font-size: 20px;                       /* 设置文字大小 */
   }
   .color{
      color: blue;                           /* 设置文字颜色 */
   }
```

```
   .shadow{
      text-shadow: 2px 2px 2px #FF00FF;/* 设置文字阴影 */
   }
</style>
<div id="app">
   <div v-bind:class="[sizeClass,colorClass,{shadow : isShadow}]">成功属于立刻行动的人</div>
</div>
<script type="text/javascript">
   var vm = new Vue({
      el : '#app',
      data : {
         sizeClass : 'size', // 使用 size 类名
         colorClass : 'color', // 使用 color 类名
         isShadow : true // 使用 shadow 类名
      }
   });
</script>
```

运行结果同样如图 6.5 所示。

6.2 绑定 style 属性

在样式绑定中，除了可以绑定元素的 class 属性之外，还可以绑定元素的 style 属性，这种形式是对元素的内联样式进行绑定，绑定的数据可以是对象或数组。下面分别介绍这两种语法。

6.2.1 绑定为对象

使用 v-bind 对元素的 style 属性进行绑定，最常用的是将绑定的数据设置为一个对象。这种对象语法看起来比较直观。对象中的 CSS 属性名可以用驼峰式（camelCase）或短横线分隔（kebab-case，需用单引号括起来）的形式命名。将元素的 style 属性绑定为对象主要有以下三种形式。

（1）内联绑定

这种形式是将元素的 style 属性直接绑定为一个对象，对象的键是 CSS 属性名，对象的值是 data 选项中的属性值。例如，应用对象的形式为 div 元素绑定 style 属性，设置文字的大小、颜色和阴影效果，代码如下：

```
<div id="app">
   <div v-bind:style="{color : color, textShadow : shadow, 'font-size' : size + 'px'}">自信是迈向成功的第一步</div>
</div>
<script type="text/javascript">
   var vm = new Vue({
      el : '#app',
      data : {
         color : 'darkblue', // 文字颜色
         shadow : '2px 2px 1px gray',// 文字阴影
         size : 24// 字体大小
      }
   });
</script>
```

运行结果如图 6.6 所示。

图 6.6　设置文字的大小、颜色和阴影效果

（2）非内联绑定

这种形式是将元素的 style 属性绑定的对象直接定义在 data 选项中，这样可以使模板看起来更清晰。例如，将上一个示例中绑定的对象直接定义在 data 选项中，代码如下：

```
<div id="app">
   <div v-bind:style="styleObject"> 自信是迈向成功的第一步 </div>
</div>
<script type="text/javascript">
   var vm = new Vue({
      el : '#app',
      data : {
         styleObject : {
            color : 'darkblue', // 文字颜色
            textShadow : '2px 2px 1px gray',// 文字阴影
            'font-size' : '24px'// 字体大小
         }
      }
   });
</script>
```

运行结果同样如图 6.6 所示。

实例 6.3　为搜索框绑定样式（实例位置：资源包 \Code\06\03）

使用非内联绑定的形式为电子商城中的搜索框绑定样式，将绑定的样式对象定义在 data 选项中。代码如下：

```
<div id="app">
   <div>
        <form v-bind:style="form">
            <input v-bind:style="input" type="text" placeholder=" 请输入搜索内容 ">
            <input v-bind:style="button" type="submit" value=" 搜索 ">
        </form>
    </div>
</div>
<script type="text/javascript">
var vm = new Vue({
   el:'#app',
   data:{
      form : {// 表单样式
         border: '2px solid green',
          'max-width': '560px'
      },
      input : {// 文本框样式
         'padding-left': '5px',
         height: '50px',
```

```
            width: '76%',
            outline: 'none',
            'font-size': '16px',
            border: 'none'
        },
        button : {// 按钮样式
            height: '50px',
            width: '22%',
            float: 'right',
            background: 'green',
            color: '#F6F6F6',
            'font-size': '18px',
            cursor: 'pointer',
            border: 'none'
        }
    }
})
</script>
```

运行结果如图 6.7 所示。

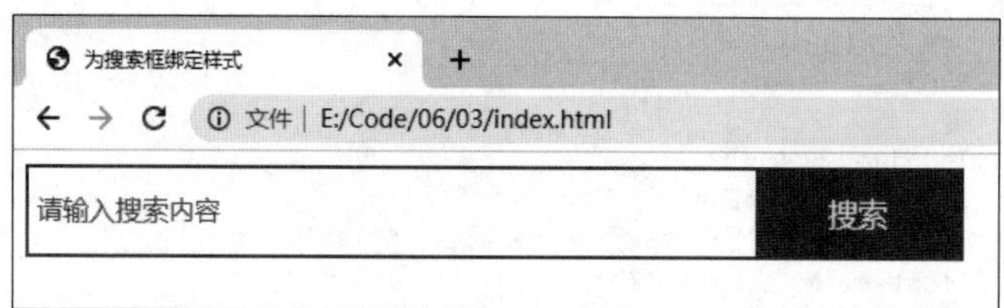

图 6.7　为搜索框设置样式

（3）绑定为一个计算属性

在绑定 style 属性的对象语法中，还可以将元素的 style 属性绑定为一个返回对象的计算属性。例如，将上一个示例中的 style 属性绑定为一个计算属性，代码如下：

```
<div id="app">
    <div v-bind:style="show">自信是迈向成功的第一步</div>
</div>
<script type="text/javascript">
    var vm = new Vue({
        el : '#app',
        data : {
            color : 'darkblue', // 文字颜色
            shadow : '2px 2px 1px gray',// 文字阴影
            size : 24// 字体大小
        },
        computed : {
            show : function (){
                return {
                    color : this.color,
                    textShadow : this.shadow,
                    'font-size' : this.size + 'px'
                }
            }
        }
    });
</script>
```

运行结果同样如图 6.6 所示。

6.2.2　绑定为数组

在对元素的 style 属性进行绑定时，可以将多个样式对象放在一个数组里。使用数组的形式绑定元素的 style 属性，可以有以下几种形式。

第一种形式是直接在元素中绑定样式对象。示例代码如下：

```
<div id="app">
   <div v-bind:style="[{color : 'red'},{fontSize : '26px'},{'font-weight' : 'bold'}]">
有志者事竟成 </div>
</div>
<script type="text/javascript">
   var vm = new Vue({
      el : '#app'
   });
</script>
```

运行结果如图 6.8 所示。

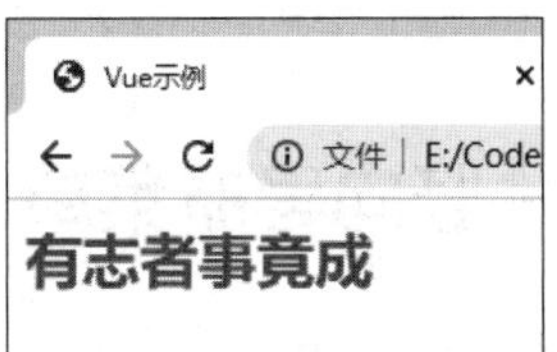

图 6.8　设置文字的样式

第二种形式是将样式对象数组定义在 data 选项中。示例代码如下：

```
<div id="app">
   <div v-bind:style="arrStyle"> 有志者事竟成 </div>
</div>
<script type="text/javascript">
   var vm = new Vue({
      el : '#app',
      data : {
         arrStyle : [{
            color : 'red'// 文字颜色
         },{
            fontSize : '26px'// 字体大小
         },{
            'font-weight' : 'bold'// 字体粗细
         }]
      }
   });
</script>
```

运行结果同样如图 6.8 所示。

第三种形式是以对象数组的形式进行绑定。示例代码如下：

```
<div id="app">
   <div v-bind:style="[color,size,weight]"> 有志者事竟成 </div>
</div>
<script type="text/javascript">
   var vm = new Vue({
      el : '#app',
      data : {
         color : {
```

```
            color : 'red'// 文字颜色
         },
         size : {
            fontSize : '26px'// 字体大小
         },
         weight : {
            'font-weight' : 'bold'// 字体粗细
         }
      }
   });
</script>
```

运行结果同样如图 6.8 所示。

当 v-bind:style 使用需要特定前缀的 CSS 属性（如 transform）时，Vue.js 会自动侦测并添加相应的前缀。

6.3 综合案例——竖向导航菜单

在页面中输出一个竖向的导航菜单。将定义菜单和菜单项的元素的 style 属性绑定为定义的计算属性。**（实例位置：资源包 \Code\06\04）**

（1）案例分析

在 Vue.js 中，为元素绑定样式的方式比较灵活，本案例使用内联样式绑定中的对象语法为元素绑定样式。在内联样式绑定的对象语法中，使用计算属性返回一个样式对象的方式应用得比较多。

本案例中，将菜单样式绑定为一个计算属性，将菜单项的样式绑定为其他的计算属性，在计算属性中返回样式对象，实现竖向导航菜单的效果。

（2）实现过程

① 创建 HTML 文件，在文件中引入 Vue.js 文件，代码如下：

```
<script type="text/javascript" src="../JS/vue.js"></script>
```

② 定义 <div> 元素，并设置其 id 属性值为 app，在该元素中定义菜单和菜单项，应用 v-for 指令对菜单项数组进行遍历，将元素的 style 属性绑定为定义的计算属性。代码如下：

```
<div id="app">
    <ul v-bind:style="menu">
        <li v-bind:style="menuli" v-for="item in items">
            <a href="javascript:void(0)" v-bind:style="menua">{{item}}</a>
        </li>
    </ul>
</div>
```

③ 创建 Vue 实例，在实例中分别定义挂载元素、数据和计算属性，在数据中定义菜单项数组，在 computed 选项中定义 3 个计算属性，分别用于设置菜单和菜单项的显示样式。代码如下：

```
<script type="text/javascript">
var vm = new Vue({
```

```
    el:'#app',
    data:{
       items : [
          '手机 / 电脑 / 数码',
            '大家电 / 小家电',
            '家居 / 家具 / 厨具',
            '男装 / 女装 / 童装',
            '食品 / 酒类 / 生鲜',
            '图书 / 文娱 / 教育'
         ]
    },
     computed:{
        menu : function(){
            return {
                 width:'200px',
                 'list-style':'none',
                 position:'fixed',
                 top:'20px',
                 left:'30px'
            }
         },
         menuli : function(){
            return {
                 'margin-top':'10px'
            }
         },
         menua : function(){
            return {
                 display:'block',
                 background:'blue',
                 width:'120px',
                 'font-size':'14px',
                 'text-decoration':'none',
                 color:'white',
                 padding:'10px 15px 10px 12px',
                 '-webkit-border-top-right-radius':'10px',
                 '-webkit-border-bottom-right-radius':'10px'
            }
         }
    }
})
</script>
```

运行结果如图 6.9 所示。

图 6.9　输出竖向导航菜单

6.4 实战练习

在一些动画的网站中，经常会看到一些3D效果的文字，这样可以使页面更有立体感。编写程序，使用样式绑定的方式制作一个3D效果的文字，运行结果如图6.10所示。（**实例位置：资源包\Code\06\05**）

图6.10　输出3D立体文字

小结

本章主要介绍了Vue.js中的样式绑定。对于数据绑定，操作元素的class列表和内联样式是比较常见的需求。Vue.js中的样式绑定包括class属性绑定和内联样式绑定两种方式。在实际开发中，读者可以根据自己的需要来选择一种方式对元素样式进行绑定。

第 7 章 事件处理

在 Vue.js 中，事件处理是一个很重要的环节，它可以使程序的逻辑结构更加清晰，使程序更具有灵活性，并提高程序的开发效率。本章主要介绍如何应用 Vue.js 中的 v-on 指令进行事件处理。

7.1 监听 DOM 事件

在 Vue.js 中，对 DOM 事件进行监听使用的是 v-on 指令。该指令通常在模板中直接使用，在触发事件时执行相应的 JavaScript 代码。

7.1.1 v-on 指令

在 HTML 元素中使用 v-on 指令，v-on 后面可以是所有的原生事件名称。v-on 指令的基本用法如下：

```
<button v-on:click="search"> 搜索 </button>
```

上述代码中，将 click 事件绑定到 Vue 实例中定义的 search() 方法。当单击“搜索”按钮时，将执行 search() 方法。

另外，Vue.js 提供了 v-on 指令的简写形式“@”。将上述代码修改为 v-on 指令的简写形式，代码如下：

```
<button @click="search"> 搜索 </button>
```

实例 7.1 统计单击按钮的次数（实例位置：资源包 \Code\07\01）

页面中有一个“计数”按钮，使用 v-on 指令统计鼠标单击按钮的次数，代码如下：

```
<div id="app">
    <button v-on:click="count++"> 计数 </button>
    <p> 单击按钮 {{count}} 次 </p>
```

```
</div>
<script type="text/javascript">
   var vm = new Vue({
      el : '#app',
      data : {
         count : 0
      }
   });
</script>
```

运行结果如图 7.1 所示。

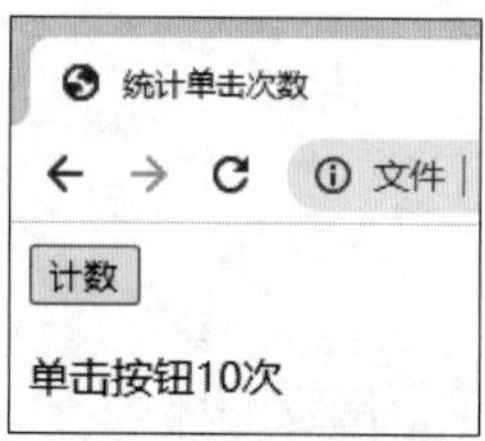

图 7.1　输出单击按钮次数

7.1.2　绑定事件处理方法

通常情况下，通过 v-on 指令需要将事件绑定到一个方法。绑定的方法就是触发事件后的事件处理器，在 methods 选项中进行定义。示例代码如下：

```
<div id="app">
   <button v-on:click="toggle">{{flag ? '隐藏' : '显示'}}</button>
   <div v-show="flag">{{text}}</div>
</div>
<script type="text/javascript">
   var vm = new Vue({
      el : '#app',
      data : {
         text : '海阔凭鱼跃，天高任鸟飞。',
         flag : false
      },
      methods : {
         toggle : function(){ //切换显示状态
            this.flag = !this.flag;
         }
      }
   });
</script>
```

上述代码中，当单击 button 按钮时会调用 toggle() 方法，通过该方法切换 flag 的值，使按钮文本在“显示”和“隐藏”之间进行切换，下方文本的显示状态也会随之切换，运行结果如图 7.2 和图 7.3 所示。

图 7.2　隐藏文本

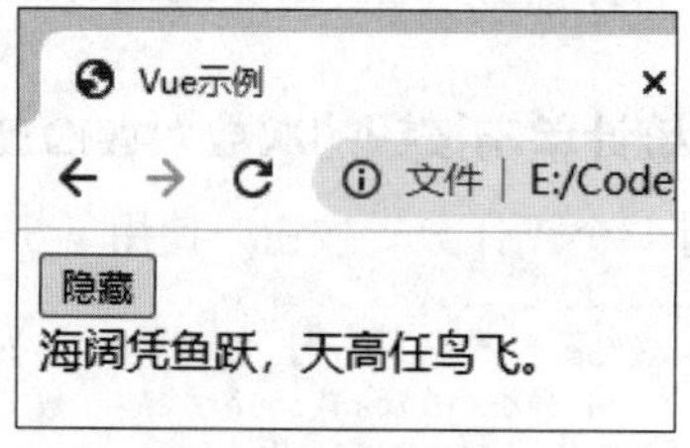

图 7.3　显示文本

实例 7.2　动态改变文本颜色（实例位置：资源包 \Code\07\02）

通过单击“变换文本颜色”按钮，实现动态改变文本颜色的效果。代码如下：

```
<div id="app">
    <button v-on:click="turncolors">变换文本颜色 </button>
    <div v-bind:style="show">欲穷千里目，更上一层楼。</div>
</div>
<script type="text/javascript">
    var vm = new Vue({
        el : '#app',
      data : {
           n : 0,
         colorArr : [ // 文本颜色数组
            "red","blue","teal","maroon","navy","lime","green"
         ]
      },
      methods : {
         turncolors : function(){
            if(this.n === (this.colorArr.length-1))// 判断数组下标是否指向最后一个元素
               this.n=0;
            else
               this.n++;          // 属性 n 的值自加 1
         }
      },
      computed : {
         show : function (){
            return {
               marginTop : '20px',
               'font-size' : '30px',
               color : this.colorArr[this.n]// 设置文本颜色为对应数组元素的值
            }
         }
      }
    });
</script>
```

运行实例，结果如图 7.4 所示，当单击“变换文本颜色”按钮时，文本颜色就会发生变化。

图 7.4　按钮单击前的效果

实例 7.3　动态切换图片（实例位置：资源包 \Code\07\03）

实现动态切换图片的功能。当鼠标移入图片上时，显示另一张图片；当鼠标移出图片时，显示原来的图片。代码如下：

```
<div id="app">
    <img id="pic" v-bind:src="url" v-on:mouseover="toggle(1)" v-on:mouseout="toggle(0)">
</div>
```

```
<script type="text/javascript">
var vm = new Vue({
   el:'#app',
   data:{
      url : 'images/face1.png'// 图片 URL
   },
   methods : {
      toggle : function(i){
         var pic = document.getElementById('pic');
         if(i === 1){
            pic.src = 'images/face2.png';
         }else{
            pic.src = 'images/face1.png';
         }
      }
   }
})
</script>
```

运行结果如图 7.5、图 7.6 所示。

图 7.5　图片初始效果

图 7.6　鼠标移入时切换图片

与事件绑定的方法可以传入原生 DOM 事件对象，将 event 作为参数进行传递。示例代码如下：

```
<div id="app">
   <button v-on:click="search">搜索 </button>
</div>
<script type="text/javascript">
   var vm = new Vue({
      el : '#app',
      methods : {
         search : function(event){// 传入事件对象
            if(event){
               alert("触发事件的元素标签名: " + event.target.tagName);
            }
         }
      }
   });
</script>
```

运行上述代码，当单击“搜索”按钮时会弹出对话框，结果如图 7.7 所示。

图 7.7　输出触发事件的元素标签名

实例 7.4　为图片添加和去除边框（实例位置：资源包 \Code\07\04）

当鼠标指向图片时为图片添加边框，当鼠标移出图片时去除图片边框。代码如下：

```
<div id="app">
    <img v-bind:src="url" v-on:mouseover="addBorder" v-on:mouseout="removeBorder">
</div>
<script type="text/javascript">
var vm = new Vue({
    el:'#app',
    data:{
        url : 'images/HTMLCSS.png'// 图片 URL
    },
    methods : {
        addBorder : function(e){
            e.target.style.border = '2px solid blue';// 设置触发事件元素边框
        },
        removeBorder : function(e){
            e.target.style.border = 0;// 移除边框
        }
    }
})
</script>
```

运行结果如图 7.8、图 7.9 所示。

图 7.8　图片初始效果

图 7.9　为图片添加边框

7.1.3　使用内联语句

除了将事件直接绑定到一个方法之外，v-on 也支持内联 JavaScript 语句，但只可以使用一个语句。示例代码如下：

```
<div id="app">
   <button v-on:click="show('明日学院')">显示</button>
</div>
<script type="text/javascript">
   var vm = new Vue({
      el : '#app',
      methods : {
         show : function(name){
            alert('您正在访问的是：' + name);
         }
      }
   });
</script>
```

运行上述代码，当单击“显示”按钮时会弹出对话框，结果如图 7.10 所示。

图 7.10　输出访问内容

如果在内联语句中需要获取原生的 DOM 事件对象，可以向方法中传入一个特殊变量 $event。示例代码如下：

```
<div id="app">
   <a href="http://www.mingrisoft.com" v-on:click="show('欢迎访问明日学院！', $event)">{{name}}</a>
</div>
<script type="text/javascript">
   var vm = new Vue({
      el : '#app',
      data : {
         name : '明日学院'
      },
      methods : {
         show : function(message,e){
            e.preventDefault();// 阻止浏览器默认行为
            alert(message);
         }
      }
   });
</script>
```

运行上述代码，当单击“明日学院”超链接时会弹出对话框，结果如图 7.11 所示。

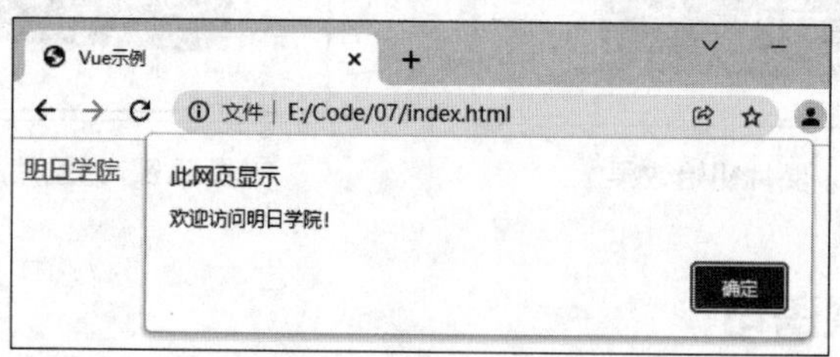

图 7.11　输出欢迎信息

上述代码中，向 show 方法中传递了一个特殊变量 $event，通过该变量可以对原生 DOM 事件进行处理，应用 preventDefault() 方法阻止该超链接的跳转行为。

7.2 事件中的修饰符

Vue.js 为 v-on 指令提供了多个修饰符，这些修饰符分为事件修饰符和按键修饰符。下面对这两种修饰符分别进行介绍。

7.2.1 事件修饰符

在事件处理程序中，有时会调用 preventDefault() 或 stopPropagation() 方法来实现特定的功能。preventDefault() 方法可以阻止浏览器的默认行为，stopPropagation() 方法可以阻止事件冒泡。为了处理这些 DOM 事件细节，Vue.js 为 v-on 指令提供了一些事件修饰符。事件修饰符及其说明如表 7.1 所示。

表 7.1　事件修饰符及其说明

修饰符	说明
.stop	相当于调用 event.stopPropagation()
.prevent	相当于调用 event.preventDefault()
.capture	使用 capture 模式添加事件监听器
.self	只当事件是从监听器绑定的元素本身触发时才触发回调
.once	只触发一次回调
.passive	以 { passive: true } 模式添加监听器

使用事件修饰符的示例代码如下：

```
<!-- 阻止单击事件继续传播 -->
<a v-on:click.stop="operate"></a>
<!-- 阻止表单默认提交事件 -->
<form v-on:submit.prevent="operate"></form>
<!-- 只有当事件是从当前元素本身触发时才调用处理函数 -->
<div v-on:click.self="operate"></div>
```

修饰符可以串联使用。示例代码如下：

```
<!-- 修饰符串联，阻止表单默认提交事件且阻止冒泡 -->
<a v-on:click.stop.prevent="operate"></a>
```

可以只使用修饰符，而不绑定事件处理方法。示例代码如下：

```
<!-- 只有修饰符，而不绑定事件 -->
<form v-on:submit.prevent></form>
```

下面是一个应用 .stop 修饰符阻止事件冒泡的示例，代码如下：

```
<style>
    .test1{          /*div 元素的样式 */
        width:240px;
        height:150px;
```

```
        background-color:green;
        text-align:center;
        color:#FFFFFF;
    }
    .test2{      /*p 元素的样式 */
        width:160px;
        height:80px;
        background-color:blue;
        text-align:center;
        margin:10px auto;
        color:#FFFFFF;
    }
</style>
<div id="app">
    <div class="test1" v-on:mouseover="addBorder('test1')" v-on:mouseout="removeBorder('test1')">
        <b>div 元素 </b>
        <p class="test2" v-on:mouseover.stop="addBorder('test2')" v-on:mouseout="removeBorder('test2')">
            <b>p 元素 </b>
        </p>
    </div>
</div>
<script type="text/javascript">
    var vm = new Vue({
        el : '#app',
        methods : {
            addBorder : function(className){
                var ele = document.getElementsByClassName(className)[0];
                ele.style.border = '2px solid red'; // 设置元素边框
            },
            removeBorder : function(className){
                var ele = document.getElementsByClassName(className)[0];
                ele.style.border = '';// 移除元素边框
            }
        }
    });
</script>
```

运行上述代码，当鼠标移入内部的 p 元素时只会触发该元素的 mouseover 事件，为元素添加一个边框，效果如图 7.12 所示。如果在 p 元素中未使用 .stop 修饰符，当鼠标移入内部的 p 元素时，不但会触发 p 元素的 mouseover 事件，还会触发外部的 div 元素的 mouseover 事件，因此会显示两个边框，效果如图 7.13 所示。

图 7.12　为 p 元素设置边框

图 7.13　为 div 元素和 p 元素设置边框

7.2.2 按键修饰符

除了事件修饰符之外，Vue.js 还为 v-on 指令提供了按键修饰符。按键修饰符的作用是监听键盘事件中的按键。当触发键盘事件时需要检测按键的 keyCode 值，示例代码如下：

```
<input v-on:keyup.13="submit">
```

上述代码中，应用 v-on 指令监听键盘的 keyup 事件。因为键盘中回车键的 keyCode 值是 13，所以，在向文本框中输入内容后，当单击回车键时就会调用 submit() 方法。

键盘中的按键比较多，要记住一些按键的 keyCode 值并不是件容易的事。为此，Vue.js 为一些常用的按键提供了别名。例如，回车键“Enter”的别名为 enter，将上述示例代码修改为使用别名的方式，代码如下：

```
<input v-on:keyup.enter="submit">
```

Vue.js 为一些常用的按键提供的别名如表 7.2 所示。

表 7.2　常用按键的别名

按键	keyCode	别名	按键	keyCode	别名
Enter	13	enter	Tab	9	tab
Back Space	8	delete	Delete	46	delete
Esc	27	esc	Spacebar	32	space
Up Arrow(↑)	38	up	Down Arrow(↓)	40	down
Left Arrow(←)	37	left	Right Arrow(→)	39	right

实例 7.5　按下回车键自动切换焦点（实例位置：资源包 \Code\07\05）

在设计表单时，为了方便用户填写表单，可以设置按下回车键自动切换到下一个控件的焦点，而不是直接提交表单，试着实现这个功能。实现步骤如下：

① 编写 CSS 代码，为页面元素设置样式。代码如下：

```
<style>
    .middle-box {
        max-width: 610px;                       /* 设置最大宽度 */
        margin: 0 auto;                         /* 设置外边距 */
        text-align:center;                      /* 设置文本居中显示 */
    }
    .btn-primary {
        background-color:green;                 /* 设置背景颜色 */
        color: #FFFFFF;                         /* 设置文字颜色 */
        width: 300px;                           /* 设置宽度 */
        padding:10px 12px;                      /* 设置内边距 */
        font-size:14px;                         /* 设置文字大小 */
        text-align:center;                      /* 设置文本居中显示 */
        cursor:auto;                            /* 设置鼠标光标形状 */
        border:1px solid transparent;           /* 设置边框 */
        border-radius:4px;                      /* 设置圆角边框 */
        margin-right:8px;                       /* 设置右外边距 */
    }
    .form-control{
        width:300px;                            /* 设置宽度 */
```

```
        height:40px;                       /* 设置高度 */
        padding:6px 12px;                  /* 设置内边距 */
        font-size:14px;                    /* 设置文字大小 */
        color:#222;                        /* 设置文字颜色 */
        background-color:#fff;             /* 设置背景颜色 */
        border:1px solid #ccc;             /* 设置边框 */
    }
    .form-group{
        margin:15px auto;                  /* 设置外边距 */
        text-align:left;                   /* 设置文本靠左显示 */
    }
    .active{
        font-size: 20px;                   /* 设置文字大小 */
        width:80px;                        /* 设置宽度 */
        height: 40px;                      /* 设置高度 */
        line-height: 40px;                 /* 设置行高 */
        color:#66CCFF;                     /* 设置文字颜色 */
        border-bottom:5px solid #66CCFF;   /* 设置下边框 */
    }
    .form-group label{
        width:150px;                       /* 设置宽度 */
        float:left;                        /* 设置左浮动 */
        text-align:right;                  /* 设置文本靠右显示 */
        height:40px;                       /* 设置高度 */
        line-height:40px;                  /* 设置行高 */
        font-size:18px;                    /* 设置文字大小 */
        color:#333333;                     /* 设置文字颜色 */
    }
</style>
```

② 创建 Vue 实例，定义挂载元素和 switchFocus() 方法，根据传递的参数值判断哪个表单元素获得焦点，代码如下：

```
<div id="app">
    <div class="middle-box">
        <div>
            <span>
                <a class="active">注册</a>
            </span>
            <form id="form" name="form" method="post" action=""  autocomplete="off">
                <div class="form-group">
                    <label for="name">用户名:</label>
                    <input id="name" type="text"  class="form-control" placeholder="用户名" v-on:keydown.prevent.enter="switchFocus(1)">
                </div>
                <div class="form-group">
                    <label for="password">密 码:</label>
                    <input id="password" type="password" class="form-control" placeholder="密码" v-on:keydown.prevent.enter="switchFocus(2)">
                </div>
                <div class="form-group">
                    <label for="passwords">确认密码:</label>
                    <input id="passwords" type="password" class="form-control" placeholder="确认密码" v-on:keydown.prevent.enter="switchFocus(3)">
                </div>
                <div>
                    <button type="submit" id="reg" class="btn-primary">注 册</button>
                </div>
            </form>
```

```
      </div>
    </div>
</div>
<script type="text/javascript">
var vm = new Vue({
    el:'#app',
    methods : {
        switchFocus : function(num){
            if(num === 1){
                form.password.focus();// 密码框获得焦点
            }else if(num === 2){
                form.passwords.focus();// 确认密码框获得焦点
            }else{
                form.reg.focus();// 注册按钮获得焦点
            }
        }
    }
})
</script>
```

运行实例，在表单元素中输入内容后，按下回车键会自动切换焦点，结果如图 7.14 所示。

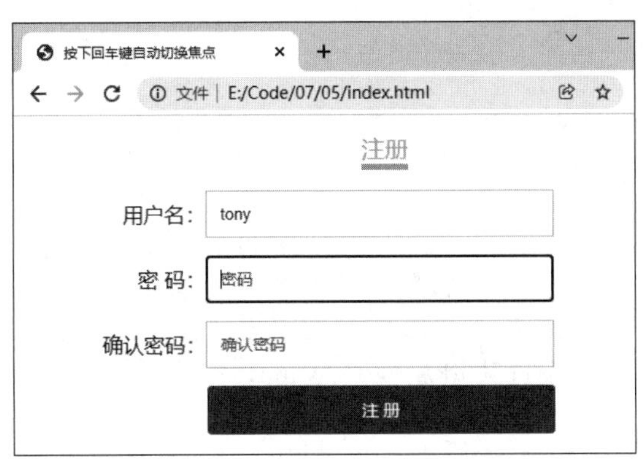

图 7.14　按下回车键切换焦点

Vue.js 还提供了一种自定义按键别名的方式，即通过全局 config.keyCodes 对象自定义按键的别名。例如，将键盘中的“F1”键的别名定义为 f1 的代码如下：

```
Vue.config.keyCodes.f1 = 112
```

上述代码中，112 为 "F1" 键的 keyCode 值。

7.3 综合案例——二级联动菜单

在乐器信息添加页面制作一个二级联动菜单，通过二级联动菜单选择乐器的所属类别，当第一个菜单选项改变时，第二个菜单中的选项也会随之改变。(**实例位置：资源包 \Code\07\06**)

（1）案例分析

要实现二级联动菜单的功能，需要应用表单中的 change 事件。本案例中，对主菜单应用 v-on 指令监听元素的 change 事件，当改变主菜单的选项时调用自定义的方法，通过该方法获取主菜单中选择的选项，再通过定义的计算属性获取该选项对应的子菜单项，实现二级联动菜单的效果。

（2）实现过程

① 编写 CSS 代码，为页面元素设置样式。代码如下：

```
<style>
   body{
      font-size:12px;                        /* 设置文字大小 */
   }
   .title{
      font-size:18px;                        /* 设置文字大小 */
      line-height:50px;                      /* 设置行高 */
      margin-left:100px;                     /* 设置左外边距 */
   }
   .one{
      margin:10px 0;                         /* 设置外边距 */
   }
   .one label{
      width:100px;                           /* 设置宽度 */
      float:left;                            /* 设置左浮动 */
      text-align:right;                      /* 设置文本靠右显示 */
      height:20px;                           /* 设置高度 */
      line-height:20px;                      /* 设置行高 */
   }
   .one input{
      border:1px solid #999;                 /* 设置边框 */
      height:20px;                           /* 设置高度 */
   }
   .two{
      padding-left:150px;                    /* 设置左内边距 */
   }
</style>
```

② 定义 <div> 元素，并设置其 id 属性值为 app，在该元素中定义一个用于添加乐器信息的表单，在表单中定义两个下拉菜单，在第一个菜单中应用 v-on 指令监听元素的 change 事件，代码如下：

```
<div id="app">
   <form name="form">
      <div class="title">添加乐器信息</div>
      <div class="one">
          <label for="type">乐器分类：</label>
          <select id="type" v-on:change="getPtext">
              <option v-for="pmenu in menulist" v-bind:value="pmenu.text">
               {{pmenu.text}}
            </option>
         </select>
         <select>
            <option v-for="submenu in getSubmenu" v-bind:value="submenu.text">
               {{submenu.text}}
            </option>
         </select>
      </div>
      <div class="one">
          <label for="model">型号：</label>
          <input type="text" id="model">
      </div>
      <div class="one">
          <label for="address">产地：</label>
```

```
            <input type="text" id="address">
        </div>
        <div class="one">
            <label for="number">数量：</label>
            <input type="text" id="number">
        </div>
        <div class="two">
            <input type="submit" value="添加">
            <input type="reset" value="重置">
        </div>
    </form>
</div>
```

③ 创建 Vue 实例，在实例中分别定义挂载元素、数据、方法和计算属性，通过方法获取第一个菜单中选择的选项，通过计算属性获取该选项对应的子菜单项。代码如下：

```
<script type="text/javascript">
    var vm = new Vue({
        el : '#app',
      data:{
            ptext : '键盘乐器',
         menulist:[{
                text:'键盘乐器',
                submenu:[
                    {text:'钢琴'},
                    {text:'电钢琴'},
                    {text:"电子琴"},
                ]
            },{
                text:'管弦乐',
                submenu:[
                    {text:'吉他'},
                    {text:'小提琴'},
                    {text:"萨克斯"},
                ]
            },{
                text:'民族乐器',
                submenu:[
                    {text:'古筝'},
                    {text:'二胡'},
                    {text:"琵琶"},
                ]
            }]
       },
       methods : {
         getPtext : function(event){//获取主菜单项
               this.ptext = event.target.value;
          }
      },
      computed : {
           getSubmenu : function(){//获取子菜单
               for(var i = 0; i < this.menulist.length; i++){
                   if(this.menulist[i].text === this.ptext){
                       return this.menulist[i].submenu;
                   }
               }
           }
         }
    });
</script>
```

运行结果如图 7.15 所示。

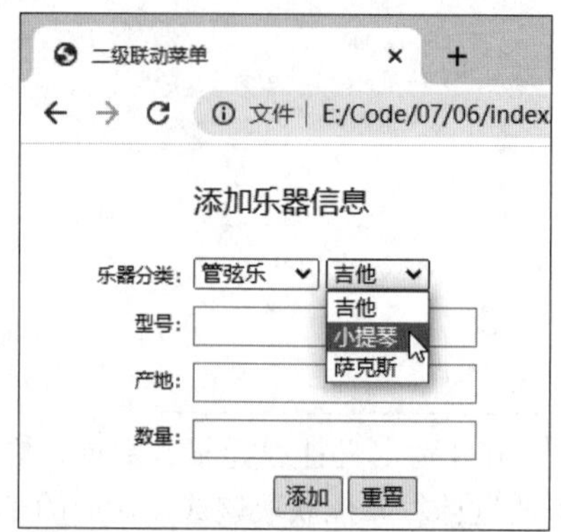

图 7.15　应用二级联动菜单选择乐器所属类别

7.4 实战练习

在使用多行文本框时，如果多行文本框中的文字比较多，多行文本框会自动产生滚动条，试着通过控制按钮来调整多行文本框的宽度和高度，从而方便用户的浏览，运行结果如图 7.16 和图 7.17 所示。（**实例位置：资源包 \Code\07\07**）

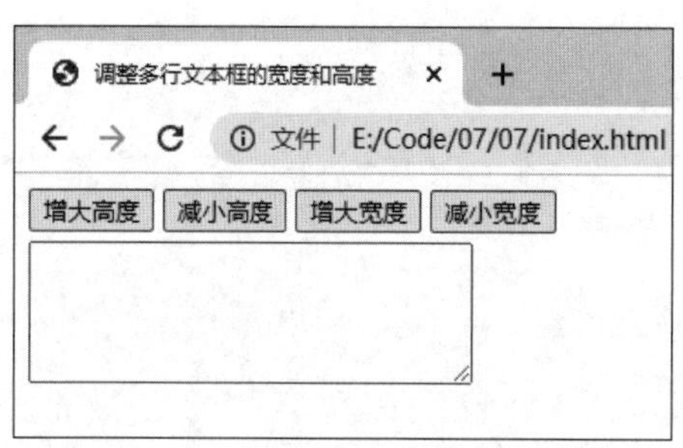

图 7.16　减小多行文本框的宽度和高度

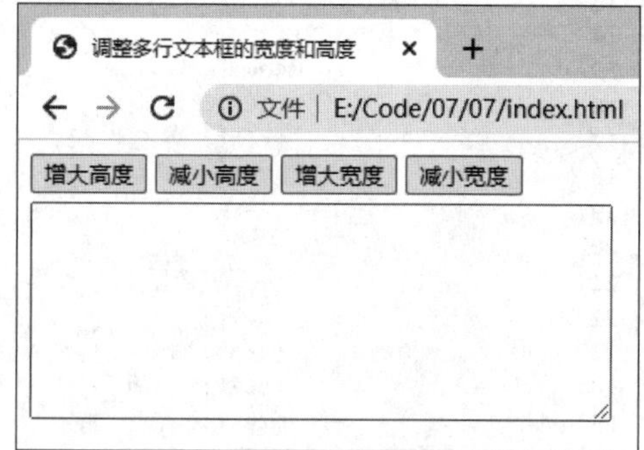

图 7.17　增大多行文本框的宽度和高度

小结

本章主要介绍了 Vue.js 中的事件处理。通过本章的学习，读者可以熟悉如何应用 v-on 指令监听 DOM 元素的事件，并通过该事件调用事件处理程序。

第 8 章 表单控件绑定

在 Web 应用中，通过表单可以实现输入文字、选择选项和提交数据等功能。在 Vue.js 中，通过 v-model 指令可以对表单元素进行双向数据绑定，在修改表单元素值的同时，Vue 实例中对应的属性值也会随之更新，反之亦然。本章主要介绍如何应用 v-model 指令进行表单元素的数据绑定。

8.1 文本框的绑定

v-model 会根据控件类型自动选取正确的方法来更新元素。在表单中，最基本的表单控件类型是文本框。文本框分为单行文本框和文本域。下面介绍将文本框中输入的内容和 Vue 实例中对应的属性值进行绑定的方法。

8.1.1 绑定单行文本框

单行文本框的作用是输入单行文本。例如，应用 v-model 指令将单行文本框和定义的数据进行绑定。代码如下：

```
<div id="app">
   <p> 绑定单行文本框 </p>
   <input v-model="text" placeholder=" 请输入内容 ">
   <p> 当前输入：{{text}}</p>
</div>
<script type="text/javascript">
   var vm = new Vue({
      el : '#app',
      data : {
         text : ''
      }
   });
</script>
```

运行结果如图 8.1 所示。

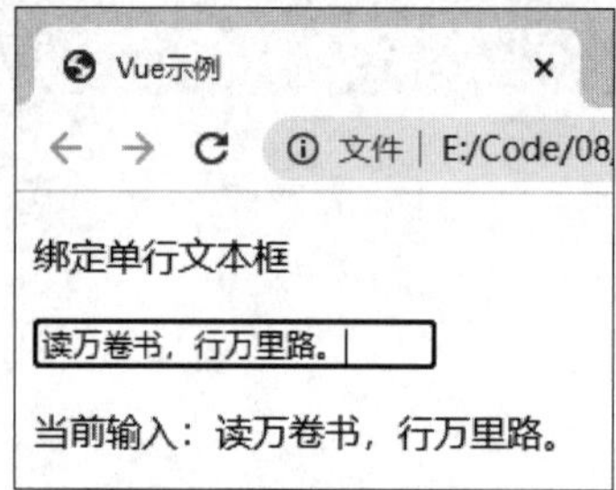

图 8.1 单行文本框数据绑定

上述代码中，应用 v-model 指令将单行文本框的值和 Vue 实例中的 text 属性值进行了绑定。当单行文本框中的内容发生变化时，text 属性值也会自动更新。

实例 8.1 搜索商品信息（实例位置：资源包 \Code\08\01）

根据单行文本框中的关键字搜索指定的商品信息，代码如下：

```
<div id="app">
   <div class="search">
      <input type="text" v-model="searchStr" placeholder=" 请输入搜索内容 ">
   </div>
   <div>
      <div class="item" v-for="goods in results">
         <img :src="goods.image">
         <span>{{goods.name}}</span>
      </div>
   </div>
</div>
<script type="text/javascript">
var vm = new Vue({
   el:'#app',
   data:{
      searchStr : '',// 搜索关键字
      goods : [{// 商品信息数组
         name : ' 零食收纳盒 ',
         image : 'images/1.jpg'
      },{
         name : ' 星星抱枕 ',
         image : 'images/2.jpg'
      },{
         name : ' 迷你卡通毛巾 ',
         image : 'images/3.jpg'
      },{
         name : ' 扫地机器人 ',
         image : 'images/4.jpg'
      },{
         name : ' 网络机顶盒 ',
         image : 'images/5.jpg'
      },{
         name : ' 移动硬盘 ',
         image : 'images/6.jpg'
      }]
   },
   computed : {
      results : function(){
         var goods = this.goods;
```

```
            if(this.searchStr === ''){
               return goods;
            }
            var searchStr = this.searchStr.trim().toLowerCase();// 去除空格转换为小写
            goods = goods.filter(function(ele){
               // 判断商品名称是否包含搜索关键字
               if(ele.name.toLowerCase().indexOf(searchStr) !== -1){
                  return ele;
               }
            });
            return goods;
         }
      }
})
</script>
```

运行结果如图 8.2、图 8.3 所示。

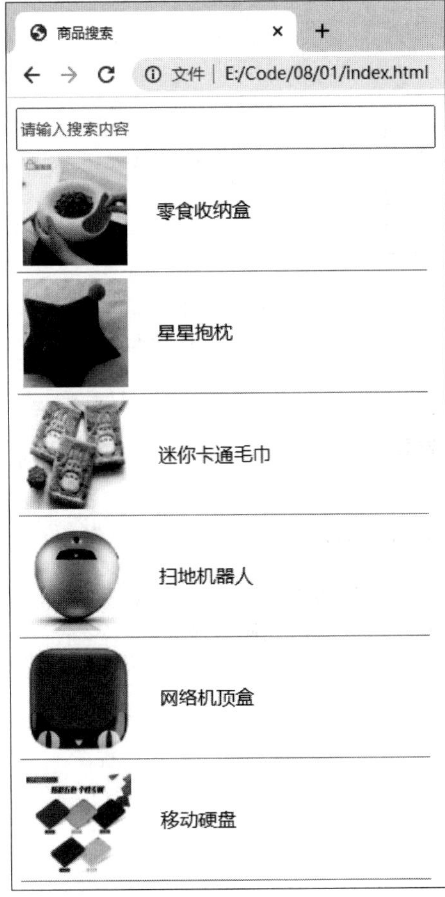

图 8.2　输出全部商品

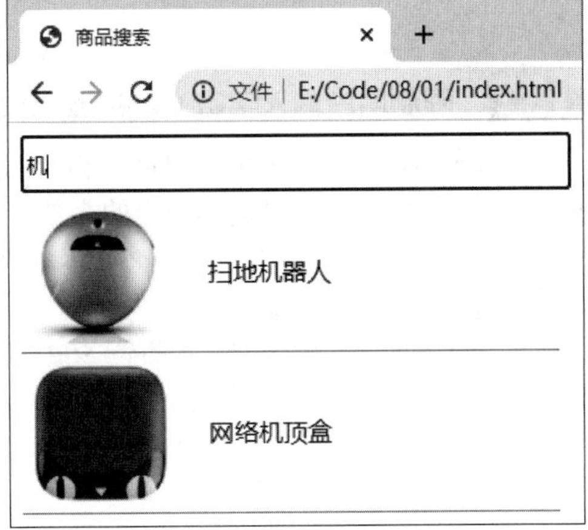

图 8.3　输出搜索结果

8.1.2　绑定文本域

文本域也叫多行文本框。例如，应用 v-model 指令将文本域和定义的数据进行绑定。代码如下：

```
<div id="app">
   <p>绑定文本域</p>
   <textarea rows="6" v-model="text" placeholder="请输入内容"></textarea>
   <p style="white-space:pre">{{text}}</p>
</div>
<script type="text/javascript">
   var vm = new Vue({
      el : '#app',
      data : {
         text : ''
      }
   });
</script>
```

运行结果如图 8.4 所示。

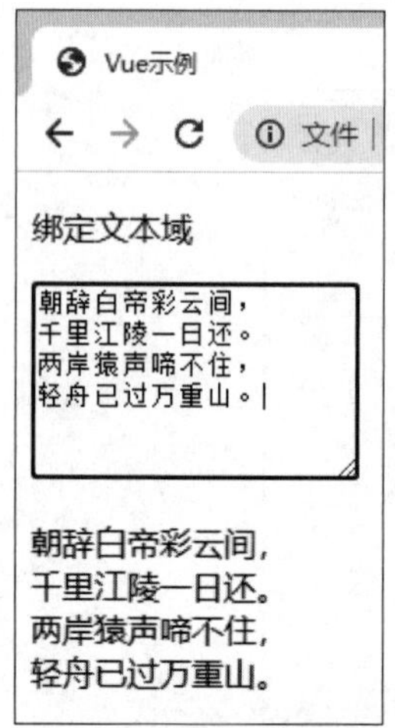

图 8.4　文本域的数据绑定

实例 8.2　限制用户输入字数（实例位置：资源包 \Code\08\02）

在填写人物信息的表单中，对用户输入的人物简介字数进行限制，在文本域右侧提示用户还可以输入的字数，如果达到规定的字数则限制用户的输入，代码如下：

```
<div id="app">
   <form id="form" name="form">
      <div class="title">人物信息</div>
      <div class="one">
         <label>人物姓名：</label>
         <input name="name" id="name" type="text">
      </div>
      <div class="one">
         <label>人物简介：</label>
         <textarea cols="26" rows="3" v-model="message" @keyup="count"></textarea>
         <span>{{tips}}</span>
      </div>
   </form>
</div>
<script type="text/javascript">
var vm = new Vue({
   el:'#app',
```

```
   data:{
      message : '',
      tips : ''
   },
   methods : {
      count : function(){
         this.message = this.message.substr(0,30);
         var len = this.message.length;
         this.tips = " 您还有 " + (30 - len) + " 个字可以输入 ";
      }
   }
})
</script>
```

运行结果如图 8.5 所示。

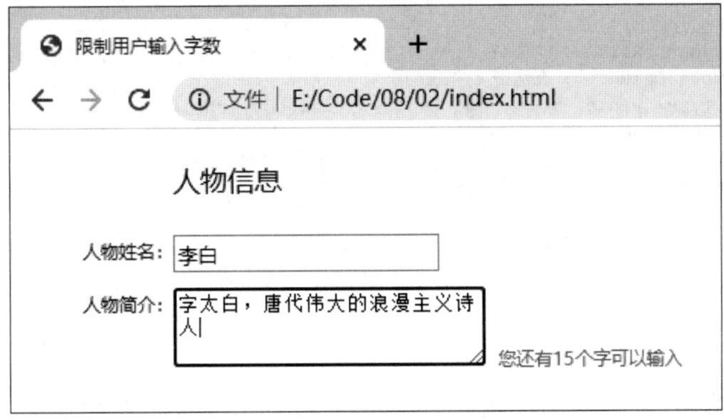

图 8.5　提示用户还可以输入的字数

8.2 单选按钮的绑定

将单选按钮和定义的数据进行绑定，当某个单选按钮被选中时，v-model 绑定的属性值会被赋值为该单选按钮的 value 属性值。示例代码如下：

```
<div id="app"> 你喜欢旅游吗？
   <input type="radio" id="yes" value=" 是 " v-model="like">
   <label for="yes"> 是 </label>
   <input type="radio" id="no" value=" 否 " v-model="like">
   <label for="no"> 否 </label>
   <p> 你的选择：{{like}}</p>
</div>
<script type="text/javascript">
   var vm = new Vue({
      el : '#app',
      data : {
         like : ''
      }
   });
</script>
```

运行结果如图 8.6 所示。

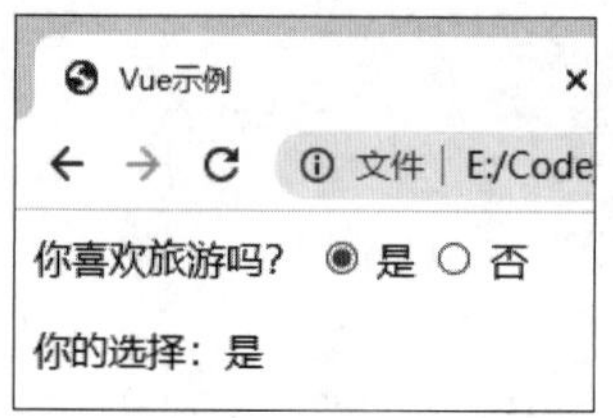

图 8.6　输出选中的单选按钮的值

实例 8.3　模拟查询话费流量的功能（实例位置：资源包 \Code\08\03）

在页面中定义两个单选按钮“查话费”和“查流量”，通过选择不同的单选按钮来进行不同的查询，代码如下：

```
<div id="app">
    <h2>查话费查流量</h2>
    <input type="radio" id="balance" value="balance" v-model="type">
    <label for="balance">查话费</label>
     <input type="radio" id="traffic" value="traffic" v-model="type">
    <label for="traffic">查流量</label>
    <input type="button" value="查询" v-on:click="check">
    <p v-if="show">{{message}}</p>
</div>
<script type="text/javascript">
var vm = new Vue({
    el: '#app',
    data: {
        type : '',
        show : false,
        message : ''
    },
    methods: {
        check : function(){
            this.show = true;//显示查询结果
            //根据选择的类型定义查询结果
            if(this.type === 'balance'){
                this.message = '您的话费余额为17.56元';
            }else if(this.type === 'traffic'){
                this.message = '您的剩余流量为6.32GB';
            }else{
                this.message = '请选择查询类别！';
            }
        }
    }
})
</script>
```

运行结果如图 8.7 所示。

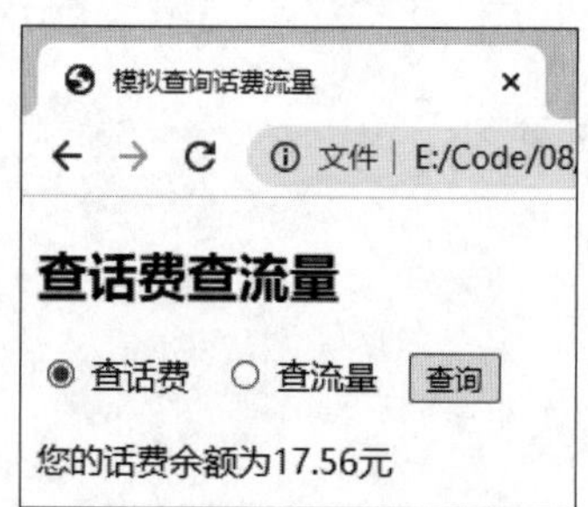

图 8.7　通过选择不同的单选按钮进行不同的查询

8.3 复选框的绑定

为复选框进行数据绑定有两种情况，一种是将数据绑定到单个复选框，另一种是将数据绑定到多个复选框。下面分别介绍这两种情况。

8.3.1 绑定单个复选框

如果将数据绑定到单个复选框，那么应用 v-model 绑定的就是一个布尔值。示例代码如下：

```
<div id="app">
    <p> 绑定单个复选框 </p>
    <input type="checkbox" id="check" v-model="checked">
    <label for="check"> 是否选中：{{checked}}</label>
</div>
<script type="text/javascript">
    var vm = new Vue({
        el : '#app',
        data : {
            checked : false// 默认不选中
        }
    });
</script>
```

运行上述代码，当选中复选框时，应用 v-model 指令绑定的 checked 属性值为 true，否则该属性值为 false，而 label 元素中的值也会随之发生变化。结果如图 8.8、图 8.9 所示。

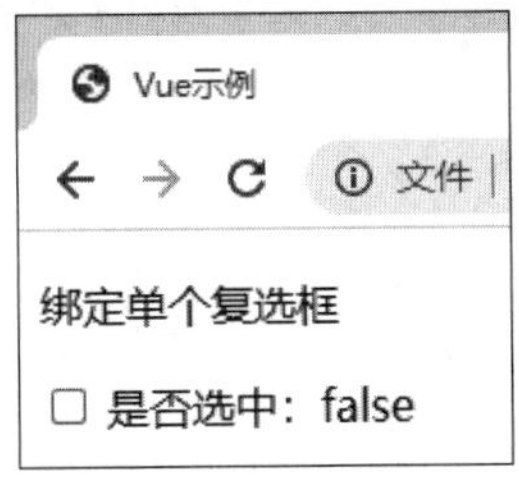

图 8.8　未选中复选框

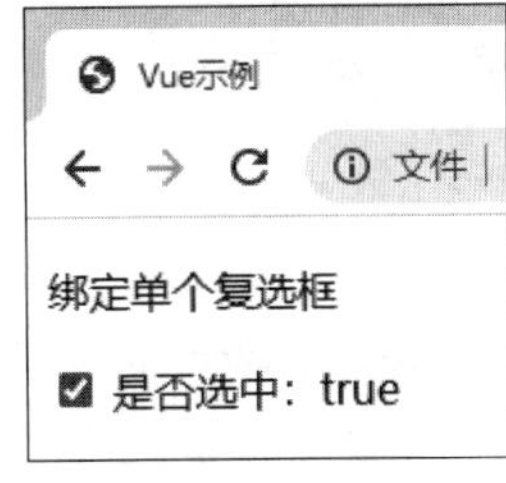

图 8.9　选中复选框

实例 8.4　切换注册按钮的状态（实例位置：资源包\Code\08\04）

用户在进行注册时，首先需要同意相关的注册协议，才能进一步实现注册。当用户未选中注册协议复选框时，“注册”按钮为禁用状态，当用户选中注册协议复选框时，“注册”按钮为启用状态。代码如下：

```
<style>
    .light{
        background-color: green;             /* 设置背景颜色 */
        cursor:pointer;                      /* 设置鼠标光标形状 */
    }
    .dark{
        background-color: #BBBBBB;           /* 设置背景颜色 */
        cursor:auto;                         /* 设置鼠标光标形状为默认形状 */
    }
</style>
```

```
<div id="app">
    <div class="middle-box">
        <span>
            <a class="active">注册</a>
        </span>
        <form name="form" autocomplete="off">
            <div class="form-group">
                <label for="name">用户名:</label>
                <input id="name" type="text" class="form-control" placeholder="请输入用户名" >
            </div>
            <div class="form-group">
                <label for="password">密 码:</label>
                <input id="password" type="password" class="form-control" placeholder="请输入密码">
            </div>
            <div class="form-group">
                <label for="passwords">确认密码:</label>
                <input id="passwords" type="password" class="form-control" placeholder="请输入确认密码">
            </div>
            <div class="form-group">
                <div class="agreement">
                    <input type="checkbox" v-model="isChecked" @click="check">阅读并同意<a href="#">《注册协议》</a>
                </div>
            </div>
            <div>
                <button type="button" class="btn-primary" :class="styleObj" v-bind:disabled="isDisabled">注 册</button>
            </div>
        </form>
    </div>
</div>
<script type="text/javascript">
var vm = new Vue({
    el:'#app',
    data:{
        isChecked : false,  //复选框默认不选中
        isDisabled : true, //按钮默认禁用
        isLight : false,  //默认不使用按钮可用时的样式
        isDark : true   //默认使用按钮不可用时的样式
    },
    methods : {
        check : function(){
            this.isChecked = !this.isChecked;
            this.isDisabled = !this.isDisabled;
            this.isLight = !this.isLight;
            this.isDark = !this.isDark;
        }
    },
    computed : {
        styleObj : function(){
            return {
                light:this.isLight,
                dark:this.isDark
```

```
            }
        }
    }
})
</script>
```

运行实例，默认状态下，注册协议复选框未被选中，“注册”按钮为禁用状态，结果如图 8.10 所示。选中注册协议复选框，“注册”按钮变为可用状态，结果如图 8.11 所示。

图 8.10　按钮不可用

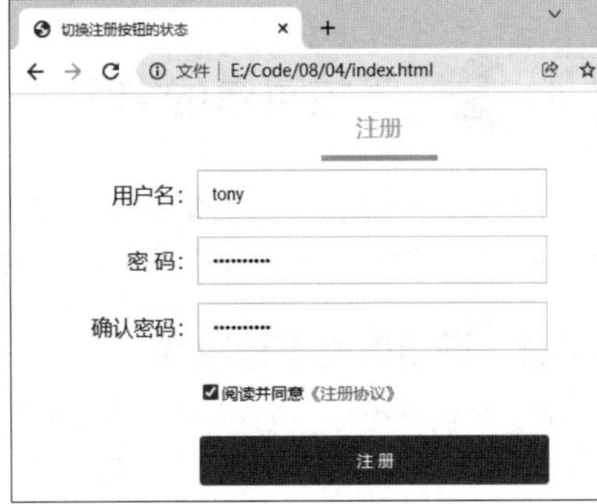

图 8.11　按钮可用

8.3.2　绑定多个复选框

如果将数据绑定到多个复选框，那么应用 v-model 绑定的就是一个数组。示例代码如下：

```
<div id="app">
    <p>请选择您的兴趣爱好：</p>
    <input type="checkbox" id="sport" value="运动" v-model="interest">
    <label for="sport">运动</label>
    <input type="checkbox" id="music" value="听音乐" v-model="interest">
    <label for="music">听音乐</label>
    <input type="checkbox" id="movie" value="看电影" v-model="interest">
    <label for="movie">看电影</label>
    <input type="checkbox" id="tourism" value="旅游" v-model="interest">
    <label for="tourism">旅游</label>
    <input type="checkbox" id="book" value="看书" v-model="interest">
    <label for="book">看书</label>
    <p>您的兴趣爱好：{{interest}}</p>
</div>
<script type="text/javascript">
    var vm = new Vue({
        el : '#app',
        data : {
            interest : []
        }
    });
</script>
```

上述代码中，应用 v-model 指令将多个复选框和同一个数组 interest 进行绑定，当选中某个复选框时，该复选框的 value 属性值会存入 interest 数组中。当取消选中某个复选框时，该复选框的值会从 interest 数组中移除。运行结果如图 8.12 所示。

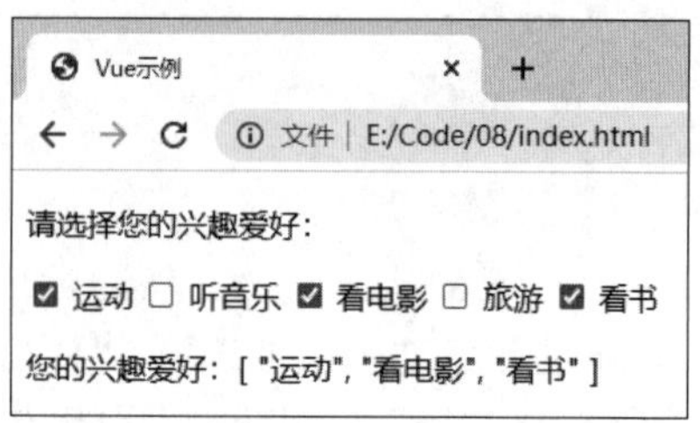

图 8.12　输出选中的选项

8.4　下拉菜单的绑定

下拉菜单和复选框一样也分为单选和多选两种，所以应用 v-model 指令将数据绑定到下拉菜单也分为两种不同的情况，下面分别介绍这两种情况。

8.4.1　绑定单选下拉菜单

在只提供单选的下拉菜单中，当选择某个选项时，如果为该选项设置了 value 值，则 v-model 绑定的属性值会被赋值为该选项的 value 值；如果未设置 value 值，则 v-model 绑定的属性值会被赋值为显示在该选项中的文本。示例代码如下：

```
<div id="app">
    <label for="edu">请选择学历：</label>
    <select id="edu" v-model="education">
        <option value="">请选择</option>
        <option>博士</option>
        <option>硕士</option>
        <option>本科</option>
        <option>专科</option>
        <option>高中</option>
    </select>
    <p>您的学历：{{education}}</p>
</div>
<script type="text/javascript">
    var vm = new Vue({
        el : '#app',
        data : {
            education : ''
        }
    });
</script>
```

运行结果如图 8.13 所示。

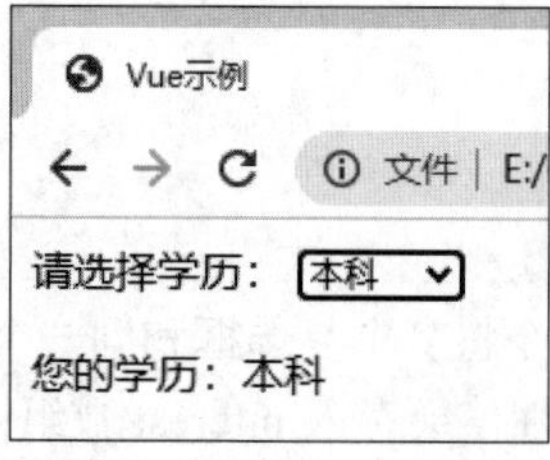

图 8.13　输出选择的选项

有时需要通过 v-for 指令动态地生成下拉菜单中的 option 选项，再应用 v-model 对生成的下拉菜单进行绑定。示例代码如下：

```
<div id="app">
    <p>2008 年北京奥运会，中国体育代表团一共获得了多少枚金牌？ </p>
    <select v-model="answer" v-on:change="select">
        <option value=""> 请选择答案 </option>
        <option v-for="item in items" :value="item.value">{{item.text}}</option>
    </select>
    <p v-if="isshow"> 您的答案：{{answer}}，答案 {{result}}</p>
</div>
<script type="text/javascript">
    var vm = new Vue({
        el : '#app',
        data : {
            answer : '',
            items : [
                { text : 'A : 50 枚 ', value : 'A' },
                { text : 'B : 51 枚 ', value : 'B' },
                { text : 'C : 52 枚 ', value : 'C' },
                { text : 'D : 53 枚 ', value : 'D' }
            ],
            isshow : false,
            result : ''
        },
        methods : {
            select : function(){
                this.isshow = this.answer !== ''  ? true : false;
                this.result = this.answer === 'B'  ? ' 正确 ' : ' 不正确 ';
            }
        }
    });
</script>
```

运行结果如图 8.14 所示。

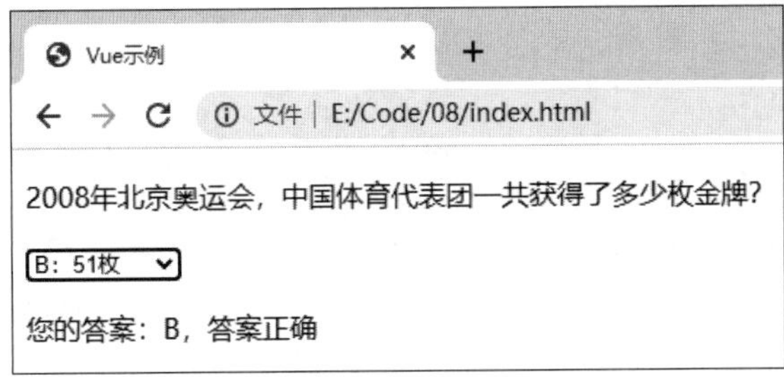

图 8.14　输出选择选项的值

实例 8.5　更换页面主题（实例位置：资源包 \Code\08\05）

设置一个选择页面主题的下拉菜单，当选择某个选项时可以更换主题，实现文档的背景色和文本颜色变换的功能，代码如下：

```
<div id="app">
    <form name="form">
        <select v-model="theme" @change="changeTheme">
            <option v-for="item in items" :value="item.value">{{item.text}}</option>
```

```
            </select>
        </form>
        <div class="top">
            张继《枫桥夜泊》
        </div>
        <div class="content">
            月落乌啼霜满天，
            江枫渔火对愁眠。
            姑苏城外寒山寺，
            夜半钟声到客船。
        </div>
</div>
<script type="text/javascript">
var vm = new Vue({
    el: '#app',
    data: {
        theme : '',
        items : [  //下拉菜单选项数组
            {value : '',text : '请选择主题'},
            {value : 'black',text : '黑色主题'},
            {value : 'blue',text : '蓝色主题'},
            {value : 'green',text : '绿色主题'}
        ],
        themeArr : [  //主题数组
            {bgcolor : '',color : ''},
            {bgcolor : 'black',color : 'yellow'},
            {bgcolor : 'blue',color : 'orange'},
            {bgcolor : 'green',color : 'white'}
        ]
    },
    methods: {
        changeTheme : function(){
            for(var i=0; i<this.items.length; i++){
                if(this.theme === this.items[i].value){
                    //设置页面背景颜色
                    document.body.style.backgroundColor = this.themeArr[i].bgcolor;
                    //设置文本颜色
                    document.body.style.color = this.themeArr[i].color;
                }
            }
        }
    }
})
</script>
```

运行结果如图 8.15 和图 8.16 所示。

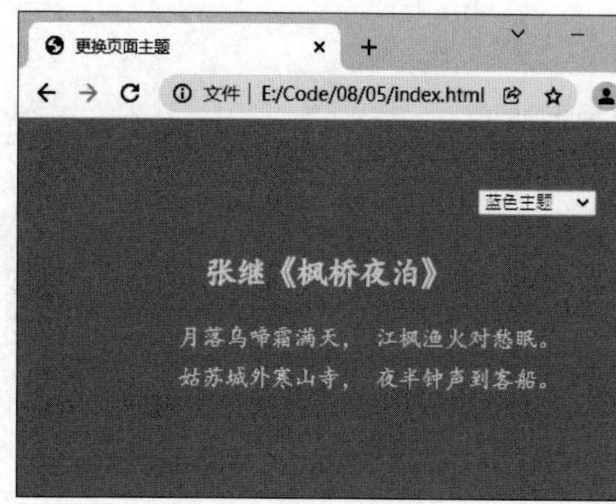

图 8.15　蓝色主题效果

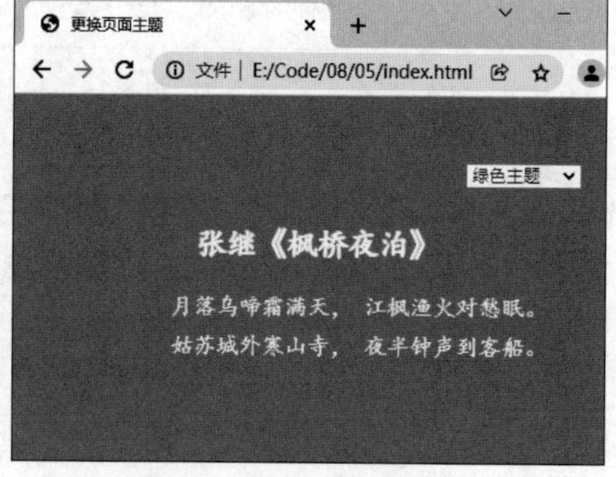

图 8.16　绿色主题效果

8.4.2　绑定可多选的下拉菜单

如果为 select 元素设置了 multiple 属性，那么菜单中的选项就可以进行多选。在进行多选时，应用 v-model 绑定的属性值是一个数组。示例代码如下：

```
<div id="app">
   <p> 请选择喜欢的音乐类型：</p>
   <select v-model="musictype" multiple="multiple" size="6">
      <option> 流行音乐 </option>
      <option> 古典音乐 </option>
      <option> 民族音乐 </option>
      <option> 摇滚音乐 </option>
      <option> 爵士音乐 </option>
      <option> 乡村音乐 </option>
   </select>
   <p> 选择的类型：{{musictype}}</p>
</div>
<script type="text/javascript">
   var vm = new Vue({
      el : '#app',
      data : {
         musictype : []
      }
   });
</script>
```

上述代码中，应用 v-model 将 select 元素绑定到数组 musictype，当选择某个选项时，该选项中的文本会存入 musictype 数组中。当取消选择某个选项时，该选项中的文本会从 musictype 数组中移除。运行结果如图 8.17 所示。

图 8.17　输出选择的多个选项

实例 8.6　选择课程（实例位置：资源包 \Code\08\06）

制作一个简单的选择课程的程序，用户可以在“可选课程”列表框和“已选课程”列表框之间进行选项的移动，代码如下：

```
<div id="app">
   <div class="left">
      <span> 可选课程 </span>
      <select size="6" multiple="multiple" v-model="course">
         <option v-for="value in courselist" :value="value">{{value}}</option>
```

```
        </select>
    </div>
    <div class="middle">
        <input type="button" value=">>" v-on:click="toMycourse">
        <input type="button" value="<<" v-on:click="tocourse">
    </div>
    <div class="right">
        <span>已选课程</span>
        <select size="6" multiple="multiple" v-model="mycourse">
            <option v-for="value in mycourselist" :value="value">{{value}}</option>
        </select>
    </div>
</div>
<script type="text/javascript">
var vm = new Vue({
    el: '#app',
    data: {
        courselist : ['C语言','机械制图','单片机','传感器','自动控制','PLC设计基础'],//所有课程列表
        mycourselist : [],//已选课程列表
        course : [],//可选课程列表选中的选项
        mycourse : []//已选课程列表选中的选项
    },
    methods: {
        toMycourse : function(){
            for(var i = 0; i < this.course.length; i++){
                this.mycourselist.push(this.course[i]);//添加到已选课程列表
                var index = this.courselist.indexOf(this.course[i]);//获取选项索引
                this.courselist.splice(index,1);//从可选课程列表移除
            }
            this.course = [];
        },
        tocourse : function(){
            for(var i = 0; i < this.mycourse.length; i++){
                this.courselist.push(this.mycourse[i]);//添加到可选课程列表
                var index = this.mycourselist.indexOf(this.mycourse[i]);//获取选项索引
                this.mycourselist.splice(index,1);//从已选课程列表移除
            }
            this.mycourse = [];
        }
    }
})
</script>
```

运行结果如图 8.18 所示。

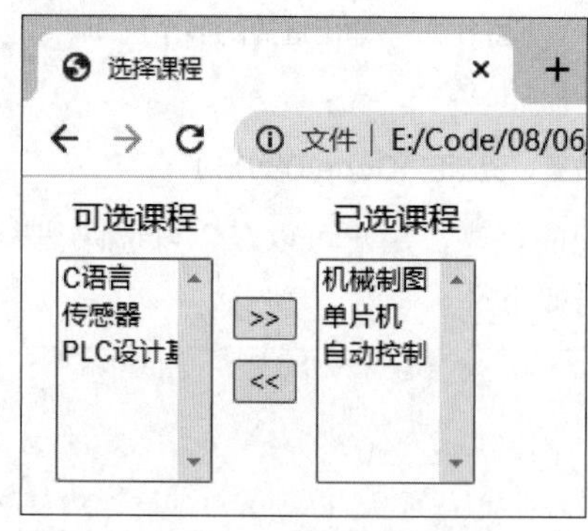

图 8.18　用户选择课程

8.5 将值绑定到动态属性

通常情况下，对于单选按钮、复选框以及下拉菜单中的选项，v-model 绑定的值通常是静态字符串（单个复选框是布尔值）。但是有时需要把值绑定到 Vue 实例的一个动态属性上，这时可以应用 v-bind 实现，并且该属性值可以不是字符串，例如它可以是数值、对象、数组等。下面介绍在单选按钮、复选框以及下拉菜单中如何将值绑定到一个动态属性上。

8.5.1 单选按钮的值绑定

例如，页面中有两个用来选择性别的单选按钮，将单选按钮的值绑定到一个动态属性上。代码如下：

```
<div id="app">
    <input type="radio" id="male" :value="sexes.male" v-model="sex">
    <label for="male">男</label>
    <input type="radio" id="female" :value="sexes.female" v-model="sex">
    <label for="female">女</label>
    <p>你的性别：{{sex}}</p>
</div>
<script type="text/javascript">
    var vm = new Vue({
        el : '#app',
        data : {
            sex : '',
            sexes : { male : '男', female : '女' }
        }
    });
</script>
```

运行结果如图 8.19 所示。

图 8.19　输出选中的单选按钮的值

8.5.2 复选框的值绑定

在单个复选框中，应用 true-value 和 false-value 属性可以将复选框的值绑定到动态属性上。示例代码如下：

```
<div id="app">
    <input type="checkbox" id="check" v-model="toggle" :true-value="yes" :false-value="no">
    <label for="check">当前状态：{{toggle}}</label>
</div>
<script type="text/javascript">
```

```
    var vm = new Vue({
       el : '#app',
       data : {
          toggle : '',
          yes : '您选中了复选框',
          no : '您未选中复选框'
       }
    });
</script>
```

运行结果如图 8.20 所示。

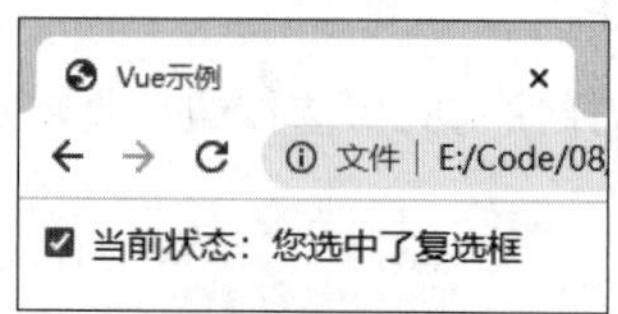

图 8.20　输出当前选中状态

在多个复选框中，将复选框的值绑定到动态属性需要使用 v-bind 指令。示例代码如下：

```
<div id="app">
    <p>请选择你喜欢的球类运动：</p>
    <input type="checkbox" :value="ballgames[0]" v-model="ballgame">
    <label>{{ballgames[0]}}</label>
    <input type="checkbox" :value="ballgames[1]" v-model="ballgame">
    <label>{{ballgames[1]}}</label>
    <input type="checkbox" :value="ballgames[2]" v-model="ballgame">
    <label>{{ballgames[2]}}</label>
    <input type="checkbox" :value="ballgames[3]" v-model="ballgame">
    <label>{{ballgames[3]}}</label>
    <input type="checkbox" :value="ballgames[4]" v-model="ballgame">
    <label>{{ballgames[4]}}</label>
    <p>选择的球类运动：{{ballgame.join('、')}}</p>
</div>
<script type="text/javascript">
    var vm = new Vue({
       el : '#app',
       data : {
          ballgames : ['篮球','足球','排球','乒乓球','羽毛球'],
          ballgame : []
       }
    });
</script>
```

运行结果如图 8.21 所示。

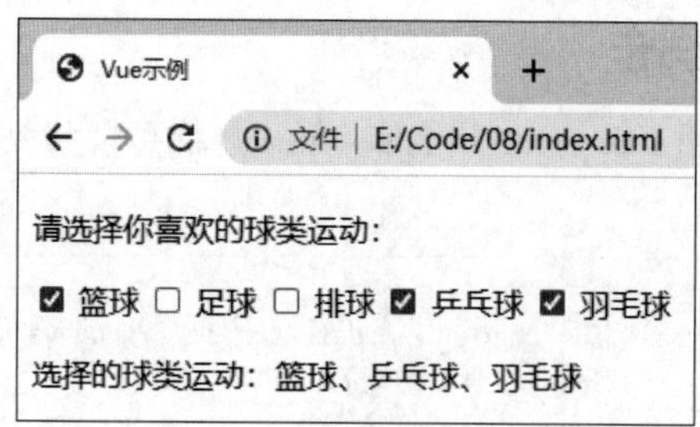

图 8.21　输出选中的选项

8.5.3　下拉菜单的值绑定

例如，定义一个用来选择手机品牌的下拉菜单，在下拉菜单中将值绑定到一个动态属性上。代码如下：

```
<div id="app">
    <span>请选择手机品牌：</span>
    <select v-model="brand">
        <option :value="brands[0]">{{brands[0]}}</option>
        <option :value="brands[1]">{{brands[1]}}</option>
        <option :value="brands[2]">{{brands[2]}}</option>
        <option :value="brands[3]">{{brands[3]}}</option>
    </select>
    <p>选择的手机品牌：{{brand}}</p>
</div>
<script type="text/javascript">
    var vm = new Vue({
        el : '#app',
        data : {
            brands : ['华为','小米','OPPO','vivo'],
            brand : '华为'
        }
    });
</script>
```

运行结果如图 8.22 所示。

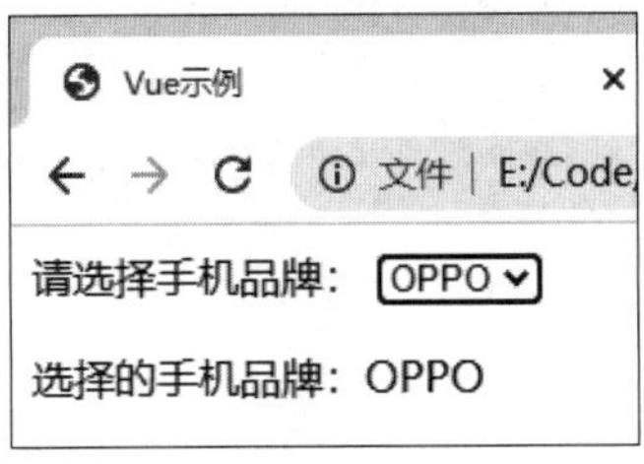

图 8.22　输出选择的选项

8.6　v-model 指令的修饰符

Vue.js 为 v-model 指令提供了一些修饰符，通过这些修饰符可以处理某些常规操作。这些修饰符的说明如下。

8.6.1　lazy 修饰符

默认情况下，应用 v-model 指令将文本框的值与数据进行同步使用的是 input 事件。如果添加了 lazy 修饰符，就可以转变为使用 change 事件进行同步。示例代码如下：

```
<div id="app">
    <input v-model.lazy="message" placeholder="请输入内容">
    <p>当前输入：{{message}}</p>
</div>
<script type="text/javascript">
```

```
    var vm = new Vue({
        el : '#app',
        data : {
            message : ''
        }
    });
</script>
```

运行上述代码，当触发文本框的 change 事件后，才会使输出的内容和文本框中输入的内容同步，运行结果如图 8.23 所示。

图 8.23　输出文本框中的输入内容

8.6.2　number 修饰符

在 v-model 指令中使用 number 修饰符，可以自动将用户输入的内容转换为数值类型。如果转换结果为 NaN，则返回用户输入的原始值。示例代码如下：

```
<div id="app">
    <input v-model.number="message" placeholder=" 请输入内容 ">
    <p> 当前输入：{{message}}</p>
</div>
<script type="text/javascript">
    var vm = new Vue({
        el : '#app',
        data : {
            message : ''
        }
    });
</script>
```

运行结果如图 8.24 所示。

图 8.24　输出转换后的数值

8.6.3　trim 修饰符

为 v-model 指令添加 trim 修饰符可以自动过滤用户输入的字符串的首尾空格。示例代码如下：

```
<div id="app">
    <input v-model.trim="message" placeholder=" 请输入内容 ">
    <p> 当前输入：{{message}}</p>
</div>
<script type="text/javascript">
    var vm = new Vue({
        el : '#app',
        data : {
            message : ''
        }
    });
</script>
```

运行结果如图 8.25 所示。

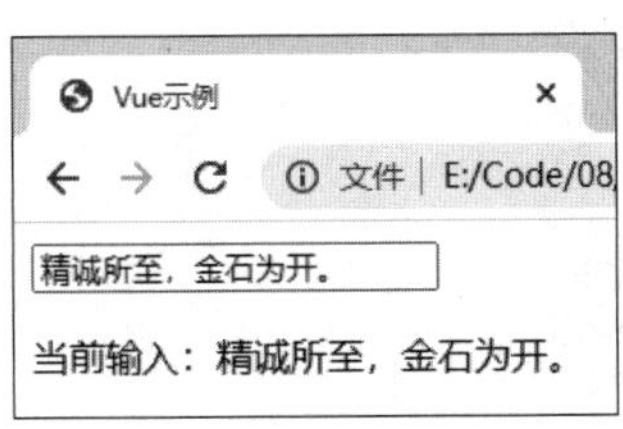

图 8.25　过滤字符串首尾空格

8.7　综合案例——省市区三级联动菜单

在页面中制作一个省、市、区三级联动的下拉菜单，根据选择的省份显示对应的城市下拉菜单，根据选择的城市显示对应的区域下拉菜单。**（实例位置：资源包 \Code\08\07）**

（1）案例分析

要实现省市区三级联动菜单的效果，首先需要定义分别表示省份、城市、区域信息的三个下拉菜单，然后分别对三个下拉菜单使用 v-model 指令绑定到对应的属性，通过监听属性对城市下拉菜单或区域下拉菜单进行重置，通过计算属性获取省份以及对应的城市和区域信息，实现省市区三级联动菜单的效果。

（2）实现过程

① 创建 HTML 文件，在文件中引入 Vue.js 文件，代码如下：

```
<script type="text/javascript" src="../JS/vue.js"></script>
```

② 定义 <div> 元素，并设置其 id 属性值为 app，在该元素中定义三个下拉菜单，分别表示省份、城市和区域信息，代码如下：

```
<div id="app">
    <select v-model="province">
        <option value=""> 请选择 </option>
        <option v-for="item in provinces" v-bind:value="item">{{item}}</option>
    </select>
    <select v-model="city">
        <option value=""> 请选择 </option>
        <option v-for="item in citys" v-bind:value="item">{{item}}</option>
    </select>
    <select v-model="district">
        <option value=""> 请选择 </option>
```

```
        <option v-for="item in districts" v-bind:value="item">{{item}}</option>
    </select>
</div>
```

③ 创建 Vue 实例，在实例中分别定义挂载元素、数据、监听属性和计算属性，通过监听属性对城市下拉菜单或区域下拉菜单进行重置，通过计算属性获取省份以及对应的城市和区域信息。代码如下：

```
<script type="text/javascript">
    var vm = new Vue({
        el : '#app',
      data : {
               province : '',// 省份
           city : '',// 城市
           district : '',// 地区
         addressData : {
                 '黑龙江省' : {
                     '哈尔滨市' : {
                         "道里区" : {},
                         "南岗区" : {}
                     },
                     '齐齐哈尔市' : {
                         '龙沙区' : {},
                         '建华区' : {}
                     }
                 },
                 '吉林省' : {
                     '长春市' : {
                         '朝阳区' : {},
                         '南关区' : {}
                     },
                     '吉林市':{
                         '船营区' : {},
                         '龙潭区' : {}
                     }
                 },
                 '辽宁省' : {
                     '沈阳市' : {
                         '和平区' : {},
                         '沈河区' : {}
                     },
                     '大连市' : {
                         '中山区' : {},
                         '金州区' : {}
                     }
                 }
             }
       },
       watch : {
           province : function(newValue,oldValue){
               if(newValue !== oldValue){
                   this.city = '';// 选择不同省份时清空城市下拉菜单
               }
           },
           city : function(newValue,oldValue){
               if(newValue !== oldValue){
                 this.district = '';// 选择不同城市时清空地区下拉菜单
               }
           }
```

```
        },
        computed : {
          provinces : function(){// 获取省份数组
             if(!this.addressData){
                return;
             }
             var pArr = [];
             for(var key in this.addressData){
                pArr.push(key);
             }
             return pArr;
          },
          citys : function(){// 获取选择省份对应的城市数组
             if(!this.addressData || !this.province){
                return;
             }
             var cArr = [];
             for(var key in this.addressData[this.province]){
                cArr.push(key);
             }
             return cArr;
          },
          districts : function(){// 获取选择城市对应的地区数组
             if(!this.addressData || !this.city){
                return;
             }
             var dArr = [];
             for(var key in this.addressData[this.province][this.city]){
                dArr.push(key);
             }
             return dArr;
          }
        }
     });
</script>
```

运行结果如图 8.26 所示。

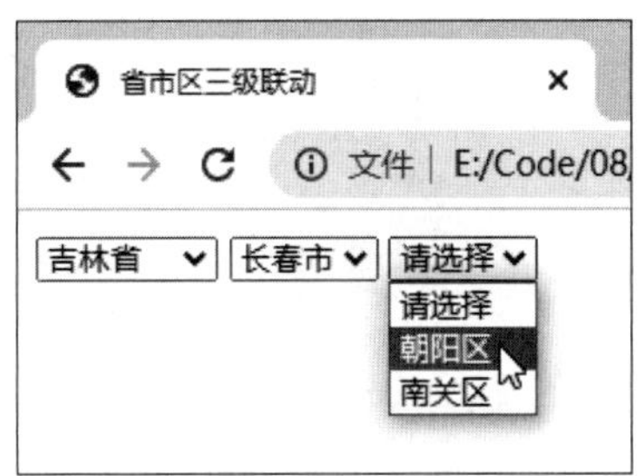

图 8.26　省市区三级联动菜单

8.8 实战练习

在页面中应用复选框添加酒店类型选项，并添加“全选”“反选”和“全不选”按钮，实现复选框的全选、反选和全不选操作，运行结果如图 8.27 所示。(**实例位置：资源包\Code\08\08**)

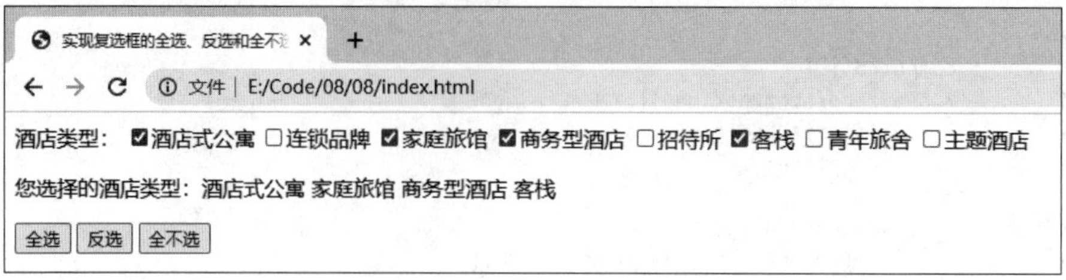

实现复选框的全选、反选和全不选

E:/Code/08/08/index.html

酒店类型： ☑酒店式公寓 ☐连锁品牌 ☑家庭旅馆 ☑商务型酒店 ☐招待所 ☑客栈 ☐青年旅舍 ☐主题酒店

您选择的酒店类型：酒店式公寓 家庭旅馆 商务型酒店 客栈

全选 反选 全不选

图 8.27 实现复选框的全选、反选和全不选操作

小结

本章主要介绍了 Vue.js 中的表单控件绑定，包括对文本框、复选框、单选按钮和下拉菜单进行数据绑定。通过本章的学习，读者可以熟悉如何应用 v-model 指令进行表单元素的数据绑定，使表单操作更加容易。

第 9 章 自定义指令

Vue.js 提供的内置指令很多，例如 v-for、v-if、v-model 等。由于这些指令都偏向于工具化，而有些时候在实现具体的业务逻辑时，应用这些内置指令并不能实现某些特定的功能，因此 Vue.js 也允许用户注册自定义指令，以便于对 DOM 元素的重复处理，提高代码的复用性。本章主要介绍 Vue.js 中自定义指令的注册和使用。

9.1 注册自定义指令

Vue.js 提供了可以注册自定义指令的方法，通过不同的方法可以注册全局自定义指令和局部自定义指令。下面分别进行介绍。

9.1.1 注册全局自定义指令

通过 Vue.directive(id, definition) 方法可以注册一个全局自定义指令。该方法可以接收两个参数：指令 ID 和定义对象。指令 ID 是指令的唯一标识，定义对象是定义的指令的钩子函数。

例如，注册一个全局自定义指令，通过该指令实现页面加载后，当输入框获得焦点时选中输入框的全部内容。示例代码如下：

```
<div id="app">
   请输入内容：<input v-select>
</div>
<script type="text/javascript">
   Vue.directive('select', {
      // 当被绑定的元素插入 DOM 中时执行
      inserted: function(el){
         // 元素获得焦点时内容全部选中
         el.onfocus = function(){
            el.select();
         }
      }
   })
```

```
    var vm = new Vue({
       el:'#app'
    })
</script>
```

运行结果如图 9.1 所示。

图 9.1　输入框获得焦点时选中输入框的全部内容

上述代码中，select 是自定义指令 ID，不包括 v- 前缀，inserted 是指令定义对象中的钩子函数。该钩子函数表示当被绑定元素插入父节点而且在元素获得焦点时选中元素的全部内容。在注册全局指令后，在被绑定元素中应用该指令即可实现相应的功能。

关于指令定义对象中钩子函数的详细介绍请参考本章第 9.2 节。

9.1.2　注册局部自定义指令

通过 Vue 实例中的 directives 选项可以注册一个局部自定义指令。例如，注册一个局部自定义指令，通过该指令实现为元素添加样式的功能。示例代码如下：

```
<style>
   .demo{
      background-color: blue;                    /* 设置背景颜色 */
      font-size: 30px;                           /* 设置文字大小 */
      color: white;                              /* 设置文字颜色 */
      border: 3px solid green;                   /* 设置边框 */
      padding: 3px 6px;                          /* 设置内边距 */
   }
</style>
<div id="app">
    <span v-add-style="demo">
       天才出于勤奋
    </span>
</div>
<script type="text/javascript">
   var vm = new Vue({
      el:'#app',
      data: {
         demo: 'demo'
      },
      directives: {
         addStyle: {
            inserted: function (el,binding) {
               el.className = binding.value;
            }
         }
      }
   })
</script>
```

运行结果如图 9.2 所示。

图 9.2　为文字添加样式

上述代码中，在注册自定义指令时采用了小驼峰命名的方式，将自定义指令 ID 定义为 addStyle，而在元素中应用指令时的写法为 v-add-style。在为自定义指令命名时建议采用这种方式。

局部自定义指令只能在当前实例中进行调用，而无法在其他实例中调用。

9.2 钩子函数

在注册指令的时候，可以传入 definition 定义对象，对指令赋予一些特殊的功能。一个指令定义对象可以提供的钩子函数如表 9.1 所示。

表 9.1　钩子函数

钩子函数	说明
bind	只调用一次，在指令第一次绑定到元素上时调用，用这个钩子函数可以定义一个在绑定时执行一次的初始化设置
inserted	被绑定元素插入父元素时调用
update	被绑定元素所在的模板更新时调用，而不论绑定值是否变化。通过比较更新前后的绑定值，可以忽略不必要的模板更新
componentUpdated	被绑定元素所在模板完成一次更新周期时调用
unbind	只调用一次，指令从元素上解绑时调用

这些钩子函数都是可选的。每个钩子函数都可以传入 el、binding 和 vnode 三个参数，update 和 componentUpdated 钩子函数还可以传入 oldVnode 参数。这些参数的说明如下：

① el　指令所绑定的元素，可以用来直接操作 DOM。

② binding　一个对象，包含的属性如表 9.2 所示。

表 9.2　binding 参数对象包含的属性

属性	说明
name	指令名，不包括 v- 前缀
value	指令的绑定值，例如：v-my-directive="10"，value 的值是 10
oldValue	指令绑定的前一个值，仅在 update 和 componentUpdated 钩子函数中可用。无论值是否改变都可用
expression	绑定值的表达式或变量名。例如：v-my-directive="10 + 10"，expression 的值是 "10 + 10"

续表

属性	说明
arg	传给指令的参数。例如：v-my-directive:tag，arg 的值是 "tag"
modifiers	一个包含修饰符的对象。例如：v-my-directive.tag.bar，修饰符对象 modifiers 的值是 { tag: true, bar: true }

③ vnode　Vue 编译生成的虚拟节点。

④ oldVnode　上一个虚拟节点，仅在 update 和 componentUpdated 钩子函数中可用。

注意

除了 el 参数之外，其他参数都应该是只读的，切勿进行修改。

通过下面这个示例，可以更直观地了解钩子函数的参数和相关属性的使用，代码如下：

```
<div id="app" v-demo:flag.m.n="message"></div>
<script type="text/javascript">
    Vue.directive('demo', {
        bind: function (el, binding, vnode) {
            el.innerHTML =
                'name: '       + binding.name + '<br>' +
                'value: '      + binding.value + '<br>' +
                'expression: ' + binding.expression + '<br>' +
                'argument: '   + binding.arg + '<br>' +
                'modifiers: '  + JSON.stringify(binding.modifiers) + '<br>' +
                'vnode keys: ' + Object.keys(vnode).join(', ')
        }
    })
    var vm = new Vue({
        el: '#app',
        data: {
            message: '天生我材必有用！'
        }
    })
</script>
```

运行结果如图 9.3 所示。

name: demo
value: 天生我材必有用！
expression: message
argument: flag
modifiers: {"m":true,"n":true}
vnode keys: tag, data, children, text, elm, ns, context, fnContext, fnOptions, fnScopeId, key, componentOptions, componentInstance, parent, raw, isStatic, isRootInsert, isComment, isCloned, isOnce, asyncFactory, asyncMeta, isAsyncPlaceholder

图 9.3　输出结果

实例 9.1　为图片设置不透明度（实例位置：资源包 \Code\09\01）

在页面中定义一张图片和一个文本框，在文本框中输入表示图片不透明度的浮点数，实现为图片设置不透明度的功能，代码如下：

```
<div id="app">
    图片不透明度：<input type="text" v-model="opacity">
    <p>
        <img src="star.jpg" v-set-opacity="opacity">
    </p>
</div>
<script type="text/javascript">
var vm = new Vue({
    el:'#app',
    data: {
        opacity: ''
    },
     directives: {
         setOpacity: {
             update: function (el,binding) {
             el.style.opacity = binding.value;// 设置元素不透明度
             }
         }
     }
})
</script>
```

运行结果如图 9.4 所示。

图 9.4　为图片设置不透明度

有些时候，可能只需要使用 bind 和 update 钩子函数，这时可以直接传入一个函数代替定义对象。示例代码如下：

```
Vue.directive('set-bgcolor', function (el, binding) {
    el.style.backgroundColor = binding.value;
})
```

实例 9.2　通过单选按钮设置文字大小（实例位置：资源包 \Code\09\02）

在页面中定义一组单选按钮和一行文字，通过在单选按钮中选择的选项实现为文字设置大小的功能，代码如下：

```
<div id="app">
    <p> 选择文字大小：</p>
    <input type="radio" value="20px" v-model="size">20px
```

```
    <input type="radio" value="25px" v-model="size">25px
    <input type="radio" value="30px" v-model="size">30px
    <input type="radio" value="35px" v-model="size">35px
    <input type="radio" value="40px" v-model="size">40px
    <p v-font-size="size">一寸光阴一寸金，寸金难买寸光阴。</p>
</div>
<script type="text/javascript">
var vm = new Vue({
    el:'#app',
    data: {
        size: '20px'
    },
    directives: {
        fontSize: function (el,binding) {
         el.style.fontSize = binding.value;// 设置字体大小
        }
    }
})
</script>
```

运行结果如图 9.5 所示。

图 9.5　设置文字大小

9.3 绑定值的类型

自定义指令的绑定值可以是 data 中的属性，还可以是任意合法的 JavaScript 表达式，例如数值、字符串、对象字面量等。下面分别进行介绍。

9.3.1 绑定数值

自定义指令的绑定值可以是一个数值。例如，注册一个自定义指令，通过该指令设置定位元素的顶部位置，将该指令的绑定值设置为一个数值，该数值即为被绑定元素的顶部位置。示例代码如下：

```
<div id="app">
    <span v-set-position="50">世界会向那些有目标和远见的人让路</span>
</div>
<script type="text/javascript">
    Vue.directive('set-position', function (el, binding) {
        el.style.position = 'fixed';
        el.style.top = binding.value + 'px';
```

```
    })
    var vm = new Vue({
        el:'#app'
    })
</script>
```

运行结果如图 9.6 所示。

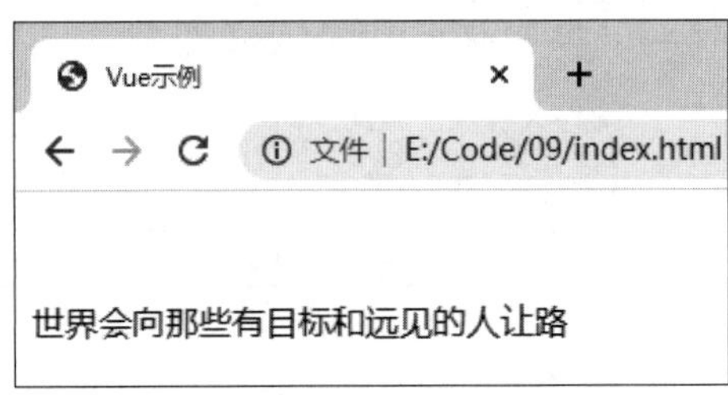

图 9.6　设置文本到顶部的距离

9.3.2　绑定字符串

自定义指令的绑定值可以是一个字符串。将绑定值设置为字符串需要使用单引号。例如，注册一个自定义指令，通过该指令设置文本的样式为斜体，将该指令的绑定值设置为字符串 'italic'，该字符串即为被绑定元素设置的样式。示例代码如下：

```
<div id="app">
    <p v-set-style="'italic'">目标越接近，困难越增加。</p>
</div>
<script type="text/javascript">
    Vue.directive('set-style', function (el, binding) {
        el.style.fontStyle = binding.value;// 设置文字颜色
    })
    var vm = new Vue({
        el:'#app'
    })
</script>
```

运行结果如图 9.7 所示。

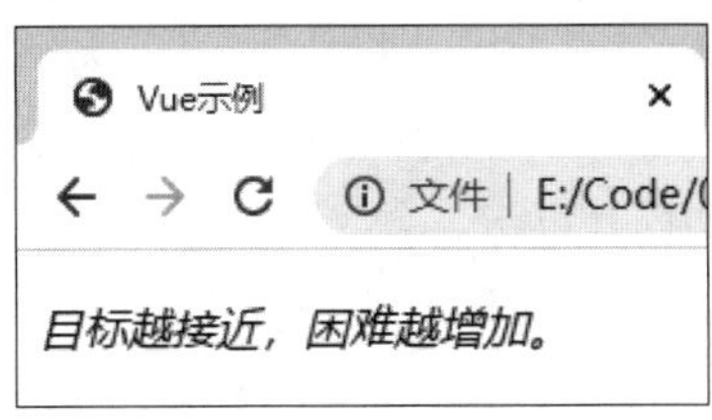

图 9.7　设置文本样式

9.3.3　绑定对象字面量

自定义指令的绑定值可以是一个 JavaScript 对象字面量。如果指令需要多个值，就可以使用这种形式。注意此时对象字面量不需要使用单引号引起来。例如，注册一个自定义指令，通过该指令设置文本的大小、颜色和阴影，将该指令的绑定值设置为对象字面量。示例代码如下：

```
<div id="app">
   <p v-set-style="{size : 30, color : 'blue', shadow : '2px 2px 3px black'}">只要功夫深，铁杵磨成针。</p>
</div>
<script type="text/javascript">
   Vue.directive('set-style', function (el, binding) {
      el.style.fontSize = binding.value.size + 'px';// 设置字体大小
      el.style.color = binding.value.color;// 设置文字颜色
      el.style.textShadow = binding.value.shadow;// 设置文字阴影
   })
   var vm = new Vue({
      el:'#app'
   })
</script>
```

运行结果如图 9.8 所示。

图 9.8　设置文本样式

9.4 综合案例——实现元素的随意拖动

页面中有一张广告图片。在图片上应用自定义指令，在图片上按下鼠标后可以将图片拖动到页面中的任何位置，实现随意拖动元素的效果。**（实例位置：资源包 \Code\09\03）**

（1）案例分析

本案例中，在自定义指令的钩子函数中实现鼠标拖动元素的逻辑代码。实现元素拖动效果的关键是保持要拖拽的元素和鼠标的相对位置不变，通过鼠标按下和移动来实现拖拽的效果。

要实现拖拽元素的效果需要用到三个事件：onmousedown、onmousemove 和 onmouseup，分别表示按下鼠标、移动鼠标和松开鼠标。

在鼠标按下的回调函数中，需要通过 clientX 属性和 clientY 属性获取鼠标的初始位置，通过 offsetLeft 属性和 offsetTop 属性获取拖拽元素的初始位置，然后计算鼠标初始位置和拖拽元素初始位置的差值。

在鼠标移动的回调函数中，需要根据鼠标的当前位置和之前计算得到的差值来获取拖拽元素的当前位置，然后将该位置作为元素的定位属性 left 和 top 的值。需要注意，要想拖拽元素，需要将元素的 position 定位属性设置为 absolute。

在鼠标松开的回调函数中，需要清除鼠标移动的操作，将 onmousemove 的值设置为 null 即可。

最后在图片上应用自定义指令就能实现在页面中随意拖动图片的效果。

（2）实现过程

① 创建 HTML 文件，在文件中引入 Vue.js 文件，代码如下：

```
<script type="text/javascript" src="../JS/vue.js"></script>
```

② 定义 <div> 元素，并设置其 id 属性值为 app，在该元素中定义一张图片，并在图片上应用自定义指令 v-move，代码如下：

```
<div id="app">
    <img src="banner.jpg" v-move>
</div>
```

③ 编写 CSS 代码，为图片设置定位属性，代码如下：

```
<style>
    img{
        position:absolute;                  /* 设置元素绝对定位 */
    }
</style>
```

④ 创建 Vue 实例，在实例中定义挂载元素，并应用 directives 选项注册一个局部自定义指令，在指令函数中应用 onmousedown、onmousemove 和 onmouseup 事件实现元素在页面中随意拖动的效果。代码如下：

```
<script type="text/javascript">
var vm = new Vue({
   el:'#app',
    directives: {
        move: function (el) {
         // 按下鼠标
         el.onmousedown = function(e) {
            var initX = el.offsetLeft;
            var initY = el.offsetTop;
            var offsetX = e.clientX - initX;
            var offsetY = e.clientY - initY;
            // 移动鼠标
            document.onmousemove = function(e) {
               var x = e.clientX - offsetX;
               var y = e.clientY - offsetY;
               var maxX = document.documentElement.clientWidth - el.offsetWidth;
               var maxY = document.documentElement.clientHeight - el.offsetHeight;
               if(x <= 0) x = 0;
               if(y <= 0) y = 0;
               if(x >= maxX) x = maxX;
               if(y >= maxY) y = maxY;
               el.style.left = x + "px";
               el.style.top = y + "px";
               return false;
            }
         }
         // 松开鼠标
         document.onmouseup = function() {
              document.onmousemove = null;
          }
        }
    }
})
</script>
```

运行程序，在页面左上角会显示一张广告图片，效果如图 9.9 所示。用鼠标按住广告图片可以将其拖动到页面中的任何位置，结果如图 9.10 所示。

图 9.9　广告图片初始位置

图 9.10　广告图片拖动到其他位置

9.5 实战练习

在页面中定义一张图片和一个文本框，在文本框中输入表示图片边框宽度的数字，实现为图片设置边框的功能，运行结果如图 9.11 所示。（**实例位置：资源包 \Code\09\04**）

图 9.11　设置图片边框

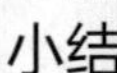

小结

本章主要介绍了 Vue.js 中自定义指令的注册和使用，包括注册全局自定义指令和局部自定义指令的方法，以及指令定义对象中的钩子函数。通过本章的学习，读者可以更深一步地了解指令在 Vue.js 中起到的作用。

第 10 章 组件

组件（Component）是 Vue.js 最强大的功能之一。通过开发组件可以封装可复用的代码，将封装好的代码注册成标签，实现扩展 HTML 元素的功能。几乎任意类型应用的界面都可以抽象为一个组件树，而组件树可以用独立可复用的组件来构建。本章主要介绍 Vue.js 中的组件化开发。

10.1 组件的注册

在使用组件之前需要将组件注册到应用中。Vue.js 提供了两种注册方式，分别是全局注册和局部注册，下面分别进行介绍。

10.1.1 全局注册

全局注册的组件也叫全局组件，它可以在所有实例中使用。注册一个全局组件的语法格式如下：

```
Vue.component(tagName, options)
```

该方法中的两个参数说明如下：

☑ tagName：表示定义的组件名称。对于组件的命名，建议遵循 W3C 规范中的自定义组件命名方式，即字母全部小写并包含一个连字符“-”。

☑ options：该参数可以是应用 Vue.extend() 方法创建的一个组件构造器，还可以是组件的选项对象。因为组件是可复用的 Vue 实例，所以它们与一个 Vue 实例一样接收相同的选项（el 选项除外），例如 data、computed、watch、methods 以及生命周期钩子等。

注意

全局组件需要在创建的根实例之前注册，这样才能使组件在实例中调用。

在注册组件后，可以在创建的 Vue 根实例中以自定义元素的形式进行使用。使用组件的方式如下：

```
<tagName></tagName>
```

例如，注册一个简单的全局组件。示例代码如下：

```
<div id="app">
    <demo></demo>
</div>
<script type="text/javascript">
    //创建组件构造器
    var myComponent = Vue.extend({
        template : '<h2>这是全局注册的组件</h2>'
    });
    //注册全局组件
    Vue.component('demo', myComponent)
    //创建根实例
    var vm = new Vue({
        el : '#app'
    })
</script>
```

运行结果如图 10.1 所示。

图 10.1　输出全局注册的组件

上述代码使用了组件构造器的方式。另外，还可以在注册的时候直接传入选项对象而不是构造器。例如，将上述代码修改为直接传入选项对象的方式。代码如下：

```
<div id="app">
    <demo></demo>
</div>
<script type="text/javascript">
    //注册全局组件
    Vue.component('demo', {
        template : '<h2>这是全局注册的组件</h2>'
    })
    //创建根实例
    var vm = new Vue({
        el : '#app'
    })
</script>
```

为了使代码更简化，建议在注册组件的时候采用直接传入选项对象的方式。

组件的模板只能有一个根元素。如果模板内容有多个元素，可以将模板的内容包含在一个父元素内。示例代码如下：

```
<div id="app">
    <demo></demo>
</div>
<script type="text/javascript">
    //注册全局组件
    Vue.component('demo', {
        template : `<div>
        <p>登鹳雀楼</p>
        <div>白日依山尽，</div>
        <div>黄河入海流。</div>
        <div>欲穷千里目，</div>
        <div>更上一层楼。</div>
      </div>`
    })
    //创建根实例
    var vm = new Vue({
        el : '#app'
    })
</script>
```

运行结果如图 10.2 所示。

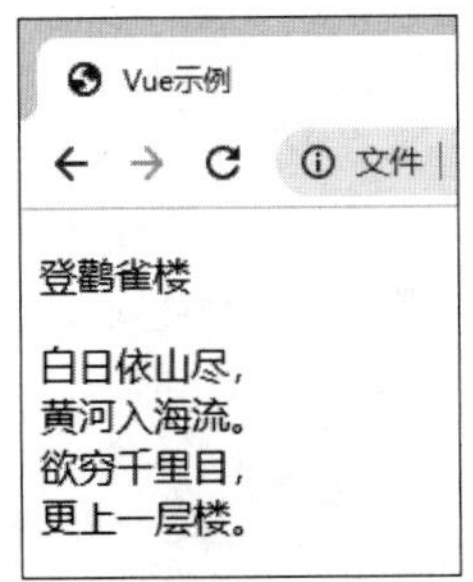

图 10.2　输出模板中多个元素

需要注意的是，组件选项对象中的 data 和 Vue 实例选项对象中的 data 的赋值是不同的。一个组件的 data 选项必须是一个函数，而不是一个对象。这样的好处是每个实例可以维护一份被返回对象的独立的拷贝。示例代码如下：

```
<div id="app">
    <count-button></count-button>
    <count-button></count-button>
    <count-button></count-button>
</div>
<script type="text/javascript">
    //注册全局组件
    Vue.component('count-button', {
        data : function(){
            return {
                count : 0
            }
        },
        template : '<button v-on:click="count++">{{count}}</button>'
    })
    //创建根实例
    var vm = new Vue({
        el : '#app'
    })
</script>
```

上述代码中定义了 3 个相同的按钮组件。当单击某个按钮时，每个组件都会各自独立维护其 count 属性，因此单击一个按钮时其他组件不会受到影响。运行结果如图 10.3 所示。

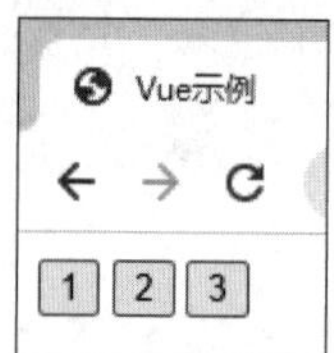

图 10.3　按钮单击次数

10.1.2　局部注册

通过 Vue 实例中的 components 选项可以注册一个局部组件。对于 components 对象中的每个属性来说，其属性名就是定义组件的名称，其属性值就是这个组件的选项对象。局部注册的组件只能在当前实例中使用。例如，注册一个简单的局部组件。示例代码如下：

```
<div id="app">
   <demo></demo>
</div>
<script type="text/javascript">
   var myComponent = {
      template : '<h2>这是局部注册的组件</h2>'
   }
   //创建根实例
   var vm = new Vue({
      el : '#app',
      components : {
         'demo' : myComponent //注册局部组件
      }
   })
</script>
```

运行结果如图 10.4 所示。

图 10.4　输出局部注册的组件

局部注册的组件只能在其父组件中使用，而无法在其他组件中使用。例如，有两个局部组件 componentA 和 componentB，如果希望 componentA 在 componentB 中可用，则需要将 componentA 定义在 componentB 的 components 选项中。示例代码如下：

```
<div id="app">
   <parent></parent>
</div>
<script type="text/javascript">
   var Child = {
```

```
        template : '<h2> 水不在深，有龙则灵。</h2>'
    }
    var Parent = {
        template : `<div>
        <h2> 山不在高，有仙则名。</h2>
        <child></child>
      </div>`,
        components : {
            'child' : Child
        }
    }
    // 创建根实例
    var vm = new Vue({
        el : '#app',
        components : {
            'parent' : Parent
        }
    })
</script>
```

运行结果如图 10.5 所示。

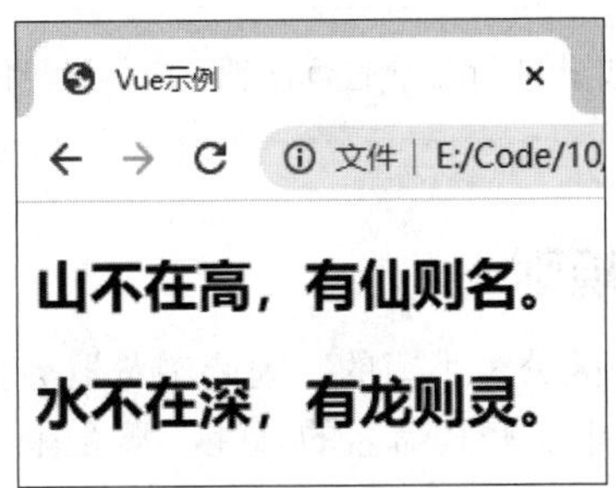

图 10.5　输出注册的父组件和子组件

10.2 向子组件传递数据

10.2.1 传递静态数据

由于组件实例的作用域是孤立的，因此子组件的模板无法直接引用父组件的数据。如果想要在父子组件之间传递数据就需要定义 Prop。Prop 是父组件用来传递数据的一个自定义属性，这样的属性需要定义在组件选项对象的 props 选项中。通过 props 选项中定义的属性可以将父组件的数据传递给子组件，而子组件需要显式地用 props 选项来声明 Prop。

使用 Prop 可以传递一个常量值，它是一个静态数据。示例代码如下：

```
<div id="app">
    <demo text=" 机会总是留给有准备的人 "></demo>
</div>
<script type="text/javascript">
    // 注册全局组件
    Vue.component('demo', {
        props : ['text'],// 传递 Prop
```

```
        template : '<h3>{{text}}</h3>'
    })
    // 创建根实例
    var vm = new Vue({
        el : '#app'
    })
</script>
```

运行结果如图 10.6 所示。

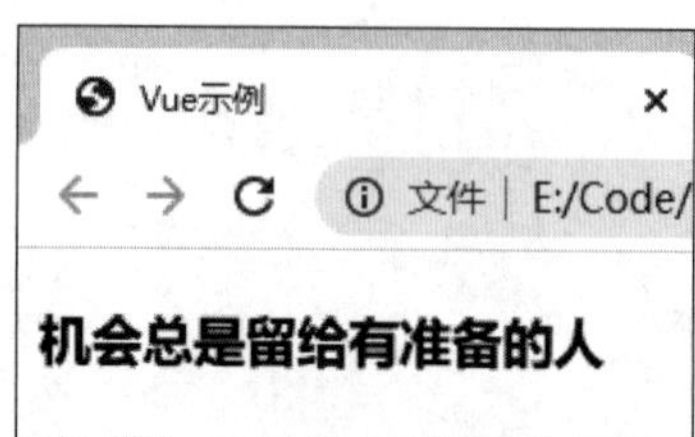

图 10.6　输出传递的静态数据

一个组件默认可以拥有任意数量的 Prop，任何值都可以传递给任何 Prop。

10.2.2　Prop 的书写规则

由于 HTML 中的属性是不区分大小写的，因此浏览器会把所有大写字符解释为小写字符。如果在调用组件时使用了小驼峰式命名的属性，那么在 props 中的命名需要全部小写，示例代码如下：

```
<div id="app">
    <demo myText=" 把脸一直向着阳光，这样就不会看到阴影 "></demo>
</div>
<script type="text/javascript">
    // 注册全局组件
    Vue.component('demo', {
        props : ['mytext'],// 名称小写
        template : '<h3>{{mytext}}</h3>'
    })
    // 创建根实例
    var vm = new Vue({
        el : '#app'
    })
</script>
```

运行结果如图 10.7 所示。

图 10.7　输出传递的数据

如果在 props 中的命名采用的是小驼峰的方式，那么在调用组件时需要使用其等价的短横线分隔的命名方式来命名属性。将上面的示例代码修改如下：

```
<div id="app">
    <demo my-text=" 把脸一直向着阳光，这样就不会看到阴影 "></demo>
</div>
<script type="text/javascript">
    // 注册全局组件
    Vue.component('demo', {
        props : ['myText'],
        template : '<h3>{{myText}}</h3>'
    })
    // 创建根实例
    var vm = new Vue({
        el : '#app'
    })
</script>
```

运行结果同样如图 10.7 所示。

10.2.3　传递动态数据

除了上述示例中传递静态数据的方式外，也可以通过 v-bind 的方式将父组件中的 data 数据传递给子组件。每当父组件的数据发生变化时，子组件也会随之变化，通过这种方式传递的数据叫动态 Prop。示例代码如下：

```
<div id="app">
    <demo v-bind:name="name" v-bind:position="position"></demo>
</div>
<script type="text/javascript">
    // 注册全局组件
    Vue.component('demo', {
        props : ['name','position'], // 传递 Prop
        template : `<div>
            <p> 姓名: {{name}}</p>
            <p> 职位: {{position}}</p>
        </div>`
    })
    // 创建根实例
    var vm = new Vue({
        el : '#app',
        data : {
            name : 'Tony',
            position : ' 造型师 '
        }
    })
</script>
```

运行结果如图 10.8 所示。

图 10.8　输出传递的动态数据

上述代码中，当更改根实例中 name 或 position 的值时，组件中的值也会随之更改。另外，在调用组件时也可以简写成 <demo :name="name" :position="position"></demo>。

实例 10.1 输出图书信息（实例位置：资源包\Code\10\01）

应用动态 Prop 传递数据，输出图书的图片、名称和作者等信息，实现步骤如下：

① 定义 <div> 元素，并设置其 id 属性值为 app，在该元素中调用组件 my-book，同时传递三个动态 Prop，将图书的图片、名称和作者作为传递的值。代码如下：

```
<div id="app">
    <my-book :img="imgUrl" :name="name" :author="author"></my-book>
</div>
```

② 编写 CSS 代码，为页面元素设置样式。具体代码如下：

```
<style>
body{
    font-family:微软雅黑;                         /* 设置字体 */
}
img{
    width:300px;                                 /* 设置宽度 */
}
.book_name{
    padding-left:10px;                           /* 设置左内边距 */
    font-size:18px;                              /* 设置文字大小 */
    color: #333333;                              /* 设置文字颜色 */
    margin-top:8px;                              /* 设置上外边距 */
}
.book_des{
    padding-left:10px;                           /* 设置左内边距 */
    font-size:14px;                              /* 设置文字大小 */
    margin-top:5px;                              /* 设置上外边距 */
}
</style>
```

③ 创建 Vue 实例，在实例中定义挂载元素和数据，在 data 选项中定义图书的图片、名称和作者信息，在 Vue 实例上方注册全局组件 my-book，在 props 选项中定义传递的 Prop，在组件的模板中输出图书的图片、名称和作者。代码如下：

```
<div id="app">
    <my-book :img="imgUrl" :name="name" :author="author"></my-book>
</div>
<script type="text/javascript">
//注册全局组件
Vue.component('my-book', {
    props : ['img','name','author'],//传递动态 Prop
    template : '<div> \
        <img :src="img"> \
        <div class="book_name">书名：{{name}}</div> \
        <div class="book_des">作者：{{author}}</div> \
      </div>'
})
//创建根实例
var vm = new Vue({
    el:'#app',
    data: {
        imgUrl: 'JavaScript.png',
```

```
            name: '零基础学 JavaScript',
            author: '明日科技'
        }
})
</script>
```

运行结果如图 10.9 所示。

图 10.9　输出图书信息

使用 Prop 传递的数据除了可以是数值和字符串类型之外，还可以是数组或对象类型。传递数组类型数据的示例代码如下：

```
<div id="app">
    <my-demo :novels="novels"></my-demo>
</div>
<script type="text/javascript">
    //注册全局组件
    Vue.component('my-demo', {
        props : ['novels'],// 传递数组类型 Prop
        template : '<ol> \
        <li v-for="novel in novels">{{novel}}</li> \
      </ol>'
    })
    //创建根实例
    var vm = new Vue({
        el:'#app',
        data: {
            novels : ['水浒传','三国演义','西游记','红楼梦']
        }
    })
</script>
```

运行结果如图 10.10 所示。

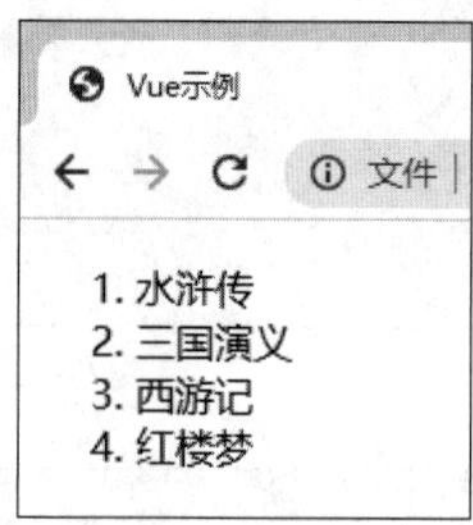

图 10.10　输出数组内容

注意

如果 Prop 传递的是一个对象或数组，那么它是按引用传递的。在子组件内修改这个对象或数组本身将会影响父组件的状态。

在传递对象类型的数据时，如果想要将一个对象的所有属性都作为 Prop 传入，可以使用不带参数的 v-bind。示例代码如下：

```
<div id="app">
   <my-demo v-bind="info"></my-demo>
</div>
<script type="text/javascript">
   //注册全局组件
   Vue.component('my-demo', {
      props : ['name','age','position'],
      template : '<div> \
      <div>姓名：{{name}}</div> \
      <div>年龄：{{age}}</div> \
      <div>职位：{{position}}</div> \
     </div>'
   })
   //创建根实例
   var vm = new Vue({
      el:'#app',
      data: {
         info : {
            name : 'Tony',
            age : 25,
            position : '造型师'
         }
      }
   })
</script>
```

运行结果如图 10.11 所示。

图 10.11　输出人物信息

10.2.4 Prop验证

组件可以为Prop指定验证要求。当开发一个可以为他人使用的组件时，可以让使用者更加准确地使用组件。使用验证的时候，Prop接收的参数是一个对象，而不是一个字符串数组。例如：props : {text : String}，表示验证参数text需为String类型，如果调用该组件时传入的text为数值，则会抛出异常。Vue.js提供的Prop验证方式有多种，下面分别进行介绍。

（1）基础类型检测

允许参数为指定的一种类型。示例代码如下：

```
props : {
   propA : Number
}
```

上述代码表示参数propA允许的类型为数值类型。可以接收的参数类型为：String、Number、Boolean、Array、Object、Date、Function、Symbol。也可以接收null和undefined，表示任意类型均可。

（2）多种类型

允许参数为多种类型之一。示例代码如下：

```
props : {
   propB : [Number, Boolean]
}
```

上述代码表示参数propB可以是数值类型或布尔类型。

（3）参数必须

参数必须有值且为指定的类型。示例代码如下：

```
props : {
   propC : {
      type : Array,
      required : true
   }
}
```

上述代码表示参数propC必须有值且为数组类型。

（4）参数默认

参数具有默认值。示例代码如下：

```
props : {
   propD : {
      type : String,
      default : 'HTML'
   }
}
```

上述代码表示参数propD为字符串类型，默认值为HTML。需要注意的是，如果参数类型为数组或对象，则其默认值需要通过函数返回值的形式赋值。示例代码如下：

```
props : {
   propD : {
      type : Array,
      default : function(){
```

```
            return ['HTML','CSS','JavaScript','Vue.js']
        }
    }
}
```

（5）自定义验证函数

根据验证函数验证参数的值是否符合要求。示例代码如下：

```
props : {
    propE : {
        validator : function(value){
            return value > 10;
        }
    }
}
```

上述代码表示参数 propE 的值必须大于 10。

对组件中传递的数据进行 Prop 验证的示例代码如下：

```
<div id="app">
    <demo :name="'夏天'" :age=20></demo>
</div>
<script type="text/javascript">
    Vue.component('demo', {
        props: {
            // 检测是否有值并且为字符串类型
            name: {
                type: String,
                required: true
            },
            // 检测是否为字符串类型且默认值为男
            sex: {
                type: String,
                default: '男'
            },
            // 检测是否为数值类型并且值是否大于 0
            age: {
                type: Number,
                validator: function (value) {
                    return value > 0
                }
            },
            // 检测是否为数组类型且有默认值
            interest: {
                type: Array,
                default: function () {
                    return ['运动','看电影','听音乐']
                }
            },
            // 检测是否为对象类型且有默认值
            contact: {
                type: Object,
                default: function () {
                    return {
                        address: '吉林省长春市',
                        tel: '166****9765'
                    }
                }
            }
```

```
        },
        template: `<div>
                        <p> 姓名: {{ name }}</p>
                        <p> 性别: {{ sex }}</p>
                        <p> 年龄: {{ age }}</p>
                        <p> 兴趣爱好: {{ interest.join('、') }}</p>
                        <p> 联系地址: {{ contact.address }}</p>
                    <p> 联系电话: {{ contact.tel }}</p>
                  </div>`
    })
    var vm = new Vue({
        el: "#app"
    });
</script>
```

运行结果如图 10.12 所示。

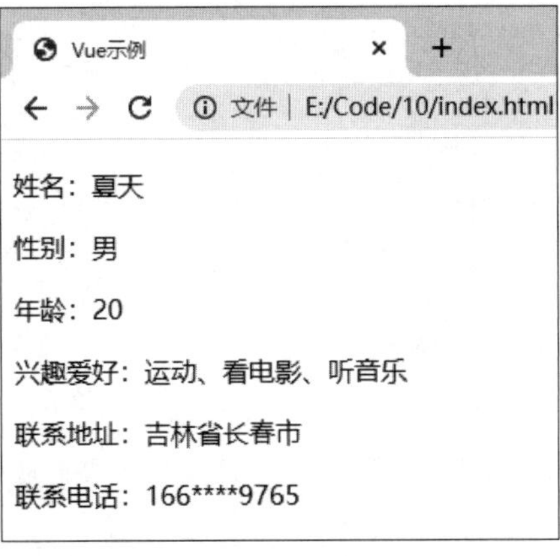

图 10.12　对传递的数据进行验证

注意

在开发环境中，如果 Prop 验证失败，Vue 将会产生一个控制台的警告。

10.3 组件的事件处理

父组件通过使用 Prop 为子组件传递数据，但如果子组件要把数据传递回去，就需要使用自定义事件来实现。下面介绍关于组件的事件处理。

10.3.1 自定义事件

父组件可以像处理原生 DOM 事件一样通过 v-on 监听子组件实例的自定义事件，而子组件可以通过调用内建的 $emit() 方法并传入事件名称来触发自定义事件。

$emit() 方法的语法格式如下：

```
vm.$emit( eventName, [...args] )
```

参数说明：

☑ eventName：传入事件的名称。

☑ [···args]：触发事件传递的参数。该参数是可选的。

下面通过一个实例来说明自定义事件的监听和触发。

实例 10.2 单击按钮设置文本颜色（实例位置：资源包 \Code\10\02）

在页面中定义一个按钮和一行文本，通过单击按钮实现设置文本颜色的功能，代码如下：

```
<div id="app">
   <div v-bind:style="{color: fontColor}">
      <my-text v-bind:text="text" v-on:setcolor="fontColor = 'blue'"></my-text>
   </div>
</div>
<script type="text/javascript">
//注册全局组件
Vue.component('my-text', {
   props : ['text'],
   template : `<div>
      <button v-on:click="action">设置文本颜色</button>
      <p>{{text}}</p>
     </div>`,
   methods : {
      action : function(){
         this.$emit('setcolor');
      }
   }
})
//创建根实例
var vm = new Vue({
   el:'#app',
   data: {
        text : '书山有路勤为径，学海无涯苦作舟。',
      fontColor : ''
     }
})
</script>
```

运行结果如图 10.13 所示。

图 10.13 单击按钮设置文本颜色

有些时候需要在自定义事件中传递一个特定的值，这时可以使用 $emit() 方法的第二个参数来实现。然后当在父组件监听这个事件的时候，可以通过 $event 访问到传递的这个值。

例如，将实例 10.2 中的代码进行修改，实现单击“设置文本颜色”按钮时，将文本颜色设置为红色，修改后的代码如下：

```
<div id="app">
   <div v-bind:style="{color: fontColor}">
      <my-text v-bind:text="text" v-on:setcolor="fontColor = $event"></my-text>
   </div>
</div>
<script type="text/javascript">
//注册全局组件
Vue.component('my-text', {
   props : ['text'],
   template : `<div>
      <button v-on:click="action('red')">设置文本颜色</button>
      <p>{{text}}</p>
     </div>`,
   methods : {
      action : function(par){
         this.$emit('setcolor',par);
      }
   }
})
//创建根实例
var vm = new Vue({
   el:'#app',
   data: {
        text : '书山有路勤为径，学海无涯苦作舟。',
      fontColor : ''
    }
})
</script>
```

在父组件监听自定义事件的时候，如果事件处理程序是一个方法，那么通过 $emit() 方法传递的参数将会作为第一个参数传入这个方法。下面通过一个实例来说明。

实例 10.3 导航菜单效果（实例位置：资源包\Code\10\03）

在页面中制作一个简单的导航菜单效果，实现步骤如下：

① 定义 <div> 元素，并设置其 id 属性值为 app，在该元素中调用组件 my-nav，通过 v-on 指令的简写形式监听子组件实例的自定义事件 select-items，当触发事件时调用根实例中的 onSelect() 方法。代码如下：

```
<div id="app">
   <my-nav @select-items="onSelect" :tag="tag"></my-nav>
</div>
```

② 编写 CSS 代码，为页面元素设置样式。其中，定义一个 active 类名选择器，它用来设置被单击的菜单项的样式。具体代码如下：

```
<style>
body{
   font-family:微软雅黑;                    /*设置字体*/
}
.menu{
   display:inline-block;                    /*设置行内块元素*/
   background-color: #3399FF;               /*设置背景颜色*/
   margin:20px;                             /*设置外边距*/
}
span{
   display:inline-block;                    /*设置行内块元素*/
```

```
    width:100px;                          /* 设置宽度 */
    height:40px;                          /* 设置高度 */
    line-height:40px;                     /* 设置行高 */
    cursor:pointer;                       /* 设置鼠标光标形状 */
    text-align:center;                    /* 设置文本居中显示 */
    color:#FFFFFF;                        /* 设置文字颜色 */
}
.active{
    background-color: #9966FF;            /* 设置背景颜色 */
    color:#FFFFFF;                        /* 设置文字颜色 */
}
</style>
```

③ 创建 Vue 实例，在实例中定义挂载元素、数据和方法，在 Vue 实例上方注册全局组件 my-nav，在 props 选项中定义传递的 Prop，在组件的模板中定义五个导航菜单项，在 methods 选项中定义 select() 方法，当单击某个菜单项时会调用该方法，在方法中通过 $emit() 方法触发自定义事件 select-items，同时传递一个数值作为参数。触发自定义事件后，tag 属性的值会变成传递的参数值，再通过判断 tag 属性的值确定在菜单项中是否使用 active 类的样式。代码如下：

```
<script type="text/javascript">
//注册全局组件
Vue.component('my-nav', {
   props : ['tag'],
   template : `<div class="menu">
      <span @click="select(1)" :class="{active: tag===1}">学习用书</span>
      <span @click="select(2)" :class="{active: tag===2}">文学小说</span>
      <span @click="select(3)" :class="{active: tag===3}">教育培训</span>
      <span @click="select(4)" :class="{active: tag===4}">人文社科</span>
      <span @click="select(5)" :class="{active: tag===5}">文娱商城</span>
     </div>`,
   methods: {
       select : function(value){
          this.$emit('select-items', value)
          }
   }
})
//创建根实例
var vm = new Vue({
   el:'#app',
   data: {
        tag : 1
    },
   methods: {
          onSelect : function(value){
          this.tag = value
          }
   }
})
</script>
```

运行结果如图 10.14、图 10.15 所示。

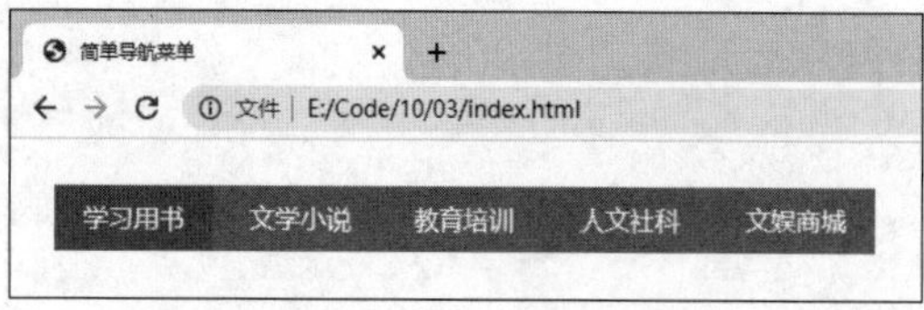

图 10.14　页面初始效果

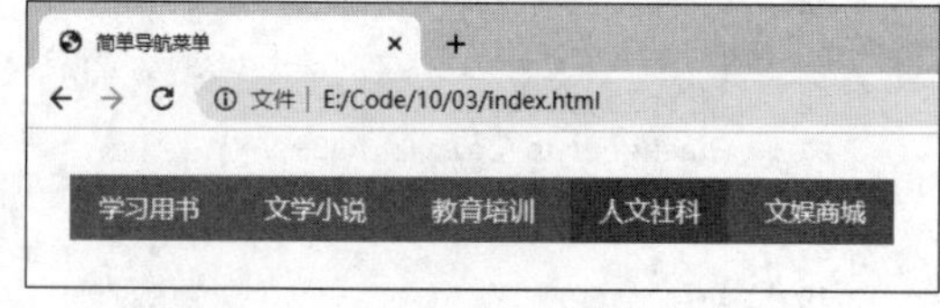

图 10.15　单击其他菜单效果

10.3.2　监听原生事件

如果想在某个组件的根元素上监听一个原生事件，可以使用 v-on 的 .native 修饰符。例如，在组件的根元素上监听 mouseover 和 mouseout 事件，当鼠标移入文本时放大文本，当鼠标移出文本时使文本恢复为原来的大小，代码如下：

```
<div id="app">
   <demo :style="show" v-on:mouseover.native="setStyle('20px')" v-on:mouseout.native="setStyle('')"></demo>
</div>
<script type="text/javascript">
   //注册全局组件
   Vue.component('demo', {
      template : '<span>伟大的思想能变成巨大的财富</span>'
   })
   //创建根实例
   var vm = new Vue({
      el:'#app',
      data : {
         size : '',
         cursor : 'pointer'
      },
      methods : {
         setStyle : function(value){
            this.size = value;
         }
      },
      computed : {
         show : function(){
            return {
               fontSize : this.size,
               cursor : this.cursor
            }
         }
      }
   })
</script>
```

运行结果如图 10.16 和图 10.17 所示。

图 10.16　文本初始效果

图 10.17　文本放大效果

10.4　使用插槽实现内容分发

在实际开发中，子组件往往只提供基本的交互功能，而内容是由父组件来提供的。为此 Vue.js 提供了一种混合父组件内容和子组件模板的方式，这种方式称为内容分发。下面介绍内容分发的相关知识。

10.4.1 插槽的基础用法

Vue.js 参照当前 Web Components 规范草案实现了一套内容分发的 API，使用 <slot> 元素作为原始内容的插槽。下面通过一个示例来说明插槽的基础用法。

```
<div id="app">
   <demo-slot>
      {{msg}}
   </demo-slot>
</div>
<script type="text/javascript">
   Vue.component('demo-slot', {
      template: `<div class="content">
      <slot></slot>
      </div>`
   })
   var vm = new Vue({
      el: "#app",
      data : {
         msg : ' 业精于勤，荒于嬉；行成于思，毁于随。'
      }
   });
</script>
```

运行结果如图 10.18 所示。

图 10.18　输出父组件中的数据

上述代码的渲染结果为：

```
<div class="content">
   业精于勤，荒于嬉；行成于思，毁于随。
</div>
```

由渲染结果可以看出，父组件中的内容 {{msg}} 会代替子组件中的 <slot> 标签，这样就可以在不同地方使用子组件的结构而且填充不同的父组件内容，从而提高组件的复用性。

如果组件中没有包含一个 <slot> 元素，则该组件起始标签和结束标签之间的任何内容都会被抛弃。

10.4.2 编译作用域

在上述示例代码中，在父组件中调用 <demo-slot> 组件，并绑定了父组件中的数据 msg。也就是说在 <demo-slot>{{data}}</demo-slot> 这样的模板情况下，父组件模板里的所有内容都是在父组件作用域中编译的；子组件模板里的所有内容都是在子组件作用域中编译的。例如，下面这个父组件模板的例子是不会输出任何结果的。

```
<div id="app">
   <demo-slot>
      {{msg}}
   </demo-slot>
</div>
<script type="text/javascript">
   Vue.component('demo-slot', {
      template: `<div class="content">
      <slot></slot>
      </div>`,
      data: function(){
         return {
            msg : '业精于勤，荒于嬉；行成于思，毁于随。'    //子组件中定义的数据
         }
      }
   })
   var vm = new Vue({
      el: "#app"
   });
</script>
```

上述代码的渲染结果为：

```
<div class="content">

</div>
```

10.4.3 设置后备内容

有些时候需要为一个插槽设置具体的后备（也就是默认的）内容，该内容只会在没有提供内容的时候被渲染。示例代码如下：

```
<div id="app">
   <my-checkbox></my-checkbox>
</div>
<script type="text/javascript">
   Vue.component('my-checkbox', {
      template: `<div>
         <input type="checkbox">
          <slot>测试内容</slot>
      </div>`
   })
   var vm = new Vue({
      el: "#app"
   });
</script>
```

上述代码中，在父组件中使用组件<my-checkbox>并且不提供任何插槽内容时，后备内容“测试内容”将会被渲染，运行结果如图10.19所示。

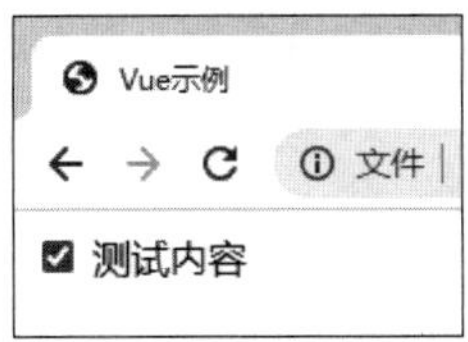

图 10.19 输出后备内容

如果提供了内容，则该提供的内容将会替代后备内容从而被渲染。示例代码如下：

```
<div id="app">
   <my-checkbox>{{text}}</my-checkbox>
</div>
<script type="text/javascript">
   Vue.component('my-checkbox', {
      template: `<div>
         <input type="checkbox">
          <slot> 测试内容 </slot>
      </div>`
   })
   var vm = new Vue({
      el: "#app",
      data : {
         text : ' 已阅读并同意注册条款 '
      }
   });
</script>
```

上述代码中，在父组件中使用组件 <my-checkbox> 并且提供了内容“已阅读并同意注册条款”，因此在渲染结果中该内容会替代后备内容“测试内容”，运行结果如图 10.20 所示。

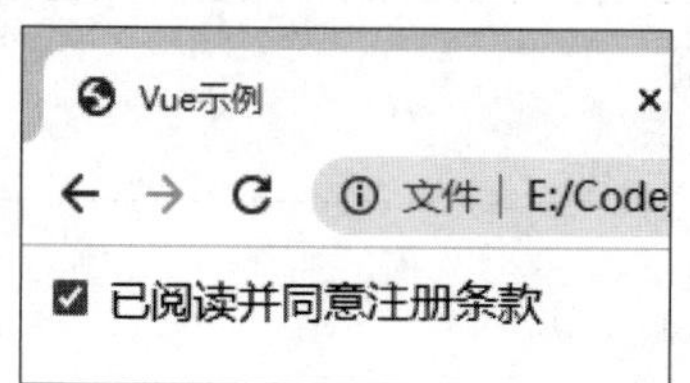

图 10.20　提供的内容替代后备内容

10.4.4　具名插槽的用法

如果要在组件模板中使用多个插槽，就需要用到 <slot> 元素的 name 属性。通过这个属性定义的插槽称为具名插槽。在向具名插槽提供内容时，可以在一个 <template> 元素上使用 v-slot 指令，将插槽的名称作为 v-slot 指令的参数。这样，<template> 元素中的所有内容都将会被传入相应的插槽。示例代码如下：

```
<div id="app">
   <demo-slot>
      <!--v-slot 指令的参数需要与子组件中 slot 元素的 name 值匹配 -->
      <template v-slot:name>
         <div> 书名：{{name}}</div>
      </template>
      <template v-slot:author>
         <div> 作者：{{author}}</div>
      </template>
      <template v-slot:publisher>
         <div> 出版社：{{publisher}}</div>
      </template>
   </demo-slot>
</div>
<script type="text/javascript">
   Vue.component('demo-slot', {
      template: `<div>
```

```
        <div class="name">
          <slot name="name"></slot>
      </div>
        <div class="author">
          <slot name="author"></slot>
      </div>
      <div class="publisher">
          <slot name="publisher"></slot>
      </div>
   </div>`
   })
   var vm = new Vue({
      el: "#app",
      data : {
         name : '零基础学 HTML5+CSS3',
         author : '明日科技',
         publisher : '吉林大学出版社'
      }
   });
</script>
```

运行结果如图 10.21 所示。

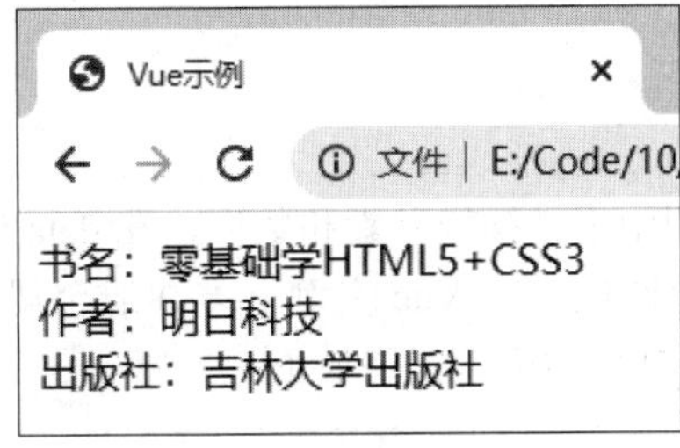

图 10.21　输出组件内容

一个未设置 name 属性的插槽称为默认插槽，它有一个隐含的 name 属性值 default。如果有些内容没有被包含在带有 v-slot 的 <template> 中，则这部分内容都会被视为默认插槽的内容。下面通过一个实例来说明默认插槽的用法。

实例 10.4　输出电影信息（实例位置：资源包 \Code\10\04）

在页面中输出电影《我是传奇》的基本信息，包括电影名称、主演、类型、语言和发行时间，并将电影图片作为默认插槽的内容，实现步骤如下：

① 定义 <div> 元素，并设置其 id 属性值为 app，在该元素中调用组件 demo-slot，在 5 个 <template> 元素上分别使用 v-slot 指令，将插槽的名称作为该指令的参数，并将电影图片作为默认插槽的内容。代码如下：

```
<div id="app">
   <demo-slot>
      <img :src="pic"><!-- 默认插槽的内容 -->
      <template v-slot:name>
         电影名称：{{name}}
      </template>
      <template v-slot:actor>
         主演：{{actor}}
      </template>
```

```
      <template v-slot:type>
        类型: {{type}}
      </template>
      <template v-slot:language>
        语言: {{language}}
      </template>
      <template v-slot:time>
        发行时间: {{time}}
      </template>
    </demo-slot>
</div>
```

② 编写 CSS 代码，为页面元素设置样式，具体代码如下：

```
<style>
body{
    font-family: 微软雅黑 ;                    /* 设置字体 */
}
.pic img{
    width:200px;                              /* 设置宽度 */
}
.name,.actor,.type,.language,.time{
    margin-top:8px;                           /* 设置上外边距 */
    font-size:16px;                           /* 设置文字大小 */
}
</style>
```

③ 创建 Vue 实例，在实例中定义挂载元素和数据，在 data 选项中定义电影图片的 URL、电影主演、类型、语言和发行时间。在 Vue 实例上方注册全局组件 demo-slot，在组件的模板中定义一个默认插槽和 5 个具名插槽。代码如下：

```
<script type="text/javascript">
// 注册全局组件
Vue.component('demo-slot', {
    template: `<div>
        <div class="pic">
            <slot></slot>
        </div>
        <div class="name">
            <slot name="name"></slot>
        </div>
        <div class="actor">
            <slot name="actor"></slot>
        </div>
        <div class="type">
            <slot name="type"></slot>
        </div>
        <div class="language">
            <slot name="language"></slot>
        </div>
        <div class="time">
            <slot name="time"></slot>
        </div>
        </div>`
})
// 创建根实例
var vm = new Vue({
    el: "#app",
    data : {
```

```
        pic : 'legend.jpg', // 电影图片 URL
        name : ' 我是传奇 ',// 电影名称
        actor : ' 威尔 · 史密斯 ',  // 电影主演
        type : ' 剧情 / 动作 / 冒险 ', // 电影类型
        language : ' 英语 ',// 电影语言
        time : '2007-12-14' // 电影发行时间
    }
});
</script>
```

运行结果如图 10.22 所示。

图 10.22　输出电影信息

为了使代码看起来更明确，可以在一个 <template> 元素中包含默认插槽的内容。例如，将实例 10.4 中默认插槽的内容包含在一个 <template> 元素中的代码如下：

```
<template v-slot:default>
    <img :src="pic">
</template>
```

10.4.5　插槽 Prop

有些时候需要让插槽内容能够访问子组件中才有的数据。为了让子组件中的数据在父级的插槽内容中可用，可以将子组件中的数据作为一个 <slot> 元素的属性并对其进行绑定。绑定在 <slot> 元素上的属性被称为插槽 Prop。然后在父级作用域中，可以为 v-slot 设置一个包含所有插槽 Prop 的对象的名称。示例代码如下：

```
<div id="app">
    <demo>
        <template v-slot:default="slotProps">
            身高：{{slotProps.height}}cm
            体重：{{slotProps.weight}}kg
        </template>
```

```
    </demo>
</div>
<script type="text/javascript">
    //注册全局组件
    Vue.component('demo', {
        template: `<span>
            <slot v-bind:height="height" v-bind:weight="weight"></slot>
        </span>`,
        data : function(){
            return {
                height : 176,
                weight : 65
            }
        }
    })
    //创建根实例
    var vm = new Vue({
        el: "#app"
    });
</script>
```

运行结果如图 10.23 所示。

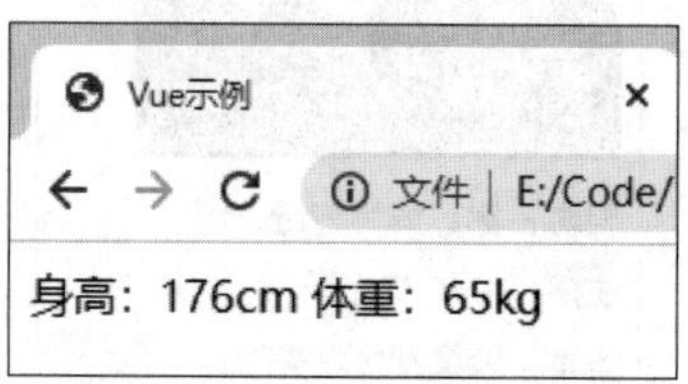

图 10.23　输出组件内容

上述代码中，将子组件中的数据 height 和 weight 作为 <slot> 元素绑定的属性，然后在父级作用域中，为 v-slot 设置的包含所有插槽 Prop 的对象名称为 slotProps，再通过 {{slotProps.height}} 和 {{slotProps.weight}} 即可访问子组件中的数据 height 和 weight。

当被提供的内容只有默认插槽时，组件的标签可以被当作插槽的模板来使用。这样就可以把 v-slot 直接用在组件上。例如，上述示例中使用组件的代码可以简写为：

```
    <demo v-slot:default="slotProps">
        身高：{{slotProps.height}}cm
        体重：{{slotProps.weight}}kg
    </demo>
```

实例 10.5　输出《三国演义》中五虎上将人物信息（实例位置：资源包\Code\10\05）

在页面中输出《三国演义》中五虎上将人物信息的列表，包括人物编号、本名、官职和主要成就，实现步骤如下：

① 定义 <div> 元素，并设置其 id 属性值为 app，在该元素中调用组件 person-info，同时传递 Prop。在 <template> 元素中为 v-slot 设置的包含所有插槽 Prop 的对象名称为 slotProps。代码如下：

```
<div id="app">
    <person-info :items="users" odd-bgcolor="#CCCCFF" even-bgcolor="#EEEEEE">
        <template v-slot:default="slotProps">
```

```
        <span>{{users[slotProps.index].id}}</span>
           <span>{{users[slotProps.index].name}}</span>
           <span>{{users[slotProps.index].op}}</span>
           <span>{{users[slotProps.index].achievement}}</span>
     </template>
  </person-info>
</div>
```

② 编写 CSS 代码，为页面元素设置样式，具体代码如下：

```
<style>
  body{
     font-family: 微软雅黑 ;                    /* 设置字体 */
  }
  .title{
     width:390px;                             /* 设置宽度 */
     line-height:2.3;                         /* 设置行高 */
  }
  .title span{
     display:inline-block;                    /* 设置行内块元素 */
     width:70px;                              /* 设置宽度 */
     font-size:14px;                          /* 设置文字大小 */
     font-weight:bold;                        /* 设置字体粗细 */
     text-align:center;                       /* 设置文本居中显示 */
  }
  .title span:first-child{
     width:50px;                              /* 设置宽度 */
  }
  .title span:last-child{
     width:180px;                             /* 设置宽度 */
  }
</style>
```

③ 创建 Vue 实例，在实例中定义挂载元素和数据，将每个人物的编号、本名、官职和主要成就作为一个对象定义在一个数组中。在 Vue 实例上方注册全局组件 person-info，在 props 选项中定义传递的 Prop，在组件的模板中对传递的人物信息列表进行渲染，并为奇数行和偶数行应用不同的背景颜色，将渲染列表时的 index 索引作为 <slot> 元素的属性并对其进行绑定。代码如下：

```
<script type="text/javascript">
//注册全局组件
Vue.component('person-info', {
    template: `<div class="title">
      <div>
         <span> 编号 </span>
            <span> 本名 </span>
            <span> 官职 </span>
         <span> 主要成就 </span>
      </div>
        <div v-for="(item, index) in items" :style="index % 2 === 0 ? 'background:'+
oddBgcolor : 'background:'+evenBgcolor">
           <slot :index="index"></slot>
        </div>
      </div>`,
   props: {
        items: Array,
        oddBgcolor: String,
        evenBgcolor: String
```

```
    }
})
// 创建根实例
var vm = new Vue({
    el: "#app",
   data : {
      users: [// 人物信息数组
            {id: 1, name: '关羽', op: '前将军', achievement: '过五关斩六将'},
            {id: 2, name: '张飞', op: '车骑将军', achievement: '当阳桥挡曹军'},
            {id: 3, name: '赵云', op: '镇东将军', achievement: '两扶幼主，扫荡西川'},
            {id: 4, name: '马超', op: '骠骑将军', achievement: '辅助刘备建立蜀汉'},
            {id: 5, name: '黄忠', op: '后将军', achievement: '定军山斩夏侯渊'}
        ]
    }
});
</script>
```

运行结果如图 10.24 所示。

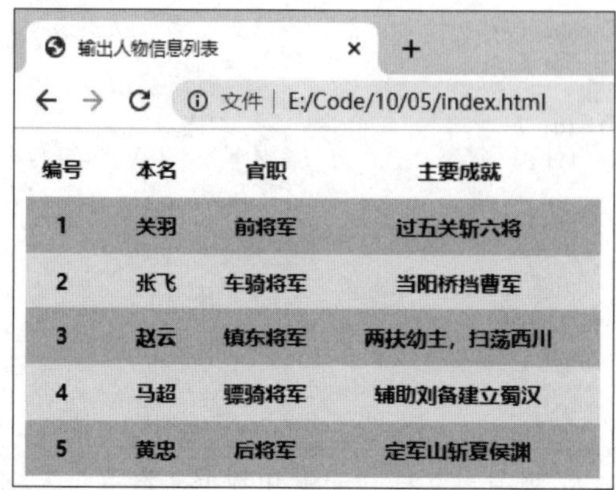

图 10.24　输出人物信息列表

10.5 混入对象

10.5.1　混入的基础用法

混入是一种为组件提供可复用功能的非常灵活的方式。混入对象可以包含任意的组件选项。当组件使用混入对象时，混入对象中的所有选项将被混入该组件本身的选项中。示例代码如下：

```
<div id="app">
   <demo></demo>
</div>
<script type="text/javascript">
   // 定义一个混入对象
   var mixin = {
      created: function () {
         this.showVerse();
      },
```

```
        methods: {
            showVerse: function () {
                document.write(' 春眠不觉晓，处处闻啼鸟。夜来风雨声，花落知多少。')
            }
        }
    }
    // 定义一个使用混入对象的组件
    Vue.component('demo',{
        mixins: [mixin],
        template: '<h3> 春晓 </h3>'
    });
    var vm = new Vue({
        el : '#app'
    });
</script>
```

运行结果如图 10.25 所示。

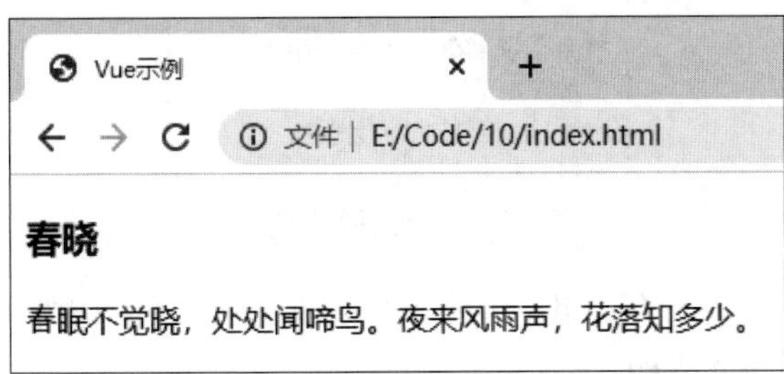

图 10.25　执行混入对象中的方法

10.5.2　选项的合并

当组件和混入对象包含同名选项时，这些选项将以适当的方式合并。例如，数据对象在内部会进行递归合并，在和组件的数据发生冲突时以组件数据优先。示例代码如下：

```
<div id="app">
    <demo></demo>
</div>
<script type="text/javascript">
    // 定义一个混入对象
    var mixin = {
        data : function(){
            return {
                bookname : ' 零基础学 JavaScript',
                pages : 400
            }
        }
    }
    // 定义一个使用混入对象的组件
    Vue.component('demo',{
        mixins : [mixin],
        data : function(){
            return {
                pages : 432,
                publisher : ' 吉林大学出版社 '
            }
        },
```

```
      template : `<div>
      <div> 书名: {{bookname }}</div>
      <div> 页数: {{pages}}</div>
      <div> 出版社: {{publisher}}</div>
     </div>`
   });
   // 创建根实例
   var vm = new Vue({
      el : '#app'
   });
</script>
```

运行结果如图 10.26 所示。

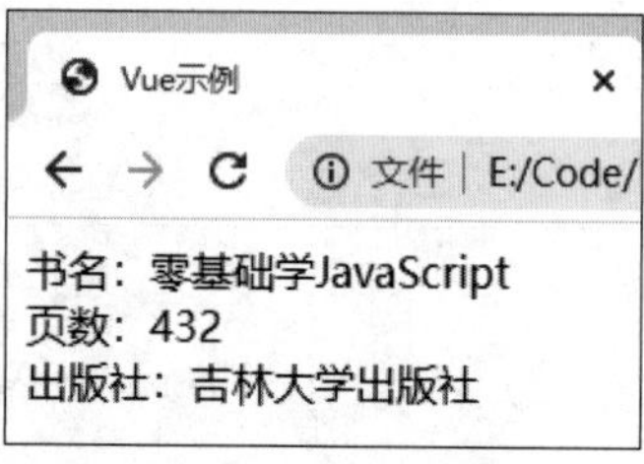

图 10.26　合并数据对象

同名钩子函数将混合为一个数组，因此都会被调用。另外，混入对象的钩子将在组件自身的钩子之前调用。示例代码如下：

```
<div id="app">
   <demo></demo>
</div>
<script type="text/javascript">
   // 定义一个混入对象
   var mixin = {
      created: function () {
         this.showVerse();
      },
      methods: {
         showVerse: function () {
            document.write(' 孤舟蓑笠翁，<br>');
         }
      }
   }
   // 定义一个使用混入对象的组件
   Vue.component('demo',{
      mixins: [mixin],
      template : `<div>
        <p> 江雪 </p>
        <div> 千山鸟飞绝，</div>
        <div> 万径人踪灭。</div>
      </div>`,
      created: function () {
         document.write(' 独钓寒江雪。');
      }
   });
   var vm = new Vue({
      el : '#app'
   });
</script>
```

运行结果如图 10.27 所示。

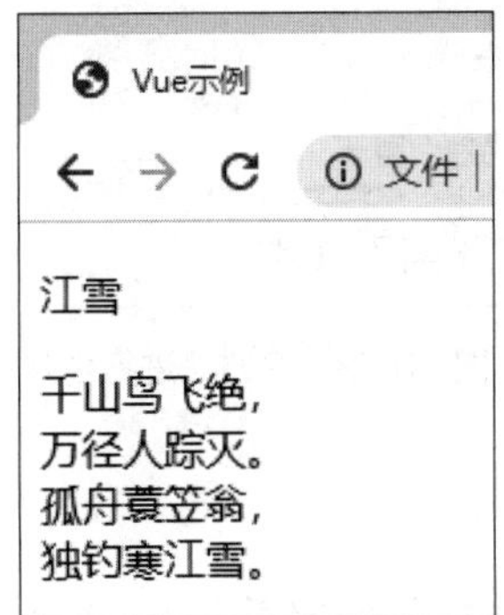

图 10.27　同名钩子函数都被调用

值为对象的选项，例如 methods、components 和 directives 等，在合并时将被合并为同一个对象。如果两个对象的键名冲突，则取组件对象的键值对。示例代码如下：

```
<div id="app">
   <demo></demo>
</div>
<script type="text/javascript">
   // 定义一个混入对象
   var mixin = {
      methods: {
         showName: function () {
            document.write('姓名：夏天<br>');
         },
         showPosition: function () {
            document.write('职业：网络工程师<br>');
         }
      }
   }
   // 定义一个使用混入对象的组件
   Vue.component('demo',{
      mixins: [mixin],
      methods: {
         showPosition: function () {
            document.write('职业：前端开发工程师<br>');
         },
         showWorkYears: function () {
            document.write('工作年限：10年<br>');
         }
      },
      created: function () {
         this.showName();// 输出姓名
         this.showPosition();// 输出职业
         this.showWorkYears();// 输出工作年限
      }
   });
   // 创建根实例
   var vm = new Vue({
      el : '#app'
   });
</script>
```

运行结果如图 10.28 所示。

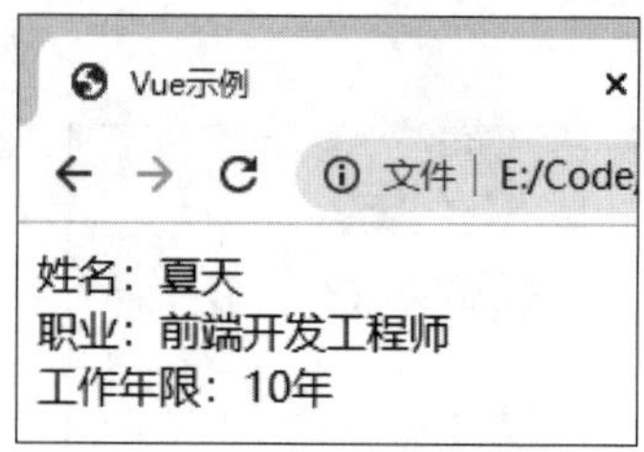

图 10.28　将方法进行合并

10.5.3　全局混入对象

混入对象也可以全局注册，但需要小心使用。一旦使用全局混入对象，它就会影响到所有之后创建的 Vue 实例。如果使用恰当，就可以为自定义选项注入处理逻辑。全局注册一个混入对象使用的是 Vue.mixin() 方法。示例代码如下：

```
<div id="app">
    <demo></demo>
</div>
<script type="text/javascript">
    //注册一个全局混入对象
    Vue.mixin({
        created : function(){
            var opt = this.$options.opt;
            if(opt){
                document.write(opt);
            }
        }
    });
    //在组件中自定义一个选项
    Vue.component('demo',{
        opt: '读书使人心明眼亮'
    });
    //创建根实例
    var vm = new Vue({
        el : '#app'
    });
</script>
```

运行结果如图 10.29 所示。

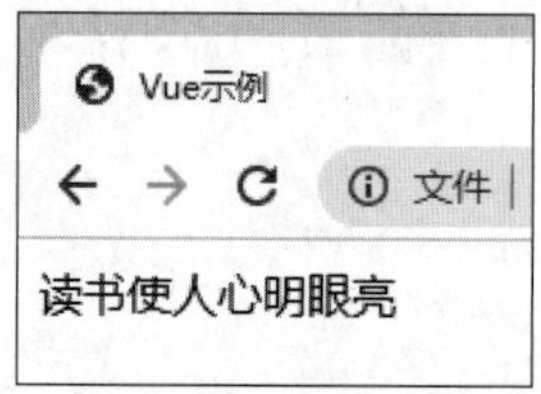

图 10.29　输出自定义选项的值

注意

使用全局混入对象一定要谨慎，因为它会影响到每个创建的 Vue 实例。在大多数情况下，全局混入只应用于自定义选项。

10.6 动态组件的使用

10.6.1 动态组件的基础用法

Vue.js 提供了对动态组件的支持。在使用动态组件时，多个组件使用同一挂载点，根据条件在不同组件之间进行动态切换。通过使用 Vue.js 中的 <component> 元素，动态绑定到它的 is 属性，根据 is 属性的值来判断使用哪个组件。

动态组件经常应用在路由控制或选项卡切换中。下面通过一个切换选项卡的实例来说明动态组件的基础用法。

实例 10.6 实现切换图片的横向选项卡（实例位置：资源包 \Code\10\06）

应用动态组件实现一个切换图片的横向选项卡，实现步骤如下：

① 定义 <div> 元素，并设置其 id 属性值为 app，在该元素中定义“玩具”“家电”“日用”和“图书”4 个类别选项卡。在选项卡下方定义动态组件，将数据对象中的 current 属性绑定到 <component> 元素的 is 属性。代码如下：

```
<div id="app">
    <div class="tab">
        <ul class="tab-nav" :class="current">
            <li class="toys" v-on:click="current='toys'">玩具</li>
            <li class="ele" v-on:click="current='ele'">家电</li>
            <li class="daily" v-on:click="current='daily'">日用</li>
            <li class="book" v-on:click="current='book'">图书</li>
        </ul>
        <component :is="current"></component>
    </div>
</div>
```

② 编写 CSS 代码，为页面元素设置样式，具体代码如下：

```
<style>
    * {
        padding: 0;                          /* 设置外边距 */
        margin: 0;                           /* 设置内边距 */
        overflow:hidden;                     /* 设置溢出内容隐藏 */
    }
    body {
        padding: 100px;                      /* 设置内边距 */
        background: #323232;                 /* 设置背景颜色 */
        font-size: 12px;                     /* 设置文字大小 */
        font-family: "微软雅黑";              /* 设置字体 */
    }
    ul{
        list-style: none;                    /* 设置列表无样式 */
    }
    .tab{
        width: 300px;                        /* 设置宽度 */
    }
    ul.tab-nav li{
        float: left;                         /* 设置左浮动 */
        margin-right: 5px;                   /* 设置右外边距 */
```

```
        background: #767676;                /* 设置背景颜色 */
        border-radius: 3px 3px 0 0;         /* 设置边框 */
        height: 30px;                       /* 设置高度 */
        padding: 0 20px;                    /* 设置内边距 */
        color: #FFFFFF;                     /* 设置文字颜色 */
        line-height: 30px;                  /* 设置行高 */
        cursor:pointer;                     /* 设置鼠标光标形状 */
    }
    .toys .toys,.ele .ele,.daily .daily,.book .book{
        background: #FFFFFF;                /* 设置背景颜色 */
        color: #777777;                     /* 设置文字颜色 */
    }
    .tab .content{
        background: #FFFFFF;                /* 设置背景颜色 */
        padding: 5px;                       /* 设置内边距 */
        height: 200px;                      /* 设置高度 */
    }
    .tab .content img{
        width: 100%;                        /* 设置宽度 */
        height: 100%;                       /* 设置高度 */
    }
    .tab .content .content-item{
        width: 290px;                       /* 设置宽度 */
        height: 200px;                      /* 设置高度 */
    }
</style>
```

③ 创建 Vue 实例，在实例中定义挂载元素、数据和组件，应用 components 选项注册 4 个局部组件，组件名称分别是 toys、ele、daily 和 book。代码如下：

```
<script type="text/javascript">
// 创建根实例
var vm = new Vue({
    el : '#app',
    data : {
        current : 'toys'
    },
    // 注册局部组件
    components : {
        toys : {
            template : `<div class="content">
                <div class="content-item">
                <img src="img/1.jpg" title=" 爆裂飞车 ">
                </div>
            </div>`
        },
        ele : {
            template : `<div class="content">
                <div class="content-item">
                <img src="img/2.jpg" title=" 家庭影院 ">
                </div>
            </div>`
        },
        daily : {
            template : `<div class="content">
                <div class="content-item">
                <img src="img/3.jpg" title=" 情侣水杯 ">
                </div>
            </div>`
```

```
        },
        book : {
            template : `<div class="content">
                <div class="content-item">
                <img src="img/4.jpg" title="Java 开发实战 ">
                </div>
            </div>`
        }
    }
});
</script>
```

运行实例，页面中有“玩具”“家电”“日用”和“图书”4 个类别选项卡，单击不同的选项卡可以显示不同的图片内容，结果如图 10.30、图 10.31 所示。

图 10.30　输出“玩具”选项卡内容

图 10.31　输出“日用”选项卡内容

10.6.2　组件的缓存

在多个组件之间进行切换的时候，有时需要保持这些组件的状态，将切换后的状态保留在内存中，以避免重复渲染。为了解决这个问题，可以用一个 <keep-alive> 元素将动态组件包含起来。

下面通过一个实例来说明应用 <keep-alive> 元素实现组件缓存的效果。

实例 10.7　实现选项卡内容的缓存效果（实例位置：资源包 \Code\10\07）

应用动态组件实现文字选项卡的切换，并实现选项卡内容的缓存效果，实现步骤如下：

① 定义 <div> 元素，并设置其 id 属性值为 app，在该元素中定义“电脑”“手机”和“家电”三个选项卡。在选项卡下方定义动态组件，使用 <keep-alive> 元素将动态组件包含起来。代码如下：

```
<div id="app">
    <div class="tab">
        <ul class="tab-nav" :class="current">
            <li class="computer" v-on:click="current='computer'"> 电脑 </li>
            <li class="tel" v-on:click="current='tel'"> 手机 </li>
            <li class="ele" v-on:click="current='ele'"> 家电 </li>
        </ul>
        <keep-alive>
            <component :is="current"></component>
```

```
        </keep-alive>
    </div>
</div>
```

② 编写 CSS 代码，为页面元素设置样式，具体代码如下：

```
<style>
    *{
        margin:0;                              /* 设置外边距 */
        padding:0;                             /* 设置内边距 */
        overflow:hidden;                       /* 设置溢出内容隐藏 */
    }
    body{
        font-family: 微软雅黑 ;                /* 设置字体 */
    }
    .tab{
        width:306px;                           /* 设置宽度 */
        margin:10px;                           /* 设置外边距 */
    }
    ul{
        list-style:none;                       /* 设置列表无样式 */
    }
    ul.tab-nav li{
        float:left;                            /* 设置左浮动 */
        background:#fefefe;                    /* 设置背景颜色 */
        background:-webkit-gradient(linear,left top,left bottom, from(#ffffff),
to(#eeeeee));                                  /* 设置背景渐变 */
        border:1px solid #ccc;                 /* 设置边框 */
        padding:5px 0;                         /* 设置内边距 */
        width:100px;                           /* 设置宽度 */
        text-align:center;                     /* 设置文本居中显示 */
        cursor:pointer;                        /* 设置鼠标光标形状 */
        color:#9966FF;                         /* 设置文字颜色 */
    }
    .submenu{
        width:100px;                           /* 设置宽度 */
        height:80px;                           /* 设置高度 */
        border-right:1px solid #999999;        /* 设置右边框 */
    }
    .submenu ul{
        width:80px;                            /* 设置宽度 */
        margin:0 auto;                         /* 设置外边距 */
    }
    .submenu li{
        width:80px;                            /* 设置宽度 */
        height:26px;                           /* 设置高度 */
        line-height:26px;                      /* 设置行高 */
        cursor:pointer;                        /* 设置鼠标光标形状 */
        font-size:14px;                        /* 设置文字大小 */
        text-align:center;                     /* 设置文本居中显示 */
    }
    .submenu li:hover{
        background:#EEEEEE;                    /* 设置背景颜色 */
    }
    .sub div{
        float:left;                            /* 设置左浮动 */
        display:inline-block;                  /* 设置行内块元素 */
        font-size:14px;                        /* 设置文字大小 */
    }
    .sub div{
```

```
        margin-right:10px;                  /* 设置右外边距 */
    }
    .computer .computer,.tel .tel,.ele .ele{
        border-bottom:none;                 /* 设置无下边框 */
        background:#fff;                    /* 设置背景颜色 */
    }
    .whole .whole,.parts .parts,.equipment .equipment{
        background:#DDEEFF;                 /* 设置背景颜色 */
    }
    .tab>div{
        clear:both;                         /* 设置清除浮动 */
        border:1px solid #ccc;              /* 设置边框 */
        border-top:none;                    /* 设置无上边框 */
        width:304px;                        /* 设置宽度 */
        height:100px;                       /* 设置高度 */
        padding-top:20px;                   /* 设置上内边距 */
        text-align:center;                  /* 设置文本居中显示 */
        font-size:14px;                     /* 设置文字大小 */
        margin-top:-1px;                    /* 设置上外边距 */
    }
</style>
```

③ 创建 Vue 实例，在实例中定义挂载元素、数据和组件，应用 components 选项注册三个局部组件，组件名称分别是 computer、tel 和 ele，在 computer 组件中再定义三个子组件。代码如下：

```
<script type="text/javascript">
// 创建根实例
var vm = new Vue({
    el : '#app',
    data : {
        current : 'computer'
    },
    components : {
        computer : {
            data : function(){
                return {
                    subcur : 'whole'
                }
            },
            template : `<div class="sub">
              <div class="submenu">
                <ul :class="subcur">
                    <li class="whole" v-on:click="subcur='whole'"> 电脑整机 </li>
                    <li class="parts" v-on:click="subcur='parts'"> 电脑配件 </li>
                    <li class="equipment" v-on:click="subcur='equipment'"> 外设产品 </li>
                </ul>
              </div>
              <component :is="subcur"></component>
             </div>`,
            components : {// 注册子组件
                whole : {
                    template : '<div> 笔记本、台式机、一体机 </div>',
                },
                parts : {
                    template : '<div>CPU、显示器、显卡 </div>',
                },
                equipment : {
                    template : '<div> 鼠标、键盘、移动硬盘 </div>',
```

```
            }
        }
    },
    tel : {
        template : '<div> 华为手机、OPPO 手机、小米手机 </div>'
    },
    ele : {
        template : '<div> 电视、冰箱、洗衣机、空调 </div>'
    }
  }
});
</script>
```

运行实例，页面中有“电脑”“手机”和“家电”3 个类别选项卡，如图 10.32 所示。默认会显示“电脑”选项卡下“电脑整机”栏目的内容。单击“外设产品”栏目可以显示对应的内容，如图 10.33 所示。单击“家电”选项卡会显示该选项卡对应的内容，如图 10.34 所示。此时再次单击“电脑”选项卡，会继续显示之前选择的内容，如图 10.33 所示。

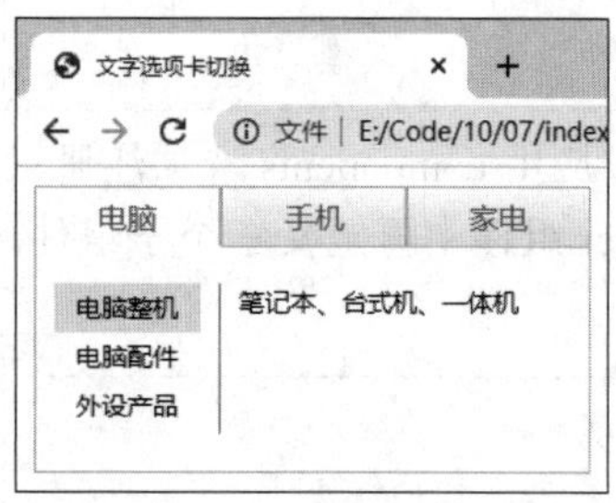

图 10.32　输出“电脑整机”内容

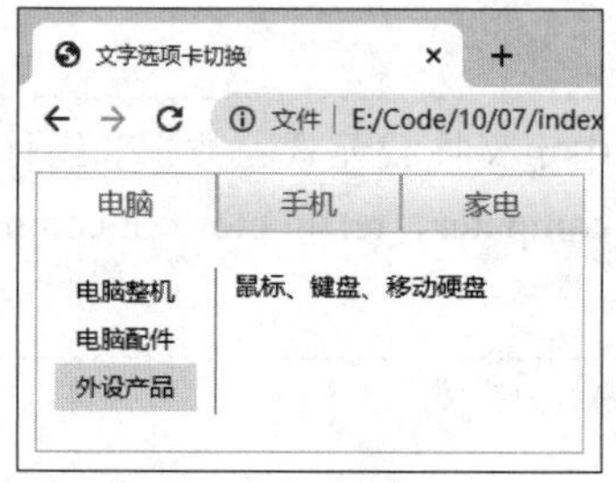

图 10.33　输出“外设产品”内容

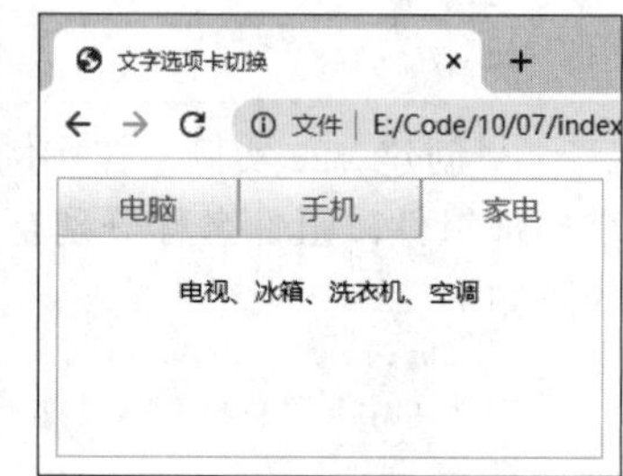

图 10.34　输出“家电”选项卡内容

10.7 综合案例——实现经典散文和经典小说之间的切换

有两种类型的图书信息，一种是经典散文类，另一种是经典小说类。应用动态组件实现经典散文和经典小说之间的切换。(**实例位置：资源包 \Code\10\08**)

(1) 案例分析

本案例中，需要进行切换的经典散文和经典小说类图书信息包括图书名称和图书作者，将两种类型的图书信息以数组的方式定义在 data 选项中。要想实现这两种类型的图书之间的切换效果，可以将两种类型的图书信息定义成两个组件，在定义组件模板时分别对两种类型的图书数组进行遍历。当鼠标移入某个选项卡时，通过调用指定的方法切换相应的组件，实现两种类型图书信息的切换效果。

(2) 实现过程

① 定义 <div> 元素，并设置其 id 属性值为 app，在该元素中定义“散文类”和“小说类”选项卡，并应用 <component> 元素将 data 数据 current 动态绑定到它的 is 属性，代码如下：

```
<div id="app">
    <div class="tabs">
        <div class="top">
            <span class="title"> 经典 {{type}}</span>
            <ul class="tab">
```

```
        <li :class="{active : active}" v-on:mouseover="toggleAction('prose')">散文类</li>
        <li :class="{active : !active}" v-on:mouseover="toggleAction('novel')">小说类</li>
      </ul>
    </div>
    <component :is="current" :prosebook="prosebook" :novelbook="novelbook"></component>
  </div>
</div>
```

② 编写CSS代码，为页面元素设置样式，具体代码如下：

```
<style>
  *{
    margin:0;                          /* 设置外边距 */
    padding:0;                         /* 设置内边距 */

  }
  body{
    font-family: 微软雅黑 ;              /* 设置字体 */
  }
  .tabs{
    width:270px;                       /* 设置宽度 */
    margin:20px auto;                  /* 设置外边距 */
  }
  .top{
    height:26px;                       /* 设置高度 */
    line-height: 26px;                 /* 设置行高 */
  }
  .title{
    display:inline-block;              /* 设置行内块元素 */
    font-size:22px;                    /* 设置文字大小 */
  }
  ul.tab{
    display:inline-block;              /* 设置行内块元素 */
    list-style:none;                   /* 设置列表样式 */
    margin-left:50px;                  /* 设置左外边距 */
  }
  ul.tab li{
    margin: 0;                         /* 设置外边距 */
    padding: 0;                        /* 设置内边距 */
    float:left;                        /* 设置左浮动 */
    width:60px;                        /* 设置宽度 */
    height: 26px;                      /* 设置高度 */
    line-height: 26px;                 /* 设置行高 */
    font-size:16px;                    /* 设置文字大小 */
    cursor:pointer;                    /* 设置鼠标光标形状 */
    text-align:center;                 /* 设置文本居中显示 */
  }
  ul.tab li.active{
    display:block;                     /* 设置块元素 */
    width:60px;                        /* 设置宽度 */
    height: 26px;                      /* 设置高度 */
    line-height: 26px;                 /* 设置行高 */
    background-color:#66CCFF;          /* 设置背景颜色 */
    color:#FFFFFF;                     /* 设置文字颜色 */
    cursor:pointer;                    /* 设置鼠标光标形状 */
  }
  .main{
```

```
        clear:both;                         /* 设置清除浮动 */
        margin-top:10px;                    /* 设置上外边距 */
    }
    .main div{
        width:270px;                        /* 设置宽度 */
        height:43px;                        /* 设置高度 */
        line-height:43px;                   /* 设置行高 */
        border-bottom-width: 1px;           /* 设置下边框宽度 */
        border-bottom-style: dashed;        /* 设置下边框样式 */
        border-bottom-color: #333333;       /* 设置下边框颜色 */
        background-color: #FFFFFF;          /* 设置背景颜色 */
        font-size:14px;                     /* 设置文字大小 */
    }
    .main div span{
        margin-left:10px;                   /* 设置左外边距 */
    }
    .main div span:last-child{
        float:right;                        /* 设置右浮动 */
        margin-right:10px;                  /* 设置右外边距 */
    }
</style>
```

③ 创建 Vue 实例，在实例中定义挂载元素、数据、方法和组件，将经典散文和经典小说信息以数组的方式定义在 data 选项中，再应用 components 选项注册两个局部组件，在两个组件的模板中分别对两个类型的图书列表进行渲染，在页面中显示图书的编号、图书名称和作者。代码如下：

```
<script type="text/javascript">
//创建根实例
var vm = new Vue({
    el : '#app',
    data : {
        active : true,
        type : '散文',
        current : 'prose',
        prosebook : [//散文类图书数组
            { name : '荷塘月色', author : '朱自清' },
            { name : '把时间花在心灵上', author : '林清玄' },
            { name : '非走不可的弯路', author : '张爱玲' },
            { name : '人生的乐趣', author : '林语堂' },
            { name : '秋天的怀念', author : '史铁生' },
            { name : '为了忘却的纪念', author : '鲁迅' },
            { name : '话说谦让', author : '梁实秋' },
            { name : '再别康桥', author : '徐志摩' }
        ],
        novelbook : [//小说类图书数组
            { name : '骆驼祥子', author : '老舍' },
            { name : '传奇', author : '张爱玲' },
            { name : '红高粱家族', author : '莫言' },
            { name : '射雕英雄传', author : '金庸' },
            { name : '莎菲女士的日记', author : '丁玲' },
            { name : '京华烟云', author : '林语堂' },
            { name : '黄金时代', author : '王小波' },
            { name : '青青河边草', author : '琼瑶' }
        ]
    },
    methods : {
        toggleAction : function(value){
```

```
            this.current=value;
            this.type = value === 'prose' ? ' 散文 ' : ' 小说 ';
            value === 'prose' ? this.active = true : this.active = false;
        }
    },
    //注册局部组件
    components : {
        prose : {
            props : ['prosebook'],// 传递 Prop
            template : `<div class="main"><div v-for="(item,index) in prosebook">
                <span>{{++index}}</span>
                <span>{{item.name}}</span>
               <span>{{item.author}}</span>
             </div></div>`
        },
        novel : {
            props : ['novelbook'],// 传递 Prop
            template : `<div class="main"><div v-for="(item,index) in novelbook">
                <span>{{++index}}</span>
                <span>{{item.name}}</span>
               <span>{{item.author}}</span>
             </div></div>`
        }
    }
});
</script>
```

运行程序，在页面中会显示“散文类”选项卡中的图书信息，结果如图 10.35 所示。当鼠标指向“小说类”选项卡时，会显示该选项卡中的图书信息，结果如图 10.36 所示。

经典散文 散文类 小说类

1 荷塘月色 朱自清
2 把时间花在心灵上 林清玄
3 非走不可的弯路 张爱玲
4 人生的乐趣 林语堂
5 秋天的怀念 史铁生
6 为了忘却的纪念 鲁迅
7 话说谦让 梁实秋
8 再别康桥 徐志摩

图 10.35　显示经典散文

经典小说 散文类 小说类

1 骆驼祥子 老舍
2 传奇 张爱玲
3 红高粱家族 莫言
4 射雕英雄传 金庸
5 莎菲女士的日记 丁玲
6 京华烟云 林语堂
7 黄金时代 王小波
8 青青河边草 琼瑶

图 10.36　显示经典小说

10.8 实战练习

应用动态组件实现一个切换图片的纵向选项卡，运行程序，页面左侧有 4 个选项卡，默认显示第一个选项卡对应的图片，如图 10.37 所示。当鼠标指向不同的选项卡时，页面右侧

会显示不同的图片，结果如图 10.38 所示。(**实例位置：资源包 \Code\10\09**)

图 10.37　页面初始效果

图 10.38　图片切换

小结

本章主要介绍了 Vue.js 中组件的使用，包括组件的注册、父子组件间的数据传递、自定义事件，以及动态组件的使用。通过本章的学习，读者可以对组件的知识有一定的了解。

第 11 章 过渡效果

Vue.js 内置了一套过渡系统，该系统是 Vue.js 为 DOM 动画效果提供的一个特性。它在插入、更新或者移除 DOM 时可以触发 CSS 过渡和动画，从而产生过渡效果。本章主要介绍 Vue.js 中的过渡效果的应用。

11.1 单元素的过渡效果

11.1.1 CSS 过渡效果

Vue.js 提供了一个内置的封装组件 transition，该组件可以为其中包含的 DOM 元素实现过渡效果。transition 组件只会把过渡效果应用到其包含的内容上，而不会额外渲染 DOM 元素。过渡封装组件的语法格式如下：

```
<transition name = "nameoftransition">
   <div></div>
</transition>
```

上述语法中，nameoftransition 参数用于自动生成 CSS 过渡类名。

为元素和组件添加过渡效果主要应用在四种情形中，分别为：条件渲染（使用 v-if 指令）、条件展示（使用 v-show 指令）、动态组件、组件根节点。

下面通过一个示例来说明 CSS 过渡的基础用法。示例代码如下：

```
<style>
   /* 设置 CSS 属性名和持续时间 */
   .effect-enter-active, .effect-leave-active{
      transition: opacity 3s
   }
   .effect-enter, .effect-leave-to{
      opacity: 0
   }
</style>
<div id="app">
```

```
    <button v-on:click="show = !show">{{show ? ' 隐藏 ' : ' 显示 '}}</button><br>
    <transition name="effect">
        <img :src="url" v-if="show">
    </transition>
</div>
<script type="text/javascript">
    // 创建根实例
    var vm = new Vue({
        el : '#app',
        data : {
            url : 'face.png',
            show : true
        }
    });
</script>
```

运行结果如图 11.1、图 11.2 所示。

图 11.1　显示图片

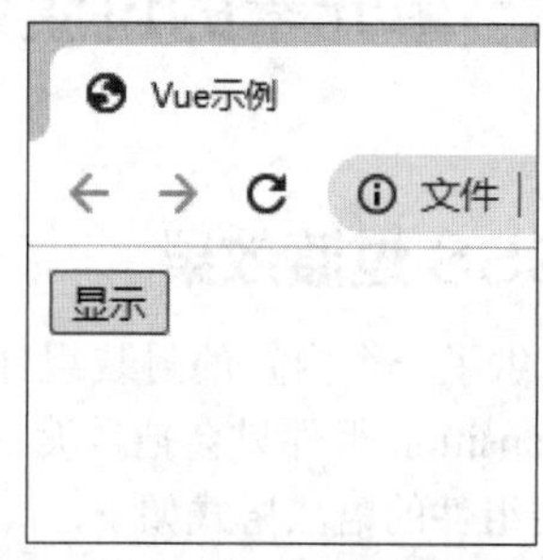

图 11.2　隐藏图片

上述代码中，通过单击“隐藏”或“显示”按钮将变量 show 的值在 true 和 false 之间进行切换。如果为 true 则淡入显示图片，如果为 false 则淡出隐藏图片。

CSS 过渡其实就是一个淡入淡出的效果。当插入或删除包含在 transition 组件中的元素时，Vue.js 将执行以下操作：

① 自动检测目标元素是否应用了 CSS 过渡或动画，如果是，则在合适的时机添加或删除 CSS 类名。

② 如果过渡组件提供了 JavaScript 钩子函数，这些钩子函数将在合适的时机被调用。

③ 如果没有找到 JavaScript 钩子并且也没有检测到 CSS 过渡或动画，DOM 操作（插入或删除）将在下一帧中立即执行。

11.1.2　过渡的类名

Vue.js 在元素显示与隐藏的过渡效果中，提供了 6 个 class 类名来切换。这些类名的具体说明如表 11.1 所示。

表 11.1　class 类名及其说明

class 类名	说明
v-enter	定义进入过渡的开始状态。在元素被插入之前生效，在元素被插入之后的下一帧移除
v-enter-active	定义进入过渡生效时的状态。在整个进入过渡的阶段中应用，在元素被插入之前生效，在过渡或动画完成之后移除。这个类可以被用来定义进入过渡的过程时间、延迟和曲线函数
v-enter-to	定义进入过渡的结束状态。在元素被插入之后下一帧生效（与此同时 v-enter 被移除），在过渡或动画完成之后移除
v-leave	定义离开过渡的开始状态。在离开过渡被触发时立刻生效，下一帧被移除
v-leave-active	定义离开过渡生效时的状态。在整个离开过渡的阶段中应用，在离开过渡被触发时立刻生效，在过渡或动画完成之后移除。这个类可以被用来定义离开过渡的过程时间、延迟和曲线函数
v-leave-to	定义离开过渡的结束状态。在离开过渡被触发之后下一帧生效（与此同时 v-leave 被移除），在过渡或动画完成之后移除

如果没有为 <transition> 设置一个名字，则 v- 是这些类名的默认前缀。如果为 <transition> 设置了一个名字，例如 <transition name=” fade ” >，则 v-enter 会替换为 fade-enter。

实例 11.1　自动隐藏式菜单的过渡效果（实例位置：资源包 \Code\11\01）

在页面中设计一个自动隐藏式菜单，当单击“隐藏菜单”图片时实现显示菜单的过渡效果，当再次单击该图片时实现隐藏菜单的过渡效果，关键代码如下：

```
<style>
    ul{
        font-size:12px;                         /* 设置字体大小 */
        list-style:none;                        /* 不显示项目符号 */
        margin:0;                               /* 设置外边距 */
        padding:0;                              /* 设置内边距 */
    }
    li{
        padding:7px;                            /* 设置内边距 */
    }
    a{
        text-decoration:none;                   /* 不显示下画线 */
    }
    a:hover{
        color:#F90;                             /* 设置文字颜色 */
    }
    #menu{
        float:left;                             /* 浮动在左侧 */
        text-align:center;                      /* 文字水平居中显示 */
        width:70px;                             /* 设置宽度 */
        height:295px;                           /* 设置高度 */
        padding-top:5px;                        /* 设置顶内边距 */
        background-image:url(images/menu_bg.gif);       /* 设置背景图片 */
    }
                                                /* 设置过渡属性 */
    .effect-enter-active, .effect-leave-active{
        transition: all .5s ease;
    }
    .effect-enter, .effect-leave-to{
        transform: translateX(-20px);           /* 沿 Y 轴向上平移 20px*/
        opacity: 0
    }
```

```
</style>
<div id="app">
   <img src="images/title.gif" id="flag" v-on:click="show = !show">
   <transition name="effect">
      <div id="menu" v-if="show">
         <ul>
            <li><a href="#">图书介绍</a></li>
            <li><a href="#">新书预告</a></li>
            <li><a href="#">图书销售</a></li>
            <li><a href="#">勘误发布</a></li>
            <li><a href="#">资料下载</a></li>
            <li><a href="#">好书推荐</a></li>
            <li><a href="#">技术支持</a></li>
            <li><a href="#">联系我们</a></li>
         </ul>
      </div>
   </transition>
</div>
<script type="text/javascript">
//创建根实例
var vm = new Vue({
   el:'#app',
   data: {
        show : false    //默认不显示
    }
})
</script>
```

运行结果如图 11.3 和图 11.4 所示。

图 11.3　隐藏菜单

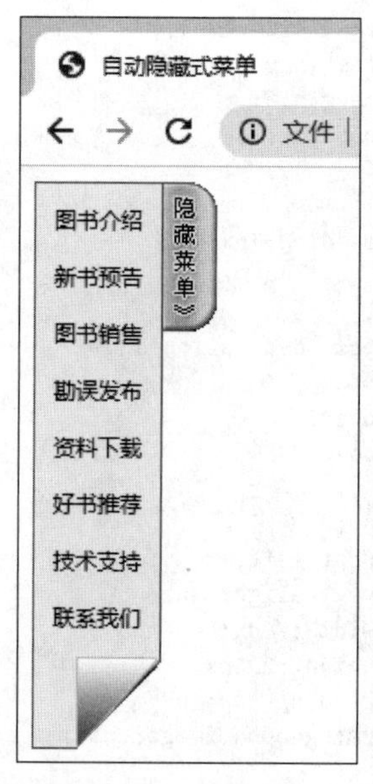

图 11.4　显示菜单

11.1.3　CSS 动画效果

CSS 动画的用法和 CSS 过渡类似。不同的是在动画中，在节点插入 DOM 后不会立即删除 v-enter 类名，而是在 animationend 事件触发时删除。下面通过一个实例来了解一下 CSS

动画的应用。

实例 11.2　图片的缩放动画效果（实例位置：资源包\Code\11\02）

页面中有一个“隐藏图片”按钮和一张图片。每次单击按钮都会以缩放的动画形式隐藏或显示图片，同时按钮文字会在“显示图片”和“隐藏图片”之间进行切换，关键代码如下：

```
<style>
   .container{
      width: 500px;
      margin: 20px auto;
   }
   button{
      margin-bottom: 30px;
   }
   /* 设置 animation 属性的参数 */
   .effect-enter-active{
      animation: effect 2s
   }
   .effect-leave-active{
      animation: effect 2s reverse
   }
   /* 设置元素的缩放转换 */
   @keyframes effect {
      0% {
         transform: scale(0);
      }
      50% {
         transform: scale(1.3);
      }
      100% {
         transform: scale(1);
      }
   }
</style>
<div id="app">
   <div class="container">
      <button v-on:click="show = !show">{{show ? '隐藏图片' : '显示图片'}}</button><br>
      <transition name="effect">
         <img :src="url" v-if="show">
      </transition>
   </div>
</div>
<script type="text/javascript">
// 创建根实例
var vm = new Vue({
   el : '#app',
   data : {
      url : 'banner.jpg',
      show : true
   }
});
</script>
```

运行上述代码，当单击“隐藏图片”按钮时，图片会以缩放的动画形式进行隐藏，再次单击该按钮，图片会以缩放的动画形式进行显示。结果如图 11.5、图 11.6 所示。

图 11.5　显示图片

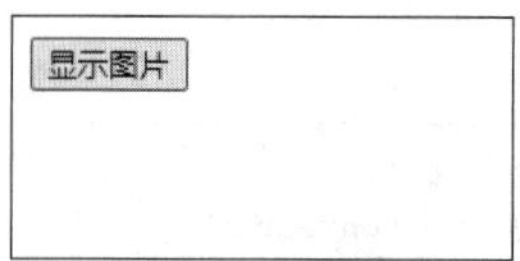

图 11.6　隐藏图片

11.1.4　自定义过渡类名

除了使用普通的类名（如 *-enter、*-leave 等）之外，Vue.js 也允许自定义过渡类名。自定义的过渡类名的优先级高于普通的类名。通过自定义过渡类名可以使过渡系统和其他第三方 CSS 动画库（如 animate.css）相结合，实现更丰富的动画效果。自定义过渡类名可以通过以下 6 个属性进行定义：enter-class、enter-active-class、enter-to-class、leave-class、leave-active-class、leave-to-class。

下面通过一个实例来了解自定义过渡类名的使用。该实例需要应用第三方 CSS 动画库文件 animate.css。

实例 11.3　文字的旋转动画效果（实例位置：资源包\Code\11\03）

页面中有一个“隐藏”按钮和一行文字，每次单击按钮都会以旋转动画的形式隐藏或显示文字，同时按钮文字会在“显示”和“隐藏”之间进行切换。关键代码如下：

```
<style>
    .container{
        width: 500px;                          /* 设置宽度 */
        margin: 20px auto;                     /* 设置元素外边距 */
        text-align: center;                    /* 设置文本居中显示 */
    }
    p{
        font: 30px " 微软雅黑 ";               /* 设置字体和字体大小 */
        margin:150px auto;                     /* 设置元素外边距 */
        font-weight: 500;                      /* 设置字体粗细 */
        color: blue;                           /* 设置文字颜色 */
    }
</style>
<div id="app">
    <div class="container">
        <button v-on:click="show = !show">{{show ? ' 隐藏 ' : ' 显示 '}}</button>
        <transition name="effect" enter-active-class="animated rotateIn" leave-active-class="animated rotateOut">
            <p v-if="show"> 海阔凭鱼跃，天高任鸟飞 </p>
        </transition>
    </div>
</div>
<script type="text/javascript">
// 创建根实例
var vm = new Vue({
```

```
    el : '#app',
    data : {
       show : true
    }
});
</script>
```

运行上述代码，当单击“隐藏”按钮时，文本会以旋转动画的形式进行隐藏，再次单击该按钮，文本会以旋转动画的形式进行显示。结果如图 11.7 和图 11.8 所示。

图 11.7　显示文本的旋转动画效果

图 11.8　隐藏文本的旋转动画效果

11.1.5　使用钩子函数设置过渡

设置元素的过渡效果还有一种方式，就是使用 JavaScript 钩子函数实现。在钩子函数中可以直接操作 DOM 元素。在 <transition> 元素的属性中声明钩子函数，代码如下：

```
<transition
      v-on:before-enter="beforeEnter"
      v-on:enter="enter"
      v-on:after-enter="afterEnter"
      v-on:enter-cancelled="enterCancelled"
      v-on:before-leave="beforeLeave"
      v-on:leave="leave"
      v-on:after-leave="afterLeave"
      v-on:leave-cancelled="leaveCancelled"
>
</transition>
<script type="text/javascript">
   new Vue({
      el: '#app',
      data: {
         // ...
      },
      methods: {
         // 设置进入过渡之前的组件状态
         beforeEnter: function(el) {
            // ...
         },
         // 设置进入过渡完成时的组件状态
         enter: function(el, done) {
```

```
            // ...
            done()
        },
        // 设置进入过渡完成之后的组件状态
        afterEnter: function(el) {
            // ...
        },
        enterCancelled: function(el) {
            // ...
        },
        // 设置离开过渡之前的组件状态
        beforeLeave: function(el) {
            // ...
        },
        // 设置离开过渡完成时的组件状态
        leave: function(el, done) {
            // ...
            done()
        },
        // 设置离开过渡完成之后的组件状态
        afterLeave: function(el) {
            // ...
        },
        leaveCancelled: function(el) {
            // ...
        }
    }
})
</script>
```

这些钩子函数可以结合 CSS 过渡或动画使用，也可以单独使用。<transition> 元素还可以添加 v-bind:css="false"，它的作用是直接跳过 CSS 检测，避免 CSS 在过渡过程中的影响。

注意

当只用 JavaScript 过渡时，在 enter 和 leave 钩子函数中必须使用 done 进行回调。否则，它们将被同步调用，过渡会立即完成。

下面通过一个实例来了解使用 JavaScript 钩子函数实现元素过渡的效果。

实例 11.4 实现图片显示和隐藏时的不同效果（实例位置：资源包\Code\11\04）

页面中有一个“显示图片”按钮和一张图片，每次单击按钮会实现图片显示和隐藏时的不同效果。显示图片是以缩放的形式，隐藏图片是以旋转动画的形式，同时按钮文字会在“显示图片”和“隐藏图片”之间进行切换。关键代码如下：

```
<style>
    .container{
        width: 500px;                    /* 设置宽度 */
        margin: 20px auto;               /* 设置元素外边距 */
        text-align: center;              /* 设置文本居中显示 */
    }
    button{
        margin-bottom: 50px;
    }
```

```
    /* 设置缩放转换 */
    @keyframes scaling {
       0% {
          transform: scale(0);
       }
       50% {
          transform: scale(1.2);
       }
       100% {
          transform: scale(1);
       }
    }
    /* 创建旋转动画 */
    @-webkit-keyframes rotate{
       0%{
         -webkit-transform:rotateZ(0) scale(1);
       }50%{
         -webkit-transform:rotateZ(360deg) scale(0.5);
       }100%{
         -webkit-transform:rotateZ(720deg) scale(0);
       }
    }
</style>
<div id="app">
    <div class="container">
       <button v-on:click="show = !show">{{show ? '隐藏图片' : '显示图片'}}</button><br>
       <transition
       v-on:enter="enter"
       v-on:leave="leave"
       v-on:after-leave="afterLeave"
       >
          <img :src="url" v-if="show">
       </transition>
    </div>
</div>
<script type="text/javascript">
//创建根实例
var vm = new Vue({
    el : '#app',
    data : {
       url : 'banner.jpg',
       show : false
    },
    methods: {
       enter: function (el, done) {
          el.style.opacity = 1;
          el.style.animation= 'scaling 1.5s';//实现缩放效果
          done();
       },
       leave: function (el, done) {
          el.style.animation= 'rotate 2s linear';//实现旋转效果
          setTimeout(function(){
                done();
             }, 1800)
       },
       //在 leave 函数中触发回调后执行 afterLeave 函数
       afterLeave: function (el) {
          el.style.opacity = 0;
       }
    }
});
</script>
```

运行实例，当单击“显示图片”按钮时，图片会以缩放的形式进行显示，再次单击该按钮，图片会以旋转动画的形式进行隐藏。结果如图 11.9、图 11.10 所示。

图 11.9　缩放显示图片

图 11.10　旋转隐藏图片

11.2 多元素的过渡效果

11.2.1 多元素过渡的基本用法

两个或两个以上元素的过渡就是多元素过渡。最常见的多元素过渡是一个列表和描述这个列表为空消息的元素之间的过渡。在实现多元素过渡的效果时可以使用 v-if 和 v-else 指令。示例代码如下：

```
<style>
   button{
      margin-bottom: 20px;/* 设置下外边距 */
   }
   /* 设置过渡属性 */
   .effect-enter,.effect-leave-to{
      opacity:0;
   }
   .effect-enter-active,.effect-leave-active{
      transition:opacity 1s;
   }
</style>
<div id="app">
   <button @click="clearArr"> 清空 </button>
   <transition name="effect">
      <div v-if="books.length > 0">
         <div v-for="(book,index) in books">{{index + 1}}、{{book.bookname}}</div>
      </div>
      <p v-else> 内容为空 </p>
   </transition>
</div>
<script type="text/javascript">
   // 创建根实例
   var vm = new Vue({
      el : '#app',
```

```
        data : {
            books: [{
                bookname : 'HTML5+CSS3 精彩编程 200 例 '
            },{
                bookname : ' 零基础学 JavaScript'
            },{
                bookname : 'Vue.js 程序设计 '
            }]
        },
        methods: {
            clearArr: function(){
                this.books.splice(0);// 清空数组
            }
        }
    });
</script>
```

运行上述代码，当单击“清空”按钮时，图书列表会被清空。在页面内容变化时会有一个过渡的效果，结果如图 11.11、图 11.12 所示。

图 11.11　输出图书列表

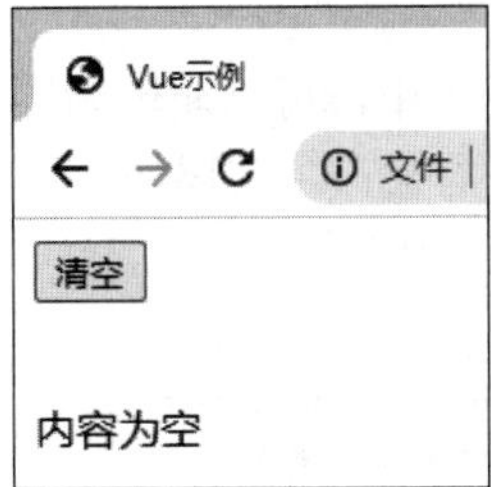

图 11.12　清空图书列表

11.2.2　设置元素的 key 属性

如果有相同标签名的多个元素进行切换，需要为每个元素设置 key 属性，通过 key 属性设置唯一的值来标记以让 Vue 区分它们。示例代码如下：

```
<style>
    /* 设置过渡属性 */
    .effect-enter,.effect-leave-to{
        opacity:0;
    }
    .effect-enter-active,.effect-leave-active{
        transition:opacity .3s;
    }
</style>
<div id="app">
    <button @click="show=!show"> 切换 </button>
    <transition name="effect">
        <p v-if="show" key="first"> 书山有路勤为径，</p>
        <p v-else key="second"> 学海无涯苦作舟。</p>
    </transition>
</div>
<script type="text/javascript">
    // 创建根实例
    var vm = new Vue({
        el : '#app',
```

```
        data : {
            show : true
        }
    });
</script>
```

运行上述代码，单击“切换”按钮，在页面内容变化时会有一个过渡的效果，结果如图11.13和图11.14所示。

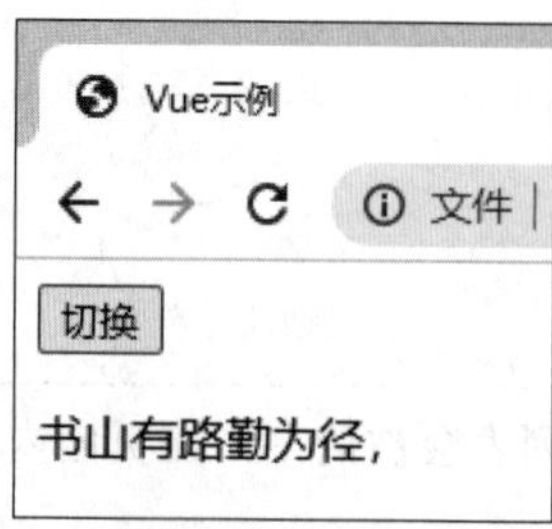

图 11.13　切换之前

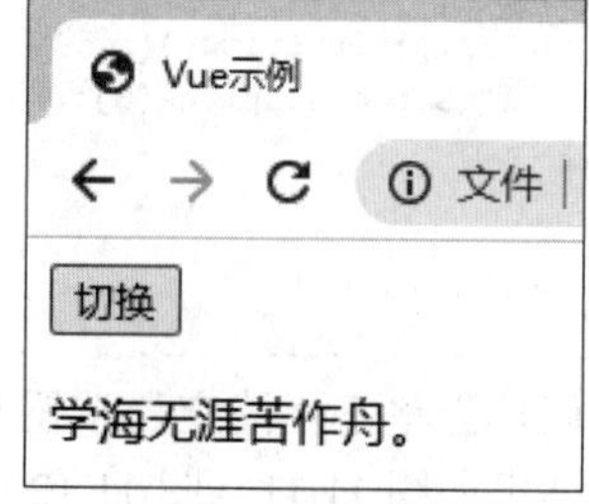

图 11.14　切换之后

在一些场景中，可以通过为同一个元素的key属性设置不同的状态来代替v-if和v-else。将上述代码进行修改，代码如下：

```
<style>
    /* 设置过渡属性 */
    .effect-enter,.effect-leave-to{
        opacity:0;
    }
    .effect-enter-active,.effect-leave-active{
        transition:opacity .3s;
    }
</style>
<div id="app">
    <button @click="show=!show"> 切换 </button>
    <transition name="effect">
        <p v-bind:key="show">
            {{show?' 书山有路勤为径，':' 学海无涯苦作舟。'}}
        </p>
    </transition>
</div>
<script type="text/javascript">
    // 创建根实例
    var vm = new Vue({
        el : '#app',
        data : {
            show : true
        }
    });
</script>
```

上面的示例是在两个相同标签名的元素之间进行切换。另外，还可以是两个以上元素的情况。使用多个v-if的多个元素的过渡的示例代码如下：

```
<style>
    /* 设置过渡属性 */
    .effect-enter,.effect-leave-to{
        opacity:0;
```

```
    }
    .effect-enter-active,.effect-leave-active{
        transition:opacity .6s;
    }
</style>
<div id="app">
    <button @click="toggle">切换</button>
    <transition name="effect">
        <p v-if="index===0" key="first">大风起兮云飞扬，</p>
        <p v-else-if="index===1" key="second">威加海内兮归故乡，</p>
        <p v-else key="third">安得猛士兮守四方！</p>
    </transition>
</div>
<script type="text/javascript">
    //创建根实例
    var vm = new Vue({
        el : '#app',
        data : {
            index : 0
        },
        methods : {
            toggle : function(){
                this.index = (++this.index) % 3;
            }
        }
    });
</script>
```

运行上述代码，每次单击“切换”按钮都会切换一句古诗，在页面内容变化时会有一个过渡的效果，结果如图 11.15 ～图 11.17 所示。

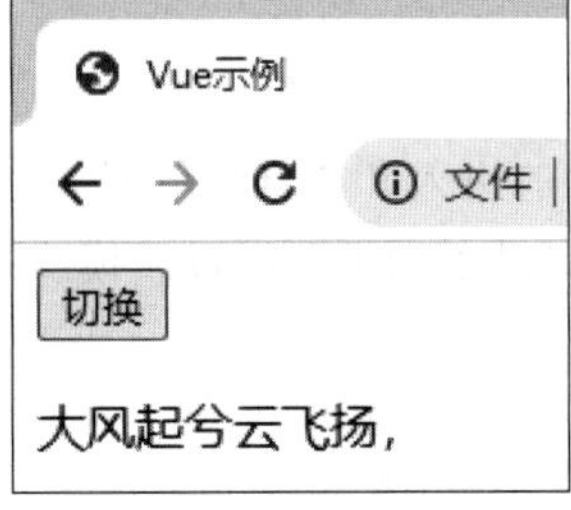

图 11.15　初始效果

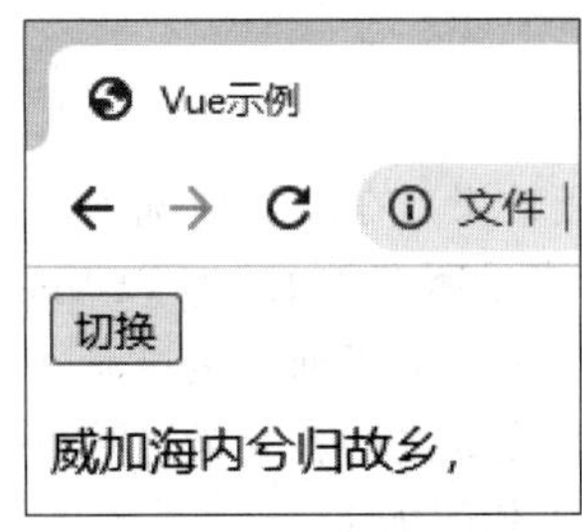

图 11.16　第一次切换

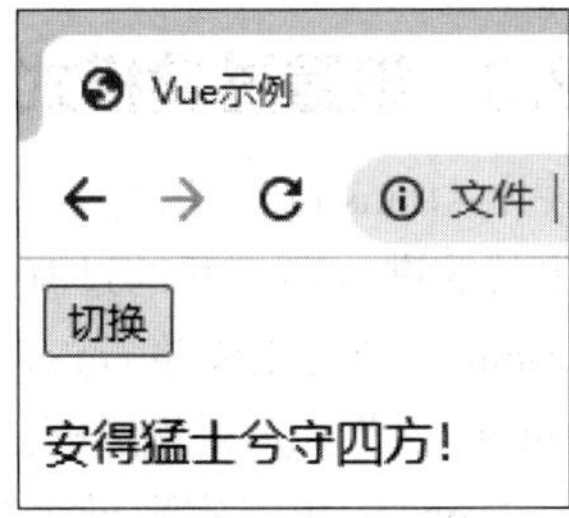

图 11.17　第二次切换

上述示例代码可以重写为绑定了动态属性的单个元素过渡。示例代码如下：

```
<style>
    /* 设置过渡属性 */
    .effect-enter,.effect-leave-to{
        opacity:0;
    }
    .effect-enter-active,.effect-leave-active{
        transition:opacity .6s;
    }
</style>
<div id="app">
    <button @click="toggle">切换</button>
    <transition name="effect">
        <p v-bind:key="getState">
            {{text}}
```

```
        </p>
    </transition>
</div>
<script type="text/javascript">
    //创建根实例
    var vm = new Vue({
        el : '#app',
        data: {
            index: 0,//数组索引
            arr: ['first','second','third']//定义数组
        },
        computed: {
            getState: function(){//获取指定索引的数组元素
                return this.arr[this.index];
            },
            text: function(){
                switch (this.getState) {
                    case 'first': return '大风起兮云飞扬，'
                    case 'second': return '威加海内兮归故乡，'
                    case 'third': return '安得猛士兮守四方！'
                }
            }
        },
        methods:{
            toggle: function(){
                this.index = (++this.index) % 3;
            }
        }
    });
</script>
```

11.2.3 设置过渡模式

使用 <transition> 组件实现过渡效果，在默认情况下，元素的进入和离开是同时发生的。同时生效的进入和离开的过渡不能满足所有需求，所以 Vue.js 提供了如下两种过渡模式：

in-out：新元素先进行过渡，完成之后当前元素过渡离开。

out-in：当前元素先进行过渡，完成之后新元素过渡进入。

应用 out-in 模式实现过渡的示例代码如下：

```
<style>
    /* 设置过渡属性 */
    .effect-enter,.effect-leave-to{
        opacity:0;
    }
    .effect-enter-active,.effect-leave-active{
        transition:opacity .5s;
    }
</style>
<div id="app">
    <transition name="effect" mode="out-in">
        <div @click="show = !show" :key="show">
            <img v-if="show" src="face1.png">
            <img v-else src="face2.png">
        </div>
    </transition>
</div>
```

```
<script type="text/javascript">
    //创建根实例
    var vm = new Vue({
        el : '#app',
        data: {
            show : true      //默认显示
        }
    });
</script>
```

运行上述代码，每次单击图片都会切换为另一张图片。在图片切换时有一个过渡效果，而且在当前的图片完成过渡效果之后才会显示新的图片。结果如图 11.18、图 11.19 所示。

图 11.18　显示第一张图片

图 11.19　切换为第二张图片

11.3 多组件的过渡效果

多个组件的过渡不需要为每个组件设置 key 属性，只需要使用动态组件即可。示例代码如下：

```
<style>
    /* 设置过渡属性 */
    .effect-enter,.effect-leave-to{
        opacity:0;
    }
    .effect-enter-active,.effect-leave-active{
        transition:opacity .5s;
    }
</style>
<div id="app">
    <button @click="toggle">切换</button>
    <transition name="effect" mode="out-in">
        <component :is="cName"></component>
    </transition>
</div>
<script type="text/javascript">
    //创建根实例
    var vm = new Vue({
        el : '#app',
        data: {
            cName : 'email'
```

```
        },
        components : {
            email : {// 定义组件 componentA
                template : `<p>
                    <label for="email">登录邮箱：</label>
                    <input type="text" id="email" size="10">
                </p>`
            },
            tel : {// 定义组件 componentB
                template : `<p>
                    <label for="tel">登录手机号：</label>
                    <input type="text" id="tel" size="10">
                </p>`
            }
        },
        methods : {
            toggle : function(){// 切换组件名称
                this.cName = this.cName === 'email' ? 'tel' : 'email';
            }
        }
    });
</script>
```

运行上述代码，每次单击“切换”按钮都会在两个组件之间进行切换，在页面内容变化时都会有一个过渡的效果，结果如图 11.20、图 11.21 所示。

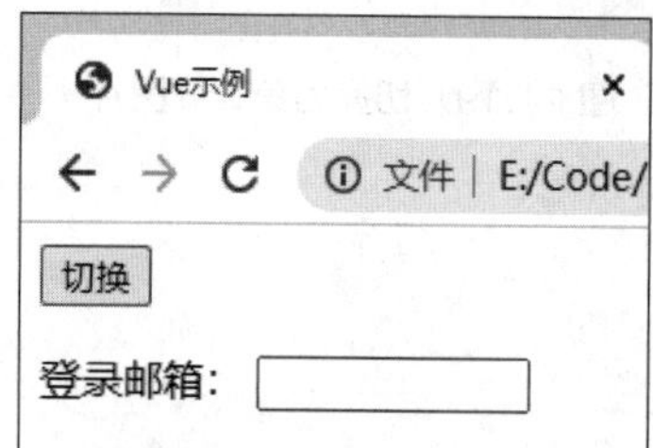

图 11.20 显示第一个组件

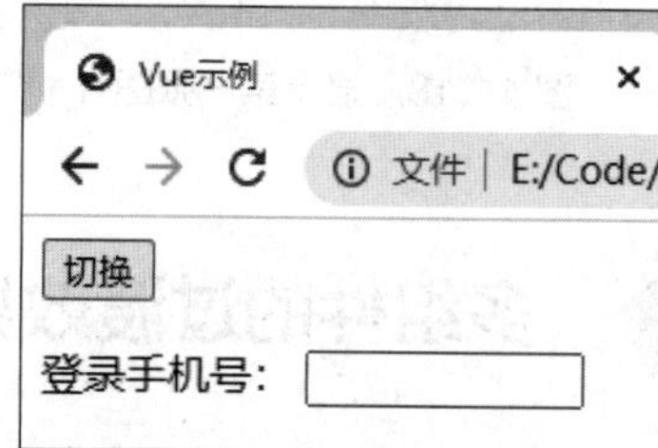

图 11.21 显示第二个组件

实例 11.5 实现切换新闻类别选项卡的过渡效果（实例位置：资源包\Code\11\05）

页面中有“最新”“热门”和“推荐”3 个新闻类别选项卡，鼠标单击不同的类别选项卡，页面下方会显示不同的新闻信息，在内容变化时会有一个过渡的效果。实现步骤如下：

① 定义 <div> 元素，并设置其 id 属性值为 app，在该元素中定义“最新”“热门”和“推荐”三个新闻类别选项卡。在选项卡下方的 div 元素中应用 transition 组件，在其内部定义动态组件，将数据对象中的 current 属性绑定到 <component> 元素的 is 属性。代码如下：

```
<div id="app">
    <div class="tabBox">
        <ul class="tab" :class="current">
            <li class="new" v-on:click="current='new'">最新</li>
            <li class="hot" v-on:click="current='hot'">热门</li>
            <li class="recommend" v-on:click="current='recommend'">推荐</li>
        </ul>
        <div class="option">
            <transition name="effect" mode="out-in">
                <component :is="current"></component>
            </transition>
```

```
        </div>
    </div>
</div>
```

② 编写 CSS 代码，为页面元素设置样式，通过在过渡类名中设置过渡属性，使元素在显示和隐藏的切换过程中实现过渡效果。关键代码如下：

```
<style>
    /* 省略部分代码 */
    .effect-enter,.effect-leave-to{ /* 设置过渡属性 */
        opacity:0;
    }
    .effect-enter-active,.effect-leave-active{
        transition:opacity .3s;
    }
</style>
```

③ 创建 Vue 实例，在实例中定义挂载元素、数据和组件，应用 components 选项注册三个局部组件，组件名称分别是 new、hot 和 recommend。代码如下：

```
<script type="text/javascript">
    //创建根实例
    var vm = new Vue({
        el : '#app',
        data : {
            current : 'new'
        },
        components : {
            new : {  //最新新闻组件
                template : `<div>
                    <ul class="newslist">
                        <li>C 语言零起点　金牌入门<span class="top">【置顶】</span>
                            <span class="time">2022-08-08</span></li>
                        <li>每月 18 日会员福利日　代金券　疯狂送<span class="top">【置顶】</span>
                            <span class="time">2022-08-10</span></li>
                        <li>明日之星 - 明日科技　璀璨星途带你飞<span class="top">【置顶】</span>
                            <span class="time">2022-08-10</span></li>
                        <li>写给初学前端工程师的一封信<span class="top">【置顶】</span>
                            <span class="time">2022-08-10</span></li>
                        <li>Java 零起点金牌入门<span class="top">【置顶】</span>
                            <span class="time">2022-08-08</span></li>
                        <li>从小白到大咖　你需要百炼成钢<span class="top">【置顶】</span>
                            <span class="time">2022-08-08</span></li>
                    </ul>
                   </div>`
            },
            hot : {//热门新闻组件
                template : `<div>
                    <ul class="newslist">
                        <li>外星人登录地球，编程大系约你来战<span class="top">【置顶】</span>
                            <span class="time">2022-08-08</span></li>
                        <li>全部技能，看大咖如何带你飞起<span class="top">【置顶】</span>
                            <span class="time">2022-08-08</span></li>
                        <li>HTML5+CSS3 2022 新版力作<span class="top">【置顶】</span>
                            <span class="time">2022-08-08</span></li>
                        <li>玩转 Java 就这 3 件事<span class="top">【置顶】</span>
                            <span class="time">2022-08-08</span></li>
                        <li>C# 精彩编程 200 例隆重上市<span class="top">【置顶】</span>
                            <span class="time">2022-08-08</span></li>
```

```
                    <li>每天编程一小时，全民实现编程梦<span class="top">【置顶】</span>
                        <span class="time">2022-08-08</span></li>
                </ul>
            </div>`
        },
        recommend : {// 推荐新闻组件
            template : `<div>
                <ul class="newslist">
                    <li>晒作品 赢学分 换豪礼<span class="top">【置顶】</span>
                        <span class="time">2022-08-10</span></li>
                    <li>最新上线电子书，海量编程图书<span class="top">【置顶】</span>
                        <span class="time">2022-08-08</span></li>
                    <li>程序设计互联网+图书，轻松圆您编程梦<span class="top">【置顶】</span>
                        <span class="time">2022-08-08</span></li>
                    <li>八年锤炼，打造经典<span class="top">【置顶】</span>
                        <span class="time">2022-08-08</span></li>
                    <li>专业讲师精心打造精品课程<span class="top">【置顶】</span>
                        <span class="time">2022-08-10</span></li>
                    <li>让学习创造属于你的生活<span class="top">【置顶】</span>
                        <span class="time">2022-08-10</span></li>
                </ul>
            </div>`
        }
    }
});
</script>
```

运行实例，页面中有“最新”“热门”和“推荐”3个新闻类别选项卡，单击不同的选项卡可以显示不同的新闻内容，在内容变化时有一个过渡的效果。结果如图11.22和图11.23所示。

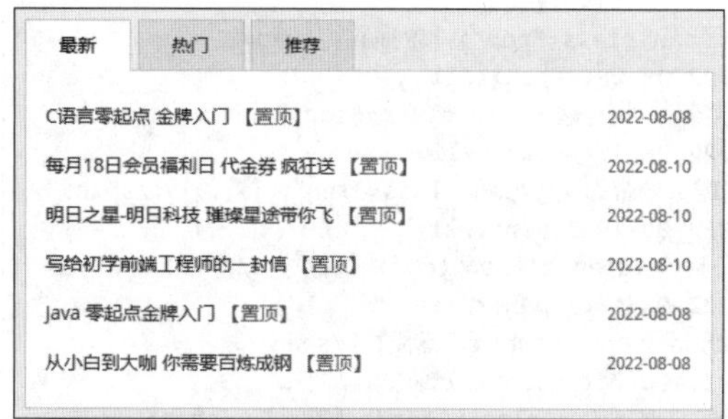

图11.22　输出“最新”选项卡的新闻内容

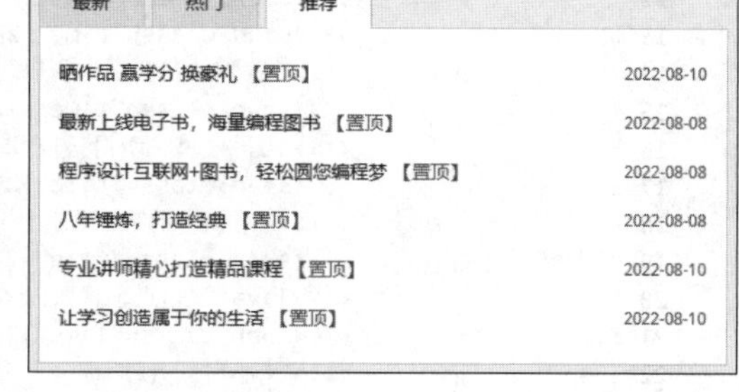

图11.23　输出“推荐”选项卡的新闻内容

11.4 列表的过渡效果

实现列表过渡需要在<transition-group>组件中使用v-for指令，<transition-group>组件的特点如下：

① 与<transition>组件不同，它会以一个真实元素呈现，默认为一个<span>元素。通过设置tag属性可以将其更换为其他元素。

② 过渡模式不可用，因为不再相互切换特有的元素。

③ 列表中的每个元素都需要提供唯一的key属性值。

下面通过一个实例来了解列表过渡的基础用法。

实例 11.6　实现插入字母和移除字母时的过渡效果（实例位置：资源包 \Code\11\06）

页面中有一个“插入字母”按钮、一个“移除字母”按钮和 a ～ g 七个小写字母，单击按钮可以向字母列表中插入或移除一个字母，在插入或移除时有一个过渡效果。关键代码如下：

```
<style>
   /* 元素的样式 */
   .list-item {
      display: inline-block;              /* 设置行内块元素 */
      margin-right: 15px;                 /* 设置右外边距 */
      background-color: #3399FF;          /* 设置背景颜色 */
      width: 36px;                        /* 设置宽度 */
      height: 36px;                       /* 设置高度 */
      line-height: 36px;                  /* 设置行高 */
      text-align: center;                 /* 设置文本居中显示 */
      color: #FFFFFF;                     /* 设置文字颜色 */
   }
   /* 插入过程和移除过程的过渡效果 */
   .effect-enter-active,.effect-leave-active{
      transition: all 1s;
   }
   /* 开始插入、移除结束时的状态 */
   .effect-enter, .effect-leave-to {
      opacity: 0;
      transform: translateY(30px);
   }
</style>
<div id="app">
   <div>
      <button v-on:click="add">插入字母</button>
      <button v-on:click="remove">移除字母</button>
      <transition-group name="effect" tag="p">
         <span v-for="item in items" :key="item" class="list-item">
            {{item}}
         </span>
      </transition-group>
   </div>
</div>
<script type="text/javascript">
// 创建根实例
var vm = new Vue({
   el:'#app',
   data: {
        items: ['a','b','c','d','e','f','g'],
        letter: [
          'a','b','c','d','e','f','g',
          'h','i','j','k','l','m','n',
          'o','p','q','r','s','t',
          'u','v','w','x','y','z'
        ]
    },
   methods: {
      // 生成随机数索引
      ran: function (arr) {
         return Math.floor(Math.random() * arr.length)
      },
```

```
        //添加字母
        add: function () {
            this.items.splice(this.ran(this.items), 0, this.letter[this.ran(this.letter)])
        },
        //移除字母
        remove: function () {
            this.items.splice(this.ran(this.items), 1)
        }
    }
})
</script>
```

运行实例，当单击“插入字母”按钮时，会在下方的随机位置插入一个新的字母，结果如图 11.24 所示。当单击“移除字母”按钮时，会在下方的随机位置移除一个字母，结果如图 11.25 所示。

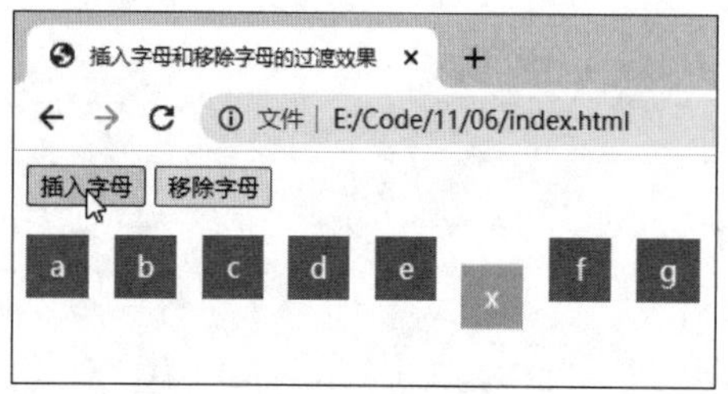

图 11.24　插入一个字母

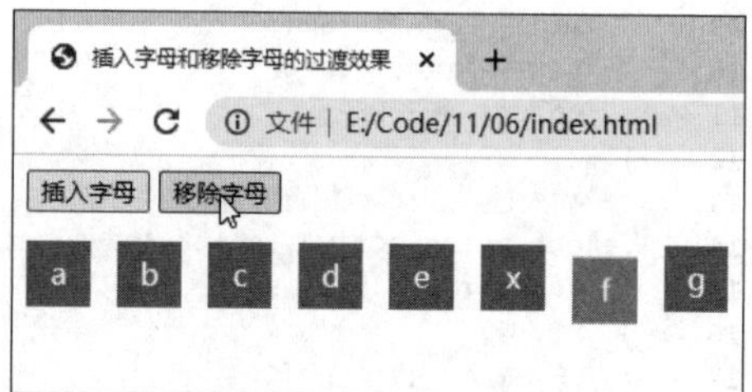

图 11.25　移除一个字母

11.5 综合案例——广告图片的轮播效果

在实际开发中，过渡通常应用于广告图片轮播时的切换效果。本案例以元素过渡的内容为基础，实现电子商城中广告图片的轮播效果。每隔 3s 切换一张广告图片，在切换图片时有一个过渡效果。（**实例位置：资源包 \Code\11\07**）

（1）案例分析

本案例中提供了 5 张广告图片，要实现的效果是每隔 3s 切换一张广告图片。为了实现该功能，在 methods 选项中定义了一个 next() 方法，该方法的作用是获取下一张显示图片的索引，通过变换图片的索引控制显示对应的图片。当图片索引为 6 时返回第一张图片，这样可以实现 5 张广告图片的循环轮播效果。

另外，为了实现每隔 3s 切换一张广告图片的效果，需要在 mounted 钩子函数中使用 setInterval() 方法设置一个定时器。在切换图片时，在过渡类名中设置过渡属性，实现广告图片切换时的过渡效果。

（2）实现过程

开发步骤如下：

① 创建 HTML 文件，在文件中引入 Vue.js 文件，代码如下：

```
<script type="text/javascript" src="../JS/vue.js"></script>
```

② 定义 <div> 元素，并设置其 id 属性值为 app，在该元素中定义轮播图片和用于切换图

片的数字按钮，代码如下：

```
<div id="app">
    <div class="container">
        <!-- 切换的图片 -->
        <div class="banner">
            <transition-group name="effect" tag="div">
                <span v-for="(v,i) in bannerURL" :key="i" v-if="(i+1)==index?true:false">
                    <img :src="'images/'+v">
                </span>
            </transition-group>
        </div>
        <!-- 切换的小按钮 -->
        <ul class="numBtn">
            <li v-for="num in 5">
                <a href="javascript:;" :style="{background:num==index?'#ff9900':'#CCCCCC'}" @mouseover='toggle(num)' class='num'>{{num}}</a>
            </li>
        </ul>
    </div>
</div>
```

③ 编写 CSS 代码，为页面元素设置样式，代码如下：

```
<style>
    .container{
        position: relative;                 /* 设置相对定位 */
    }
    .banner{
        position: relative;                 /* 设置相对定位 */
        height: 360px;                      /* 设置高度 */
    }
    .banner span{
        position: absolute;                 /* 设置绝对定位 */
        top:0;                              /* 设置距离父元素顶部的距离 */
        left: 0;                            /* 设置距离父元素左侧的距离 */
    }
    .numBtn{
        width: 200px;                       /* 设置宽度 */
        position:absolute;                  /* 设置绝对定位 */
        left:30%;                           /* 设置距离父元素左侧的距离 */
        bottom:-20px;                       /* 设置距离父元素底部的距离 */
        text-align:center;                  /* 设置文字居中显示 */
    }
    .numBtn li{
        list-style:none;                    /* 设置列表无样式 */
        border-radius: 50%;                 /* 设置圆角边框 */
        float:left;                         /* 设置左浮动 */
     }
    .numBtn li a{
        display: block;                     /* 设置块状元素 */
        width: 20px;                        /* 设置宽度 */
        height: 20px;                       /* 设置高度 */
        line-height: 20px;                  /* 设置行高 */
        border-radius: 50%;                 /* 设置圆角边框 */
        margin: 5px;                        /* 设置外边距 */
        color:#FFFFFF;                      /* 设置文字颜色 */
        font-weight:bolder;                 /* 设置文字粗细 */
        text-decoration:none;               /* 设置文字无下画线 */
    }
```

```
    .numBtn li a.num{
       transition:all .6s ease;             /* 设置按钮过渡效果 */
    }
    /* 设置过渡属性 */
    .effect-enter-active, .effect-leave-active{
      transition: all 1s;
    }
    .effect-enter, .effect-leave-to{
      opacity: 0;
    }
</style>
```

④ 创建 Vue 实例，在实例中定义挂载元素、数据、方法和钩子函数，在方法中，通过 next() 方法设置下一张图片的索引，通过 toggle() 方法设置当单击某个数字按钮后显示对应的图片。代码如下：

```
<script type="text/javascript">
// 创建根实例
var vm = new Vue({
    el : '#app',
    data : {
       bannerURL : ['1.jpg','2.jpg','3.jpg','4.jpg','5.jpg'],
         index : 1,              // 图片的索引。
         flag : true,
         timer : '',        // 定时器 ID
    },
    methods : {
       next : function(){
          // 下一张图片，图片索引为 6 时返回第一张
             this.index = this.index + 1 == 6 ? 1 : this.index + 1;
        },
        toggle : function(num){
            // 单击按钮切换到对应图片
            if(this.flag){
                this.flag = false;
             // 过 1s 后可以再次单击按钮切换图片
             setTimeout(()=>{
                   this.flag = true;
               },1000);
                this.index = num;  // 切换为选中的图片
             clearTimeout(this.timer);// 取消定时器
             // 过 3s 图片轮换
             this.timer = setInterval(this.next,3000);
            }
        }
    },
    mounted : function(){
       // 过 3s 图片轮换
        this.timer = setInterval(this.next,3000);
    }
});
</script>
```

运行程序，页面中显示的广告图片会自动进行轮播，当鼠标指向图片下方的某个数字按钮时会切换显示对应的图片，在切换时有一个过渡的效果，结果如图 11.26 所示。

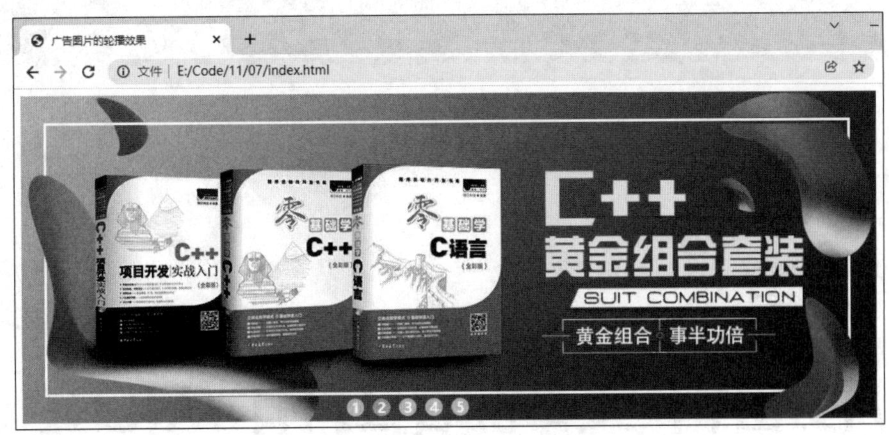

图 11.26　广告图片的轮播效果

11.6 实战练习

循环输出《早发白帝城》的四句古诗，在每一句古诗的内容发生变化时有一个过渡的效果。运行结果如图 11.27 ～图 11.30 所示。(**实例位置：资源包 \Code\11\08**)

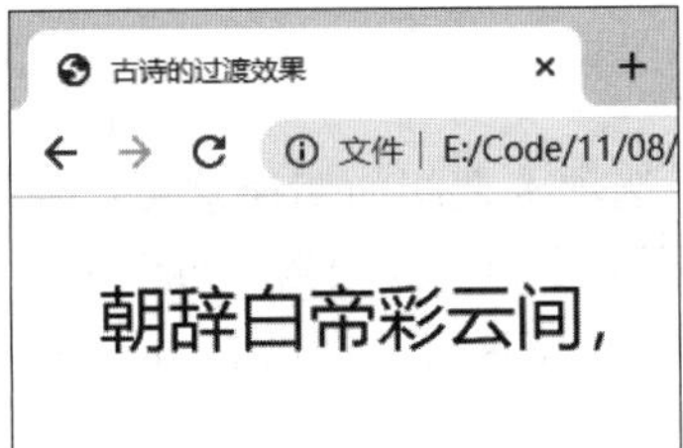

图 11.27　输出第一句诗

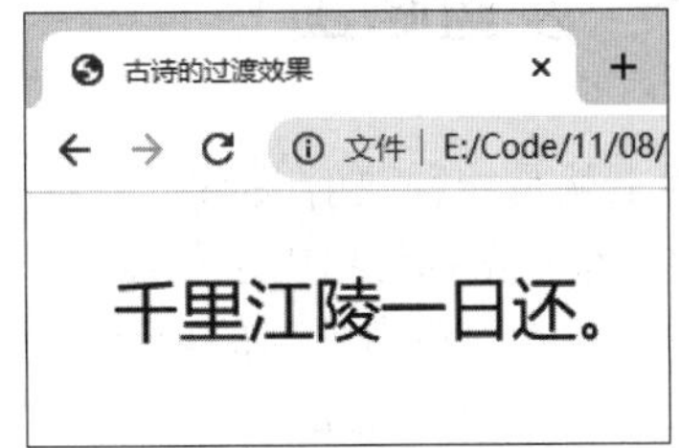

图 11.28　输出第二句诗

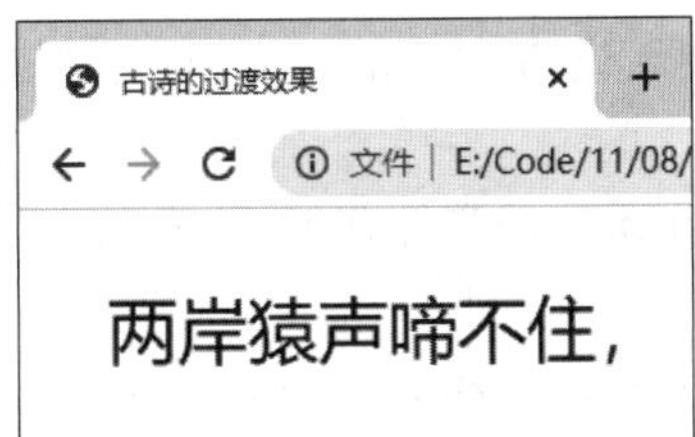

图 11.29　输出第三句诗

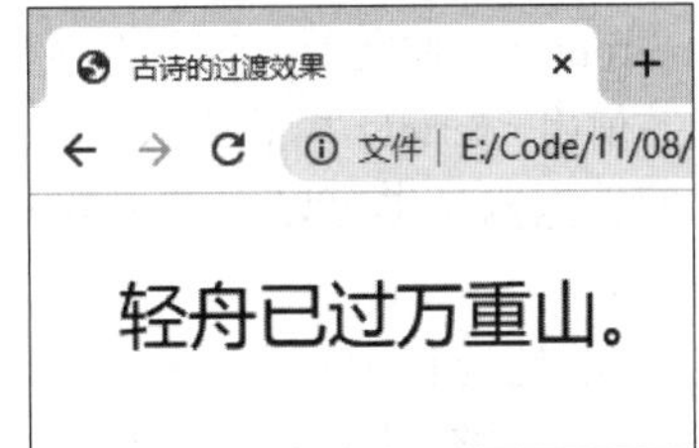

图 11.30　输出第四句诗

小结

本章主要介绍了 Vue.js 中的过渡，包括单元素过渡、多元素过渡、多组件过渡以及列表过渡。通过本章的学习，读者在程序中可以实现更加丰富的动态效果。

第 12 章 使用插件实现路由和 Ajax

如果想用 Vue.js 开发一个完整的单页 Web 应用，还需要使用一些 Vue.js 的插件。Vue.js 比较常用的插件是 vue-router 和 axios。这两个插件可以分别提供路由管理和数据请求的功能。本章主要介绍 Vue.js 的 vue-router 插件和 axios 插件。

12.1 设置路由

路由实际上就是一种映射关系。例如，多个选项卡之间的切换就可以使用路由功能实现。在切换时，根据鼠标的单击事件显示不同的页面内容，其相当于事件和事件处理程序之间的映射关系。要实现路由管理的功能，可以使用 Vue.js 官方提供的 vue-router 插件。下面介绍 vue-router 插件的使用方法。

12.1.1 引入 vue-router

在使用 vue-router 插件之前，需要在页面中引入该插件，引入的几种方式如下：

（1）下载并使用 <script> 标签引入

在 Vue.js 的官方网站中可以直接下载 vue-router 插件文件并使用 <script> 标签引入。下载步骤如下：

① 在浏览器的地址栏中输入“https://router.vuejs.org/zh/installation.html”，按下 <Enter> 键，打开页面后，找到图 12.1 中的超链接。

图 12.1　下载链接

② 在图 12.1 中所示的下载链接上单击鼠标右键，如图 12.2 所示。

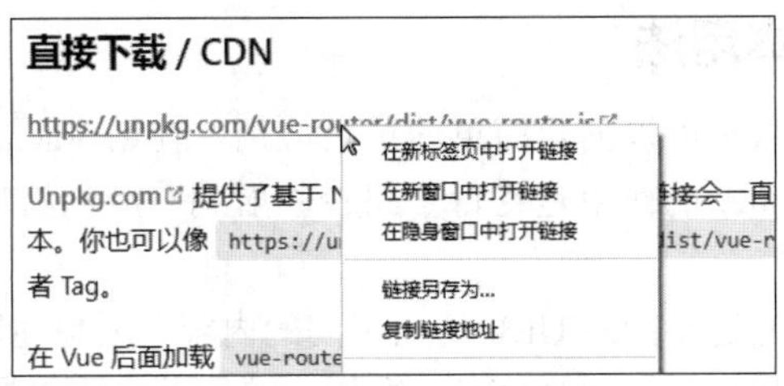

图 12.2　在下载链接上单击鼠标右键

③ 在弹出的右键菜单中单击“链接另存为”选项，弹出下载对话框，如图 12.3 所示。单击对话框中的“保存”按钮，即可将 vue-router.js 文件下载到本地计算机上。

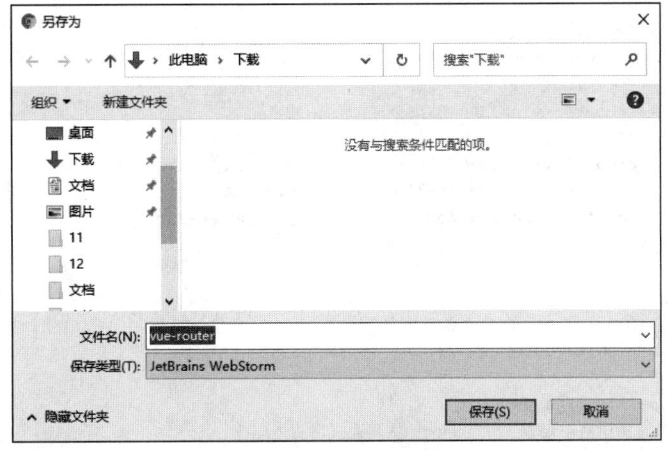

图 12.3　下载对话框

将 vue-router.js 文件下载到本地计算机后，还需要在项目中引入该文件。将下载后的 vue-router.js 文件放到项目的指定文件夹中，通常和 Vue.js 文件统一放在项目的 JS 文件夹中，然后在页面中使用 <script> 标签将其引入文件中。代码如下：

```
<script type="text/javascript" src="JS/vue-router.js"></script>
```

（2）使用 CDN 方法

在项目中使用 vue-router 插件，还可以采用引用外部 CDN 文件的方式。在项目中直接通过 <script> 标签加载 CDN 文件，代码如下：

```
<script src="https://unpkg.com/vue-router/dist/vue-router.js"></script>
```

（3）使用 NPM 方法

使用 NPM 方法进行安装，需要打开命令提示符窗口，输入命令如下：

```
npm install vue-router
```

在项目中引入 Vue.js 和 vue-router.js 的方式如下：

```
import Vue from 'vue'
import VueRouter from 'vue-router'
Vue.use(VueRouter)
```

12.1.2 路由的基本用法

应用 Vue.js 和 vue-router 可以创建简单的单页应用。使用 Vue.js 创建的应用程序可以由多个组件组成，而 vue-router 的作用是将每个路径映射到对应的组件，并通过路由进行组件之间的切换。

Vue.js 路由的思想是通过不同的 URL 访问不同的内容。要想通过路由实现组件之间的切换，需要使用 vue-router 提供的 <router-link> 组件，该组件用于设置一个导航链接，通过设置 to 属性链接到一个目标地址，从而切换不同的 HTML 内容。

下面是一个实现路由的简单示例，代码如下：

```
<div id="app">
    <div>
        <p>请选择登录方式</p>
        <!-- 使用<router-link>组件设置导航 -->
        <!-- 通过 to 属性设置目标地址 -->
        <!-- <router-link>默认被渲染成<a>标签 -->
        <p>
            <router-link to="/username">用户名登录</router-link>
            <router-link to="/tel">手机号登录</router-link>
            <router-link to="/email">邮箱登录</router-link>
        </p>

    </div>
    <!-- 路由出口，路由匹配到的组件渲染的位置 -->
    <router-view></router-view>
</div>
<script type="text/javascript">
    // 定义路由组件。可以使用 import 从其他文件引入进来
    var username = {
        template: `<div>
            <label for="username">请输入用户名:</label>
            <input id="username" type="text" size="10">
        </div>`
    };
    var tel = {
        template: `<div>
            <label for="tel">请输入手机号:</label>
            <input id="tel" type="text" size="10">
        </div>`
    };
    var email = {
        template: `<div>
            <label for="email">请输入邮箱:</label>
            <input id="email" type="text" size="10">
        </div>`
    };
    // 定义路由，每个路由映射一个组件
    var routes = [
        { path: '/username', component: username },
        { path: '/tel', component: tel },
        { path: '/email', component: email }
    ];
    // 创建 router 实例，传入 routes 配置参数
    var router = new VueRouter({
        routes // 相当于 routes: routes 的缩写
    });
    // 创建和挂载根实例。通过 router 注入路由
```

```
    var vm = new Vue({
        router
    }).$mount('#app');
</script>
```

上述代码中，<router-link> 会被渲染成 <a> 标签。例如，第一个 <router-link> 会被渲染成 <a href=” #/username” > 用户名登录 </a>。当单击第一个 <router-link> 对应的标签时，由于 to 属性的值是 /username，因此实际的路径地址就是当前 URL 路径后加上 #/username。这时，Vue 会找到定义的路由 routes 中 path 为 /username 的路由，并将对应的组件 username 渲染到 <router-view> 中。运行结果如图 12.4 ～图 12.6 所示。

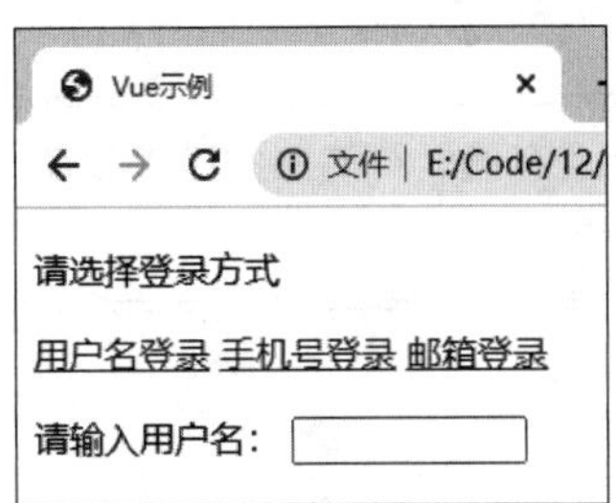

图 12.4 单击“用户名登录”链接

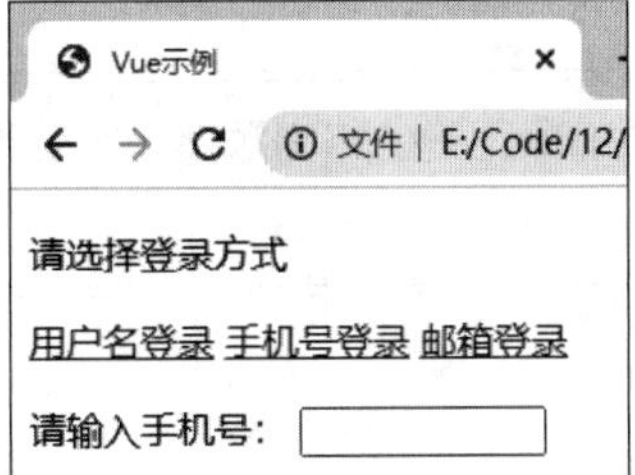

图 12.5 单击“手机号登录”链接

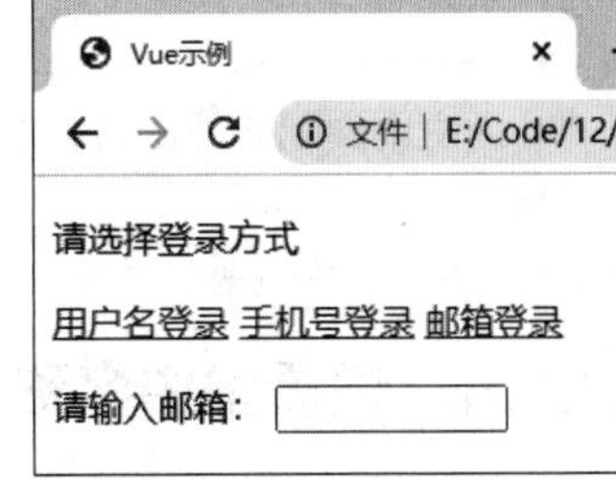

图 12.6 单击“邮箱登录”链接

12.1.3 动态匹配路由

在实际开发中，经常需要将匹配到的所有路由全部映射到同一个组件。例如，对于所有不同编号的图书，都需要使用同一个组件 Book 来渲染。那么，可以在路由路径中使用动态路径参数来实现这个效果。示例代码如下：

```
<script type="text/javascript">
    var Book = {
        template: '<div>Book</div>'
    }
    var router = new VueRouter({
        routes: [
            // 动态路径参数，以冒号开头
            { path: '/book/:number', component: Book }
        ]
    })
</script>
```

上述代码中，:number 即为设置的动态路径参数。这时，像 /book/1、/book/2 这样的路径都会映射到相同的组件。当匹配到一个路由时，通过 this.$route.params 的方式可以获取参数值，并且可以在每个组件内使用。下面对上述代码进行修改，更新 Book 组件的模板，输出当前图书的编号。代码如下：

```
<script type="text/javascript">
    var Book = {
        template: '<div> 图书编号: {{ $route.params.number }}</div>'
    }
    var router = new VueRouter({
        routes: [
            // 动态路径参数，以冒号开头
```

```
        { path: '/book/:number', component: Book }
    ]
})
</script>
```

常规路径参数只会匹配被“/”分隔的 URL 片段中的字符。如果想匹配任意路径，可以使用通配符 *。例如，path: ‘*’ 会匹配所有路径; path: '/book-*' 会匹配以 '/book-' 开头的所有路径。

注意

当使用通配符路由时，需要确保正确的路由顺序，也就是说含有通配符的路由应该放在最后。

12.1.4　设置路由名称

在进行路由跳转时，如果路由的路径较长，可以为该路径设置一个名称。在创建 VueRouter 实例时，在 routes 配置中可以为某个路由设置名称。示例代码如下：

```
var router = new VueRouter({
    routes: [
        {
            path: '/book/:number',
            name: 'book',
            component: Book
        }
    ]
})
```

在设置了路由的名称后，要想链接到该路径，可以将 <router-link> 的 to 属性设置成一个对象。代码如下：

```
<router-link :to="{ name: 'book', params: { number: 1 }}">图书</router-link>
```

这样，当单击“图书”链接时，会跳转到 /book/1 路径的路由。

12.1.5　应用 push() 方法实现跳转

定义导航链接除了使用 <router-link> 创建 <a> 标签之外，还可以使用 router 实例的 push() 方法实现导航的功能。在 Vue 实例内部，通过 $router 可以访问路由实例，因此通过调用 this.$router.push 即可实现页面的跳转。

该方法的参数可以是一个字符串路径，还可以是一个描述跳转目标地址的对象。示例代码如下：

```
// 跳转到字符串表示的路径
this.$router.push('movie')
// 跳转到指定路径
this.$router.push({ path: 'movie' })
// 跳转到指定命名的路由
```

```
this.$router.push({ name: 'book' })
// 跳转到带有查询参数的指定路径
this.$router.push({ path: 'movie', query: { id: '6' }})
// 跳转到带有查询参数的指定命名的路由
this.$router.push({ name: 'book', params: { number: '1' }})
```

实例 12.1　横向选项卡文字切换效果（实例位置：资源包 \Code\12\01）

实现横向选项卡文字切换的效果。页面上方有 3 个选项卡，当鼠标单击某个选项卡时，下方会显示对应的文本内容。实现步骤如下：

① 定义 <div> 元素，并设置其 id 属性值为 app，在该元素中定义一个 id 属性值为 box 的 div 元素，然后在该元素中添加一个 ul 列表和一个 div 元素，ul 列表用于显示 3 个选项卡，将选项卡对应的文本内容渲染到 div 元素中的 router-view 中。代码如下：

```
<div id="app">
   <div class="box">
      <ul class="mainmenu" :class="current">
         <li class="html" v-on:click="show('html')">HTML</li>
         <li class="css" v-on:click="show('css')">CSS</li>
         <li class="js" v-on:click="show('js')">JavaScript</li>
      </ul>
      <div>
         <router-view></router-view>
      </div>
   </div>
</div>
```

② 编写 CSS 代码，为页面元素设置样式，代码如下：

```
<style>
   *{
      margin:0;                              /* 设置外边距 */
      padding:0;                             /* 设置内边距 */

   }
   body{
      font-family: 微软雅黑 ;                 /* 设置字体 */
   }
   .box{
      width:456px;                           /* 设置宽度 */
      margin:10px;                           /* 设置外边距 */
   }
   ul{
      list-style:none;                       /* 设置列表无样式 */
   }
   ul.mainmenu li{
      float:left;                            /* 设置左浮动 */
      background:#fefefe;                    /* 设置背景颜色 */
      background:-webkit-gradient(linear,left top,left bottom, from(#FFFFFF),
to(#EEEEEE));                                /* 设置背景渐变 */
      border:1px solid #CCCCCC;              /* 设置边框 */
      padding:5px 0;                         /* 设置内边距 */
      width:150px;                           /* 设置宽度 */
      text-align:center;                     /* 设置文本居中显示 */
      cursor:pointer;                        /* 设置鼠标光标形状 */
      color:#9966FF;                         /* 设置文字颜色 */
   }
```

```
    .html .html,.css .css,.js .js{
       border-bottom:none;                  /* 设置无下边框 */
       background:#FFFFFF;                  /* 设置背景颜色 */
    }
    .box>div{
       clear:both;                          /* 设置清除浮动 */
       border:1px solid #CCCCCC;            /* 设置边框 */
       border-top:none;                     /* 设置无上边框 */
       width:414px;                         /* 设置宽度 */
       height:120px;                        /* 设置高度 */
       padding: 20px;                       /* 设置内边距 */
       font-size:14px;                      /* 设置文字大小 */
       margin-top:-1px;                     /* 设置上外边距 */
    }
    .box h2, .box p {
       margin: 0 0 15px 0;                  /* 设置外边距 */
    }
</style>
```

③ 先定义三个组件的模板，每个模板都有一个 h2 标题和一段文本内容，然后定义路由，接着创建 router 实例，最后在创建的 Vue 实例中定义挂载元素、数据和方法，并注入定义的路由。在定义的 show 方法中，通过 push() 方法跳转到指定名称的路由，从而实现下方文本内容的切换效果。代码如下：

```
<script type="text/javascript">
var html = {// 定义 html 组件
   template : `<div>
     <h2> 超文本标记语言 </h2>
     <p>HTML 语言（Hypertext Markup Language，中文通常称为超文本置标语言或超文本标记语言）是一种文本类、解释执行的标记语言，它是 Internet 上用于编写网页的主要语言。用 HTML 编写的超文本文件称为 HTML 文件。</p>
   </div>`
}
var css = {// 定义 css 组件
   template : `<div>
     <h2> 层叠样式表 </h2>
     <p>CSS 是 Cascading Style Sheet（层叠样式表）的缩写，是用于控制网页样式并允许将样式信息与网页内容分离的一种标记性语言。</p>
   </div>`
}
var js = {// 定义 js 组件
   template : `<div>
     <h2> 脚本语言 </h2>
     <p>JavaScript 是一种解释型的、基于对象的脚本语言，其核心已经嵌入到目前主流的 Web 浏览器中。虽然平时应用最多的是通过 JavaScript 实现一些网页特效及表单数据验证等功能，但 JavaScript 可以实现的功能远不止这些。</p>
   </div>`
}
var routes = [
   {  // 默认渲染 html 组件
      path: '',
      component: html,
   },
    {
      path: '/html',
      name: 'html',
      component: html
   },
   {
      path: '/css',
      name: 'css',
```

```
            component: css
        },
        {
            path: '/js',
            name: 'js',
            component: js
        }
]
var router = new VueRouter({
    routes
})
var app = new Vue({
    el: '#app',
    data: {
        current: 'html'
    },
    methods: {
        show: function(v){
            switch (v){
                case 'html':
                    this.current = 'html';
                    this.$router.push({name: 'html'});// 跳转到名称是 html 的路由
                    break;
                case 'css':
                    this.current = 'css';
                    this.$router.push({name: 'css'});// 跳转到名称是 css 的路由
                    break;
                case 'js':
                    this.current = 'js';
                    this.$router.push({name: 'js'});// 跳转到名称是 js 的路由
                    break;
            }
        }
    },
    router// 注入路由
});
</script>
```

运行实例，当单击不同的选项卡时，下方会显示对应的文本内容。结果如图 12.7 和图 12.8 所示。

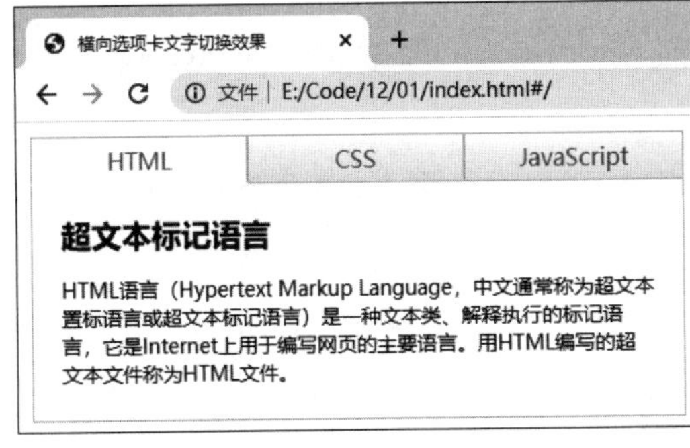

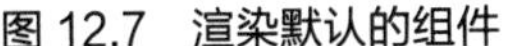
图 12.7　渲染默认的组件

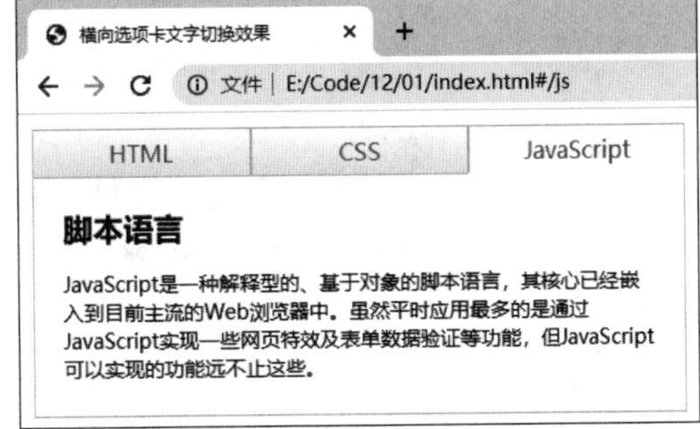

图 12.8　渲染 #/js 对应的组件

12.1.6　嵌套路由

二级导航菜单一般是由嵌套的组件组合而成的。使用简单的路由并不能实现这种需求，这时就需要使用嵌套路由实现导航功能。使用嵌套路由时，URL 中各段动态路径会按某种结构对应嵌套的各层组件。

在前面的示例中，<router-view> 是最顶层的出口，该出口用于渲染最高级路由匹配到的组件。同样，一个被渲染的组件的模板中同样可以包含嵌套的 <router-view>。要在嵌套的出口中渲染组件，需要在定义路由时配置 children 参数。

例如有这样一个应用，代码如下：

```
<div id="app">
   <router-view></router-view>
</div>
<script type="text/javascript">
   var Book = {
      template: '<div>图书{{ $route.params.number }}</div>'
   }
   var router = new VueRouter({
      routes: [
         { path: '/book/:number', component: Book }
      ]
   })
</script>
```

上述代码中，<router-view> 是最顶层的出口，它会渲染一个最高级路由匹配到的组件。同样，在组件的内部也可以包含嵌套的 <router-view>。例如，在 Book 组件的模板中添加一个 <router-view>，代码如下：

```
   var Book = {
      template: `<div>
         <span>图书{{ $route.params.number }}</span>
         <router-view></router-view>
      </div>`
   }
```

如果要在嵌套的出口中渲染组件，需要在定义路由时配置 children 参数。代码如下：

```
var router = new VueRouter({
   routes: [
      {
         path: '/book/:number',
         component: Book,
         children: [{
            // /book/:number/prose 匹配成功后，proseBook 会被渲染在 Book 的 <router-view> 中
            path: '/prose',
            component: proseBook
         },{
            // /book/:number/novel 匹配成功后，novelBook 会被渲染在 Book 的 <router-view> 中
            path: '/novel',
            component: novelBook
         }]
      }
   ]
})
```

注意

如果访问的路由不存在，则渲染组件的出口不会显示任何内容。这时可以提供一个空的路由。代码如下：

```
var router = new VueRouter({
   routes: [
      {
         path: '/book/:number',
         component: Book,
         children: [{
            // /book/:number 匹配成功后，proseBook 会被渲染在 Book 的 <router-view> 中
            path: '',
            component: proseBook
         },{
            // /book/:number/prose 匹配成功后，proseBook 会被渲染在 Book 的 <router-view> 中
            path: '/prose',
            component: proseBook
         },{
            // /book/:number/novel 匹配成功后，novelBook 会被渲染在 Book 的 <router-view> 中
            path: '/novel',
            component: novelBook
         }]
      }
   ]
})
```

下面通过一个实例来了解嵌套路由的应用。

实例 12.2　使用嵌套路由实现二级选项卡切换（实例位置：资源包 \Code\12\02）

使用嵌套路由实现二级选项卡切换效果，输出“电脑”“手机”和“家电”组件中相应的子组件内容，实现步骤如下：

① 创建 HTML 文件，在文件中引入 Vue.js 文件和 vue-router.js 文件，代码如下：

```
<script src="../JS/vue.js"></script>
<script src="../JS/vue-router.js"></script>
```

② 编写 HTML 代码，首先定义 <div> 元素，并设置其 id 属性值为 app，在该元素中应用 <router-link> 组件定义 3 个父级选项卡，并应用 <router-view> 渲染 3 个选项卡对应的组件内容。然后定义 3 个选项卡对应的组件模板内容。代码如下：

```
<div id="app">
   <div class="box">
      <ul class="mainmenu" :class="current">
         <li class="computer" v-on:click="current='computer'">
            <router-link to="/computer"> 电脑 </router-link>
         </li>
         <li class="tel" v-on:click="current='tel'">
            <router-link to="/tel"> 手机 </router-link>
         </li>
         <li class="ele" v-on:click="current='ele'">
            <router-link to="/ele"> 家电 </router-link>
         </li>
      </ul>
      <router-view></router-view>
   </div>
</div>
<template id="computer">
   <div class="sub">
      <div class="submenu">
         <ul :class="subcur">
```

```
            <li class="first" v-on:click="subcur='first'">
                <router-link to="/computer/whole">电脑整机</router-link>
            </li>
            <li class="second" v-on:click="subcur='second'">
                <router-link to="/computer/parts">电脑配件</router-link>
            </li>
            <li class="third" v-on:click="subcur='third'">
                <router-link to="/computer/equipment">外设产品</router-link>
            </li>
        </ul>
    </div>
    <router-view></router-view>
  </div>
</template>
<template id="tel">
  <div class="sub">
    <div class="submenu">
        <ul :class="subcur">
            <li class="first" v-on:click="subcur='first'">
                <router-link to="/tel/brand">手机品牌</router-link>
            </li>
            <li class="second" v-on:click="subcur='second'">
                <router-link to="/tel/memory">运行内存</router-link>
            </li>
            <li class="third" v-on:click="subcur='third'">
                <router-link to="/tel/size">屏幕尺寸</router-link>
            </li>
        </ul>
    </div>
    <router-view></router-view>
  </div>
</template>
<template id="ele">
  <div class="sub">
    <div class="submenu">
        <ul :class="subcur">
            <li class="first" v-on:click="subcur='first'">
                <router-link to="/ele/tv">智能电视</router-link>
            </li>
            <li class="second" v-on:click="subcur='second'">
                <router-link to="/ele/icebox">冰箱</router-link>
            </li>
            <li class="third" v-on:click="subcur='third'">
                <router-link to="/ele/wash">洗衣机</router-link>
            </li>
        </ul>
    </div>
    <router-view></router-view>
  </div>
</template>
```

③ 编写 CSS 代码，为页面元素设置样式，具体代码如下：

```
<style>
*{
  margin:0;                         /* 设置外边距 */
  padding:0;                        /* 设置内边距 */
  overflow:hidden;                  /* 设置溢出内容隐藏 */
}
.box{
```

```
    width:306px;                               /* 设置宽度 */
    margin:10px;                               /* 设置外边距 */
}
.box a,.sub a{
    text-decoration:none;                      /* 设置链接无下画线 */
}
ul{
    list-style:none;                           /* 设置列表无样式 */
}
ul.mainmenu li{
    float:left;                                /* 设置左浮动 */
}
ul.mainmenu li a{
    display:block;                             /* 设置块状元素 */
    background:#fefefe;                        /* 设置背景颜色 */
    background:-webkit-gradient(linear,left top,left bottom, from(#ffffff), to(#eeeeee));/*
设置背景渐变 */
    border:1px solid #ccc;                     /* 设置边框 */
    padding:5px 0;                             /* 设置内边距 */
    width:100px;                               /* 设置宽度 */
    text-align:center;                         /* 设置文本居中显示 */
    cursor:pointer;                            /* 设置鼠标光标样式 */
    color:#9966FF;                             /* 设置文字颜色 */
}
.submenu{
    width:100px;                               /* 设置宽度 */
    height:80px;                               /* 设置高度 */
    border-right:1px solid #999999;            /* 设置右边框 */
}
.submenu ul{
    width:80px;                                /* 设置宽度 */
    margin:0 auto;                             /* 设置外边距 */
}
.submenu li{
    width:80px;                                /* 设置宽度 */
    height:26px;                               /* 设置高度 */
    line-height:26px;                          /* 设置行高 */
    cursor:pointer;                            /* 设置鼠标光标样式 */
    font-size:14px;                            /* 设置文字大小 */
    text-align:center;                         /* 设置文本居中显示 */
}
.submenu li:hover{
    background:#EEEEEE;                        /* 设置背景颜色 */
}
.sub div{
    float:left;                                /* 设置左浮动 */
    display:inline-block;                      /* 设置行内块元素 */
    font-size:14px;                            /* 设置文字大小 */
    margin-right:10px;                         /* 设置右外边距 */
}
.computer .computer a,.tel .tel a,.ele .ele a{
    border-bottom:none;                        /* 设置无下边框 */
    background:#fff;                           /* 设置背景颜色 */
}
.first .first,.second .second,.third .third{
    background:#DDEEFF;                        /* 设置背景颜色 */
}
.box>div{
    clear:both;                                /* 清除浮动 */
    border:1px solid #ccc;                     /* 设置边框 */
```

```
   border-top:none;                       /* 设置无上边框 */
   width:304px;                           /* 设置宽度 */
   height:100px;                          /* 设置高度 */
   padding-top:20px;                      /* 设置上内边距 */
   text-align:center;                     /* 设置文本居中显示 */
   font-size:14px;                        /* 设置文字大小 */
   margin-top:-1px;                       /* 设置上外边距 */
}
</style>
```

④ 编写 JavaScript 代码，首先定义各个路由组件，包括父级选项卡对应的组件和子选项卡对应的组件，然后定义嵌套路由，最后创建 VueRouter 实例和 Vue 实例。代码如下：

```
<script type="text/javascript">
var Computer = {
   data : function(){
      return {
         subcur : 'first'// 选择子栏目的类名
      }
   },
   template : '#computer'// 组件的模板
}
var Tel = {
   data : function(){
      return {
         subcur : 'first'// 选择子栏目的类名
      }
   },
   template : '#tel'// 组件的模板
}
var Ele = {
   data : function(){
      return {
         subcur : 'first'// 选择子栏目的类名
      }
   },
   template : '#ele'// 组件的模板
}
var Whole = {
   template : '<div> 笔记本、台式机、一体机 </div>'
}
var Parts = {
   template : '<div>CPU、显示器、显卡 </div>'
}
var Equipment = {
   template : '<div> 鼠标、键盘、移动硬盘 </div>'
}
var Brand = {
   template : '<div> 华为、OPPO、vivo</div>'
}
var Memory = {
   template : '<div>4GB、8GB、16GB、18GB</div>'
}
var Size = {
   template : '<div>6.85 英寸、6.95 英寸 </div>'
}
var Tv = {
   template : '<div> 平板电视、家庭影音 </div>'
}
```

```
var Icebox = {
   template : '<div> 双门、三门、对开门 </div>'
}
var Wash = {
   template : '<div> 波轮、滚筒、洗烘一体 </div>'
}
var routes = [
    {
      path: '/computer',
      component: Computer,
      children:[
            {  // 默认路由
                path:"",
                component:Whole
            },
         {
                path:"whole",
                component:Whole
            },
            {
                path:"parts",
                component:Parts
            },
            {
                path:"equipment",
                component:Equipment
            }
        ]
   },
   {
      path: '/tel',
      component: Tel,
      children:[
            {  // 默认路由
                path:"",
                component:Brand
            },
         {
                path:"brand",
                component:Brand
            },
            {
                path:"memory",
                component:Memory
            },
            {
                path:"size",
                component:Size
            }
        ]
   },
   {
      path: '/ele',
       component: Ele,
       children:[
             {  // 默认路由
                 path:"",
                 component:Tv
             },
          {
```

```
                    path:"tv",
                    component:Tv
                },
                {
                    path:"icebox",
                    component:Icebox
                },
                {
                    path:"wash",
                    component:Wash
                }
            ]
    },
     {  //没有找到路由进行重定向
        path: "*",
        redirect: '/computer'
     }
]
var router = new VueRouter({
   routes
})
var app = new Vue({
   el: '#app',
   data: {
      current : 'computer'
   },
   router
});
</script>
```

运行程序，页面中有“电脑”“手机”和“家电”3 个父级选项卡，单击不同选项卡下的子栏目可以显示对应的内容，结果如图 12.9、图 12.10 所示。

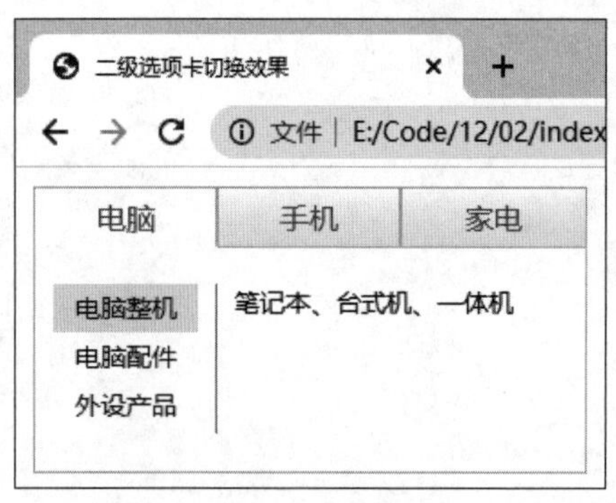

图 12.9　显示“电脑整机”内容

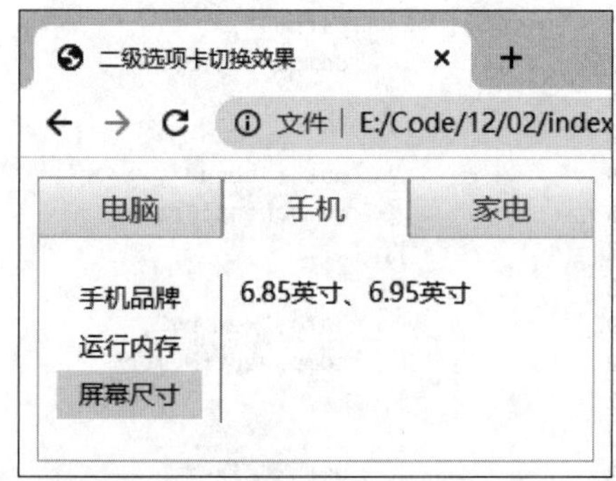

图 12.10　显示“屏幕尺寸”内容

12.1.7　设置视图名称

有些页面布局分为顶部、左侧导航栏和主显示区三个部分。如果是这种情况，需要将每个部分定义为一个视图。为了在界面中同时展示多个视图，需要为每个视图（router-view）设置一个名称，通过名称渲染对应的组件。在界面中可以有多个单独命名的视图，而不是只有一个单独的出口。如果没有为 router-view 设置名称，那么它的名称默认为 default。例如，在页面中设置三个视图，代码如下：

```
<router-view class="top"></router-view>
<router-view class="left" name="left"></router-view>
<router-view class="main" name="main"></router-view>
```

一个视图需要使用一个组件渲染，因此对于同一个路由，多个视图就需要渲染多个组件。为上述三个视图应用组件进行渲染的代码如下：

```
var router = new VueRouter({
   routes: [
      {
         path: '/',
         components: {
            default: Top,
            left: Left,
            main: Main
         }
      }
   ]
})
```

下面是一个应用多视图的示例，实现“课程”和“读书”两个栏目之间的切换。代码如下：

```
<style>
   body{
      font-family: 微软雅黑 ;                  /* 设置字体 */
      font-size: 14px;                         /* 设置文字大小 */
   }
   a{
      text-decoration:none;                    /* 设置超链接无下画线 */
   }
   ul{
      list-style:none;                         /* 设置列表无样式 */
      width:300px;                             /* 设置宽度 */
      height:30px;                             /* 设置高度 */
      line-height:30px;                        /* 设置行高 */
      background:green;                        /* 设置背景颜色 */
   }
   ul li{
      float:left;                              /* 设置左浮动 */
      margin-left:20px;                        /* 设置左外边距 */
   }
   ul li a{
      color: white;                            /* 设置文字颜色 */
   }
   .left{
      float: left;                             /* 设置左浮动 */
      width: 100px;                            /* 设置宽度 */
      height: 60px;                            /* 设置高度 */
      line-height: 60px;                       /* 设置行高 */
      text-align: center;                      /* 设置文本居中显示 */
      border-right: 1px solid #666666;         /* 设置右边框 */
   }
   .main{
      float: left;                             /* 设置左浮动 */
      width: 200px;                            /* 设置宽度 */
      padding-left: 20px;                      /* 设置左内边距 */
   }
```

```
</style>
<div id="app">
   <ul>
      <li>
         <router-link to="/course"> 课程 </router-link>
      </li>
      <li>
         <router-link to="/book"> 读书 </router-link>
      </li>
   </ul>
   <router-view class="left" name="left"></router-view>
   <router-view class="main" name="main"></router-view>
</div>
<script type="text/javascript">
   var WebCourse = {// 定义 WebCourse 组件
      template: '<div> 前端课程 </div>'
   };
   var WebCourseList = {// 定义 WebCourseList 组件
      template: `<div>
         <div>HTML5+CSS3 入门第一季 </div>
         <div>JavaScript 入门第一季 </div>
      </div>`
   };
   var WebBook = {// 定义 WebBook 组件
      template: '<div> 前端图书 </div>'
   };
   var WebBookList = {// 定义 WebBookList 组件
      template: `<div>
         <div>HTML5+CSS3 精彩编程 200 例 </div>
         <div> 零基础学 JavaScript</div>
      </div>`
   };
   var router = new VueRouter({
      routes: [{
         path: '/course',
         // /course 匹配成功后渲染的组件
         components: {
            left: WebCourse,
            main: WebCourseList
         }
      }, {
         path: '/book',
         // /book 匹配成功后渲染的组件
         components: {
            left: WebBook,
            main: WebBookList
         }
      }]
   });
   var app = new Vue({
      el: '#app',
      router
   });
</script>
```

运行结果如图 12.11、图 12.12 所示。

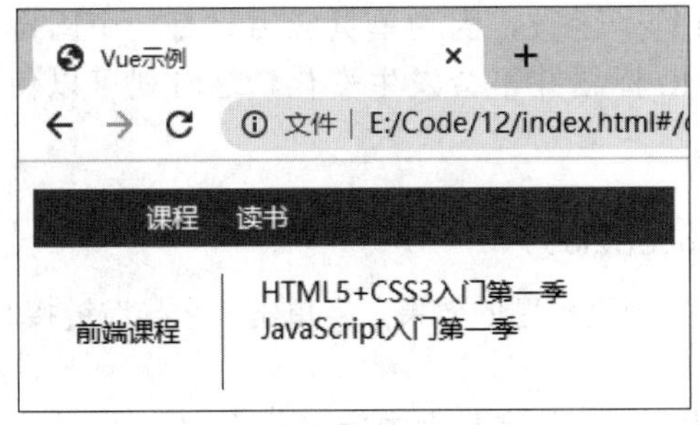

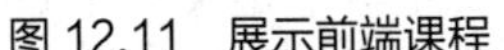
图 12.11　展示前端课程

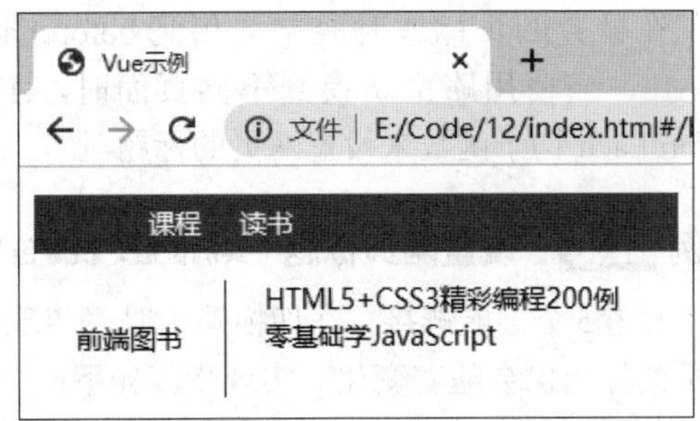

图 12.12　展示前端图书

12.1.8　路由重定向

重定向是一种将网络请求进行重新定位的方式。它可以将页面自动跳转到一个指定的目标地址。如果为一个要访问的路径设置了重定向规则，在访问该路径时会被重定向到指定的路径。在路由中设置重定向也是通过路由配置来完成。例如，设置路径从 /source 重定向到 /target 的代码如下：

```
var router = new VueRouter({
   routes: [
      { path: '/source', redirect: '/target' }
   ]
})
```

上述代码中，当用户访问路径 /source 时，URL 中的 /source 将会被替换为 /target，并匹配路由 /target，这时会渲染 /target 路由映射的组件。

重定向的目标路径也可以是一个命名的路由。例如，将路径 /source 重定向到名称为 book 的路由，代码如下：

```
var router = new VueRouter({
   routes: [
      { path: '/source', redirect: { name: 'book' }}     // 重定向到名称为 book 的路由
   ]
})
```

12.1.9　路由的高级用法

（1）beforeEach 钩子函数

beforeEach 是 vue-router 提供的一个钩子函数，该函数会在路由即将发生改变之前触发。使用 beforeEach 钩子函数，在路由发生变化时可以进行一些特殊的处理。该函数的语法如下：

```
beforeEach((to, from, next) => {
   // ...
})
```

参数说明：

☑ to：即将要进入的目标路由对象。

☑ from：当前导航即将要离开的路由对象。

☑ next：调用该方法后进入下一个钩子。

在设置网页标题时经常会用到beforeEach钩子函数。因为单页应用只有一个固定的HTML，当使用路由切换到不同页面时，HTML标题并不会发生变化。这时就可以使用beforeEach钩子函数来设置网页的标题。

实例 12.3 设置网页标题（实例位置：资源包\Code\12\03）

设置5个导航链接，在切换路由时，实现设置网页标题的效果。当单击某个导航链接时，网页的标题也会随着变化。实现步骤如下：

① 定义<div>元素，并设置其id属性值为app，在该元素中定义一个class属性值为menu的div元素，然后在该元素中使用<router-link>组件定义5个导航链接，并将对应的组件模板渲染到router-view中。代码如下：

```
<div id="app">
   <div class="menu">
      <router-link to="/">学习用书</router-link>
      <router-link to="/novel">文学小说</router-link>
      <router-link to="/education">教育培训</router-link>
      <router-link to="/science">人文社科</router-link>
      <router-link to="/ent">文娱商城</router-link>
   </div>
   <router-view></router-view>
</div>
```

② 编写CSS代码，为页面元素设置样式，代码如下：

```
<style>
   .menu{
      display:inline-block;                    /* 设置行内块元素 */
      background-color:#3399FF;                /* 设置背景颜色 */
      margin:20px;                             /* 设置外边距 */
   }
   a{
      display:inline-block;                    /* 设置行内块元素 */
      width:100px;                             /* 设置宽度 */
      height:40px;                             /* 设置高度 */
      line-height:40px;                        /* 设置行高 */
      cursor:pointer;                          /* 设置鼠标光标形状 */
      text-align:center;                       /* 设置文本居中显示 */
      color:#FFFFFF;                           /* 设置文字颜色 */
      text-decoration: none;                   /* 设置链接无下画线 */
   }
   .router-link-exact-active{
      background-color:#9966FF;                /* 设置背景颜色 */
      color:#FFFFFF;                           /* 设置文字颜色 */
   }
   ul{
      list-style: none;                        /* 设置列表无样式 */
      padding-left: 50px;                      /* 设置内边距 */
   }
   ul li{
      float: left;                             /* 设置左浮动 */
      width: 100px;                            /* 设置宽度 */
      text-align: center;                      /* 设置文字居中显示 */
   }
</style>
```

router-link-exact-active 是为当前路由对应的导航链接自动添加的 class 类名。在实现导航栏时，可以使用该类名高亮显示当前页面对应的导航菜单项。类名中的 exact 表示精确匹配，不加 exact 的类名表示模糊匹配。例如，为嵌套路由中的导航菜单项设置高亮显示可以使用 router-link-active 类。

③ 先定义 5 个组件的模板，然后定义路由，在定义路由时通过 meta 字段设置每个页面的标题。接着创建 router 实例，再使用 beforeEach 钩子函数，当使用路由切换到不同页面时设置网页的标题，最后挂载根实例并注入定义的路由。代码如下：

```
<script type="text/javascript">
var Study = {// 定义 Study 组件
    template : `<div>
        <ul>
            <li> 课外阅读 </li><li> 考研用书 </li><li> 大学教材 </li>
        </ul>
    </div>`
}
var Novel = {// 定义 Novel 组件
    template : `<div>
        <ul>
            <li> 散文随笔 </li><li> 名家作品 </li><li> 世界名著 </li>
        </ul>
    </div>`
}
var Education = {// 定义 Education 组件
    template : `<div>
        <ul>
            <li> 考证培训 </li><li> 学历培训 </li><li> 职业培训 </li>
        </ul>
    </div>`
}
var Science = {// 定义 Science 组件
    template : `<div>
        <ul>
            <li> 国学古籍 </li><li> 历史文化 </li><li> 社会科学 </li>
        </ul>
    </div>`
}
var Ent = {// 定义 Ent 组件
    template : `<div>
        <ul>
            <li> 陶瓷艺术 </li><li> 环球音乐 </li><li> 盲盒手办 </li>
        </ul>
    </div>`
}
var routes = [
    {  // 默认渲染 Study 组件
        path: '',
        component: Study,
        meta: {
            title: ' 学习用书类图书 '
        }
    },
    {
        path: '/study',
        name: 'study',
```

```
      component: Study,
      meta: {
        title: '学习用书类图书'
      }
    },
    {
      path: '/novel',
      name: 'novel',
      component: Novel,
      meta: {
        title: '文学小说类图书'
      }
    },
    {
      path: '/education',
      name: 'education',
      component: Education,
      meta: {
        title: '教育培训类图书'
      }
    },
    {
      path: '/science',
      name: 'science',
      component: Science,
      meta: {
        title: '人文社科类图书'
      }
    },
    {
      path: '/ent',
      name: 'ent',
      component: Ent,
      meta: {
        title: '文娱商城类图书'
      }
    }
]
var router = new VueRouter({
  routes
})
router.beforeEach((to, from, next) => {
  document.title = to.meta.title;
  next();
})
var app = new Vue({
  el: '#app',
  router// 注入路由
});
</script>
```

运行实例，页面中有 5 个导航链接，当单击不同的导航链接时，网页的标题也会随着变化。结果如图 12.13 和图 12.14 所示。

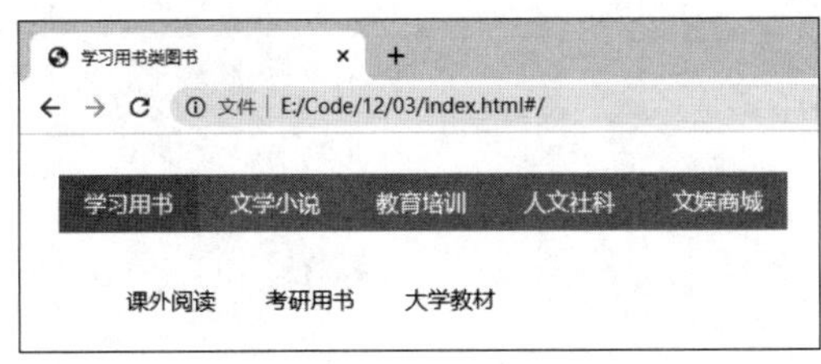

图 12.13　显示学习用书类图书

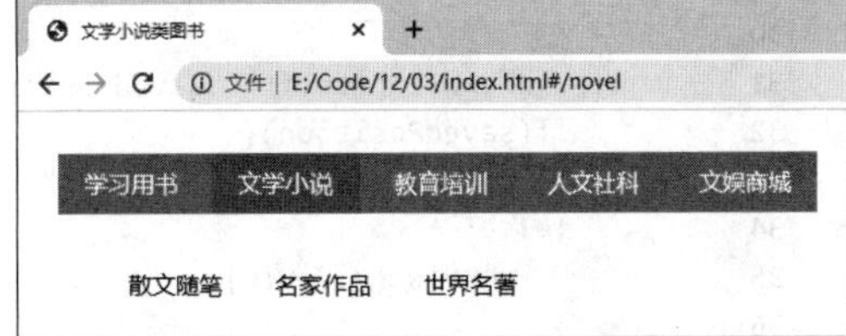

图 12.14　显示文学小说类图书

（2）scrollBehavior 方法

在单页应用中使用路由功能，如果在切换到新的路由之前页面中出现了滚动条，那么在默认情况下，切换路由之后的页面并不会滚动到顶部。如果想要使页面滚动到顶部，或者保持原来的滚动位置，需要使用 vue-router 提供的 scrollBehavior 方法来实现。该方法可以自定义路由切换时页面如何滚动。scrollBehavior 方法的语法如下：

```
scrollBehavior (to, from, savedPosition) {
    // return 期望滚动到哪个位置
}
```

参数说明：

① to：即将要进入的目标路由对象。

② from：当前导航即将要离开的路由对象。

③ savedPosition：当导航通过浏览器的前进或后退按钮触发时才可用。

下面是一个路由切换时使页面滚动到顶部的示例，代码如下：

```
<style>
   p{
      margin-top: 200px;/* 设置上外边距 */
   }
</style>
<div id="app">
   <p>
      <router-link to="/"> 电影 </router-link>
      <router-link to="/music"> 音乐 </router-link>
   </p>
   <router-view></router-view>
</div>
<script type="text/javascript">
   var Movie = {
      template : '<div style="height: 1500px"> 电影资讯 </div>'
   }
   var Music = {
      template : '<div style="height: 1500px"> 音乐资讯 </div>'
   }
   var router = new VueRouter({
      routes: [
         {
            path: '/',
            component: Movie
         },{
            path: '/music',
            component: Music
         }
      ],
```

```
        //跳转页面后置顶
        scrollBehavior(to,from,savedPosition){
           if(savedPosition){
              return savedPosition;
           }else{
              return {x:0,y:0}
           }
        }
    });
    var app = new Vue({
       el: '#app',
       router
    });
</script>
```

上述代码中，单击“电影”或“音乐”超链接，在页面内容切换的同时，页面会自动滚动到顶部。而当导航通过浏览器的“前进”或“后退”按钮触发时，页面的滚动条不会发生变化。

12.2 实现 Ajax 请求

在实际开发过程中，浏览器通常需要和服务端进行数据交互。而 Vue.js 并未提供与服务端通信的接口。在 Vue 1.0 版本的时代，官方推荐使用 vue-resource 插件实现基于 Ajax 的服务端通信。但是自从 Vue.js 更新到 2.0 版本之后，官方已不再对 vue-resource 进行更新和维护。从 Vue.js 2.0 版本之后，官方推荐使用 axios 来实现 Ajax 请求。axios 是一个基于 promise 的 HTTP 客户端，它的主要特点如下：

① 从浏览器中创建 XMLHttpRequest。

② 从 node.js 发出 HTTP 请求。

③ 支持 Promise API。

④ 拦截请求和响应。

⑤ 转换请求和响应数据。

⑥ 取消请求。

⑦ 自动转换 JSON 数据。

⑧ 客户端支持防止 CSRF/XSRF。

下面具体介绍一下 axios 的使用。

12.2.1 引入 axios

在使用 axios 发送 Ajax 请求之前，需要在页面中引入 axios，主要有两种方式，分别如下：

（1）下载并使用 <script> 标签引入

在 github 可以直接下载 axios 文件。下载步骤如下：

① 在浏览器的地址栏中输入“https://github.com/axios/axios”，并按下“Enter”键，打开页面后，找到“Code”超链接并用鼠标单击，如图 12.15 所示。

② 用鼠标单击图 12.15 中的“Download ZIP”超链接，即可将压缩文件夹下载到本地计算机上。

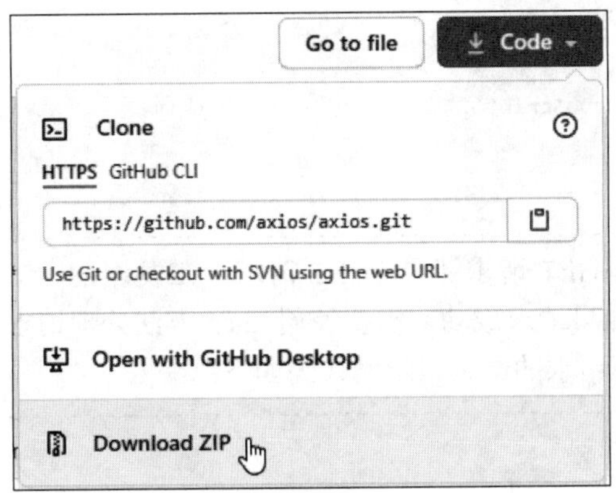

图 12.15　单击“Code”超链接

对压缩文件夹进行解压缩，找到 axios-master\dist 文件夹下的 axios.min.js 文件。通常将该文件和 vue.js 文件统一放置在项目的 JS 文件夹中，然后在页面中使用 <script> 标签将其引入文件中。代码如下：

```
<script type="text/javascript" src="JS/axios.min.js"></script>
```

（2）使用 CDN 方法

在项目中使用 axios，还可以采用引用外部 CDN 文件的方式。在项目中直接通过 <script> 标签加载 CDN 文件，代码如下：

```
<script src="https://unpkg.com/axios/dist/axios.min.js"></script>
```

12.2.2　发送 GET 请求

GET 请求主要是从服务器上获取数据，传递的数据量比较小。使用 axios 发送 GET 请求主要有两种格式，第一种格式如下：

```
axios(options)
```

options 参数用于设置发送请求的配置选项。示例代码如下：

```
axios({
    method: 'get', // 请求方式
    url:'/book',       // 请求的 URL
    params:{type:'JavaScript',count:10}    // 传递的参数
})
```

第二种格式如下：

```
axios.get(url[,options])
```

参数说明：

☑ url：请求的服务器 URL。

☑ options：发送请求的配置选项。

示例代码如下：

```
axios.get('book.php',{
   params:{   //传递的参数
      type : 'JavaScript',
      count : 10
   }
})
```

使用 axios 无论发送 GET 请求还是 POST 请求，在发送请求后都需要使用回调函数对请求的结果进行处理。如果请求成功，需要使用 .then 方法处理请求的结果，如果请求失败，需要使用 .catch 方法处理请求的结果。示例代码如下：

```
axios.get('book.php',{
   params:{   //传递的参数
      type : 'JavaScript',
      count : 10
   }
}).then(function(response){
   console.log(response.data);
}).catch(function(error){
   console.log(error);
})
```

注意

这两个回调函数都有各自独立的作用域，如果在函数内部访问 Vue 实例，则不能直接使用 this 关键字。为了解决这个问题，需要在回调函数的后面添加 .bind(this)。

实例 12.4 检测注册用户名是否被占用（实例位置：资源包 \Code\12\04）

在用户注册表单中，使用 axios 检测输入的用户名是否被占用。如果输入的用户名已经存在，右侧会提示“该用户名已被占用”，如果输入的用户名不存在，右侧会提示“该用户名可以使用”。关键代码如下：

```
<div id="app">
   <div class="middle-box">
      <span>
         <a class="active">注册</a>
      </span>
      <form name="form" autocomplete="off">
         <div class="form-group">
            <label for="name">用户名：</label>
            <input id="name" type="text" class="form-control" placeholder="请输入用户名" v-model="username">
            <span :style="{color:fcolor}">{{info}}</span>
         </div>
         <div class="form-group">
            <label for="password">密  码：</label>
            <input id="password" type="password" class="form-control" placeholder="请输入密码">
         </div>
         <div class="form-group">
            <label for="passwords">确认密码：</label>
            <input id="passwords" type="password" class="form-control" placeholder="请输入确认密码">
```

```
            </div>
            <div>
                <button type="button" class="btn-primary">注 册</button>
            </div>
        </form>
    </div>
</div>
<script type="text/javascript">
var vm = new Vue({
    el: '#app',
    data: {
        username: '',//用户名
        info: '',//提示信息
        fcolor: ''//提示文字颜色
    },
    watch: {
        username: function(val){
            axios({
                method: 'get',
                url:'user.json'
            }).then(function(response){
                var nameArr = response.data;//获取响应数据
                var result = true;//定义变量
                for(var i=0;i<nameArr.length;i++){
                    if(nameArr[i].name === val){//判断用户名是否已存在
                        result = false;//为变量重新赋值
                        break;//退出 for 循环
                    }
                }
                if(!result){     //用户名已存在
                    this.info = '该用户名已被占用! ';
                    this.fcolor = 'red';
                }else{         //用户名不存在
                    this.info = '该用户名可以使用! ';
                    this.fcolor = 'green';
                }
            }.bind(this));
        }
    }
});
</script>
```

运行实例，在文本框中输入注册用户名，右侧会实时显示检测结果，结果如图 12.16 和图 12.17 所示。

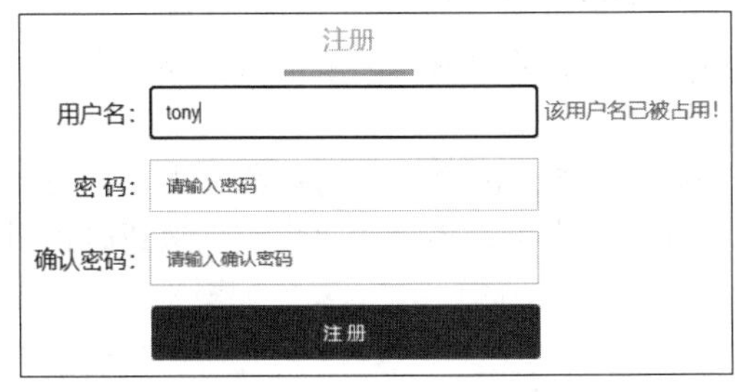

图 12.16　提示用户名已被占用

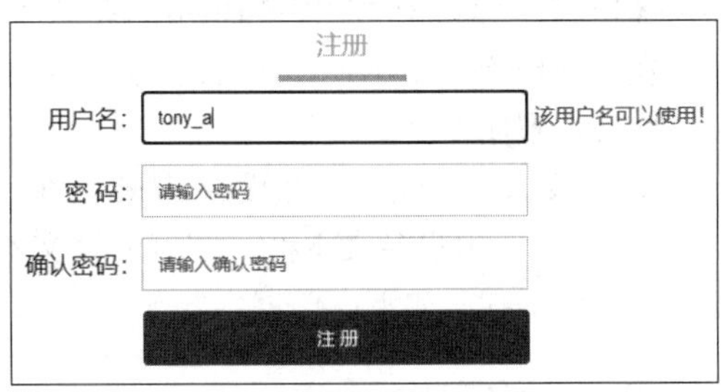

图 12.17　提示用户名可以使用

运行 axios 代码需要在服务器环境中，否则会抛出异常。推荐使用 Apache 作为 Web 服务器。本书中使用的是 phpStudy 集成开发工具。在 phpStudy 中集成了 PHP、Apache 和 MySQL 等服务器软件。安装 phpStudy 后，将本章实例文件夹“12”存储在网站根目录（通常为 phpStudy 安装目录下的 WWW 文件夹）下，在地址栏中输入“http://localhost/12/04/index.html”，然后单击 <Enter> 键运行该实例。

12.2.3 发送 POST 请求

POST 请求主要是向服务器传递数据，传递的数据量比较大。使用 axios 发送 POST 请求同样有两种格式，第一种格式如下：

```
axios(options)
```

options 参数用于设置发送请求的配置选项。示例代码如下：

```
axios({
   method:'post',                        //请求方式
   url:'/book',                          //请求的 URL
   data:'type=JavaScript&count=10'       //发送的数据
})
```

第二种格式如下：

```
axios.post(url,data,[options])
```

参数说明：

☑ url：请求的服务器 URL。

☑ data：发送的数据。

☑ options：发送请求的配置选项。

示例代码如下：

```
axios.post('book.php','type=JavaScript&count=10')
```

使用 axios 发送 POST 请求传递数据时，数据传递的方式有多种，其中最简单的一种是将传递的参数写成 URL 查询字符串的方式，例如“type=JavaScript&count=10”。

实例 12.5 显示用户的留言信息（实例位置：资源包\Code\12\05）

在用户留言表单中，使用 axios 发送 POST 请求，将服务器返回的响应数据显示在页面中。实现步骤如下：

① 定义 <div> 元素，并设置其 id 属性值为 app，在该元素中定义用户留言表单，应用 v-model 指令对用户名文本框和留言内容文本域进行数据绑定，当单击“提交”按钮时调用 show() 方法，代码如下：

```
<div id="app">
   <div class="title">用户留言 </div>
```

```
    <form>
        <div class="one">
            <label for="name">用户名：</label>
            <input type="text" id="name" v-model="username" size="10">
            <span :style="{color:fcolor}">{{uinfo}}</span>
        </div>
        <div class="one">
            <label for="content">留言内容：</label>
            <textarea id="content" v-model="content"></textarea>
            <span :style="{color:fcolor}">{{cinfo}}</span>
        </div>
        <div class="two">
            <input type="button" value=" 提交 " @click="show">
        </div>
    </form>
    <div id="responseText"></div>
</div>
```

② 编写 CSS 代码，为页面元素设置样式，代码如下：

```
<style>
body{
    font-family:微软雅黑;                    /* 设置字体 */
    font-size:14px;                         /* 设置文字大小 */
}
.title{
    font-size:18px;                         /* 设置文字大小 */
    line-height:50px;                       /* 设置行高 */
    margin-left:130px;                      /* 设置左外边距 */
}
.one{
    margin:10px 0;                          /* 设置外边距 */
}
.one label{
    width:100px;                            /* 设置宽度 */
    float:left;                             /* 设置左浮动 */
    text-align:right;                       /* 设置文字右侧显示 */
    height:20px;                            /* 设置高度 */
    line-height:20px;                       /* 设置行高 */
}
.two{
    padding-left:120px;                     /* 设置左内边距 */
}
#responseText{
    margin: 20px 30px;                      /* 设置外边距 */
}
</style>
```

③ 创建 Vue 实例，在实例中定义挂载元素、数据和方法，在定义的 show 方法中，首先判断用户输入的用户名和留言内容是否为空，如果不为空就使用 axios 发送 POST 请求，根据服务器返回的响应获取用户输入的留言信息。代码如下：

```
<script type="text/javascript">
var vm = new Vue({
    el: '#app',
    data: {
        username: '',                       //用户名
        content: '',                        //留言内容
        fcolor: '',                         //提示文字颜色
```

```
         uinfo: '',  //用户名提示信息
         cinfo: ''   //留言内容提示信息
      },
      methods: {
         show: function(){
            this.uinfo = '';
            this.cinfo = '';
            if (this.username === "") {
               this.uinfo = '请输入用户名';
               this.fcolor = 'red';
                    document.getElementById('name').focus();//用户名文本框获得焦点
               return false;
             }else{
               this.uinfo = '';
            }
            if (this.content === "") {
               this.cinfo = '请输入留言内容';
               this.fcolor = 'red';
               document.getElementById('content').focus();//文本域获得焦点
               return false;
            }else{
               this.cinfo = '';
            }
            if (this.username && this.content) {
               axios({
                  method: 'post',
                  url: 'index.php',//请求服务器URL
                  //传递的数据
                  data: 'username='+this.username+'&content='+this.content
               }).then(function(response){
                  if(response.data){//根据服务器返回的响应判断结果
                     var d = response.data;
                     responseText.innerHTML = '用户名：' + d.username + '<br>留言内容：' + d.content;
                  }
               }.bind(this)).catch(function(error){
                  alert(error);
               });
            }
         }
      }
   });
</script>
```

运行实例，在表单中输入用户名和留言内容，单击“提交”按钮后会显示用户输入的留言信息，如图12.18所示。

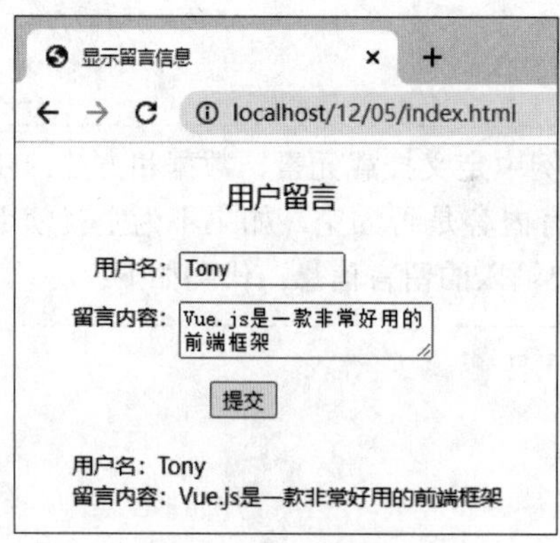

图12.18 输出留言信息

12.3 综合案例——应用嵌套路由实现组件的切换

路由功能经常使用在组件切换的应用中。本案例以嵌套路由的内容为基础，实现手机和电脑组件之间的切换效果。（**实例位置：资源包 \Code\12\06**）

（1）案例分析

本案例中有两个一级导航链接“手机”和“电脑”，在“手机”下有两个二级导航链接“华为手机”和“OPPO 手机”，在“电脑”下有两个二级导航链接“联想电脑”和“戴尔电脑”。实现二级导航链接需要使用嵌套路由。在定义路由时，将一级导航链接“手机”和“电脑”对应的组件作为最高级路由匹配的组件，将二级导航链接对应的组件作为子路由匹配的组件，这样就能实现嵌套路由中组件之间的切换效果。

（2）实现过程

① 定义 <div> 元素，并设置其 id 属性值为 app，在该元素中定义“手机”和“电脑”两个导航链接，并将对应的组件模板渲染到 router-view 中，代码如下：

```
<div id="app">
   <div class="menu">
      <ul>
         <li>
            <router-link to="/tel"> 手机 </router-link>
         </li>
         <li>
            <router-link to="/computer"> 电脑 </router-link>
         </li>
      </ul>
   </div>
   <div class="content">
      <router-view></router-view>
   </div>
</div>
```

② 编写 CSS 代码，为页面元素设置样式，代码如下：

```
<style>
   body{
      font-family: 微软雅黑 ;                    /* 设置字体 */
   }
   a{
      text-decoration:none;                    /* 设置超链接无下画线 */
   }
   .menu{
      width:300px;                             /* 设置宽度 */
      height:30px;                             /* 设置高度 */
      line-height:30px;                        /* 设置行高 */
      background:green;                        /* 设置背景颜色 */
   }
   ul{
      list-style:none;                         /* 设置列表无样式 */
   }
   .menu ul li{
      float:left;                              /* 设置左浮动 */
      margin-left:20px;                        /* 设置左外边距 */
   }
   .menu ul li a{
```

```
      color: white;                           /* 设置文字颜色 */
   }
   .content{
      clear:both;                             /* 清除浮动 */
   }
   .content ul li{
      float:left;                             /* 设置左浮动 */
      margin-left:20px;                       /* 设置左外边距 */
      font-size:14px;                         /* 设置文字大小 */
   }
   h3{
      clear:both;                             /* 清除浮动 */
      margin-left:30px;                       /* 设置左外边距 */
      padding-top:20px;                       /* 设置上内边距 */
   }
</style>
```

③ 先定义 Tel 组件和 Computer 组件，在两个组件的模板中分别定义两个二级导航链接和一个用于渲染组件的 router-view，然后定义嵌套路由并创建 router 实例，最后创建和挂载根实例，并注入定义的路由。代码如下：

```
<script type="text/javascript">
var Tel = {// 定义 Tel 组件
   template : `<div>
      <ul>
         <li><router-link to="/tel/huawei"> 华为手机 </router-link></li>
         <li><router-link to="/tel/oppo">OPPO 手机 </router-link></li>
      </ul>
      <router-view></router-view>
     </div>`
}
var Computer = {// 定义 Computer 组件
   template : `<div>
      <ul>
         <li><router-link to="/computer/lenovo"> 联想电脑 </router-link></li>
         <li><router-link to="/computer/dell"> 戴尔电脑 </router-link></li>
      </ul>
      <router-view></router-view>
     </div>`
}
var routes = [
   {  // 默认渲染 Tel 组件
      path: '',
      component: Tel,
   },
    {
      path: '/tel',
      component: Tel,
      children:[// 定义子路由
           {
             path: "huawei",
             component: {
            template: '<h3> 华为 P50、华为 nova9</h3>'
           }
           },
         {
             path: "oppo",
             component: {
            template: '<h3>OPPO Reno8、OPPO Find X5</h3>'
```

```
                }
                }
            ]
    },
    {
        path: '/computer',
        component: Computer,
        children:[// 定义子路由
                {
                    path: "lenovo",
                    component: {
                   template: '<h3>联想小新 Air15、联想 YOGA 14s</h3>'
                }
                },
            {
                    path: "dell",
                    component: {
                   template: '<h3>戴尔灵越 3511、戴尔灵越 16Plus</h3>'
                }
                }
            ]
    }
]
var router = new VueRouter({
    routes
})
var app = new Vue({
    el: '#app',
    router
});
</script>
```

运行实例，当单击“手机”中的“华为手机”链接时，URL 路由为 #/tel/huawei。结果如图 12.19 所示。当单击“电脑”中的“戴尔电脑”链接时，URL 路由为 #/computer/dell。结果如图 12.20 所示。

图 12.19　显示手机 / 华为手机信息

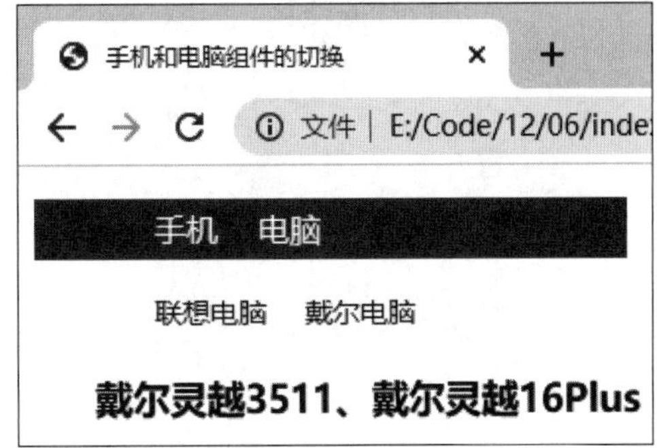

图 12.20　显示电脑 / 戴尔电脑信息

12.4　实战练习

实现一个通过选项卡切换不同类别商品的效果。运行程序，页面中有 5 个选项卡，分别代表不同类别的商品，如图 12.21 所示。当鼠标单击不同的选项卡时，页面下方会显示对应

的商品信息，结果如图 12.22 所示。（**实例位置：资源包 \Code\12\07**）

图 12.21　输出“推荐”商品

图 12.22　输出“猜你喜欢”商品

小结

本章主要介绍了 Vue.js 中的路由和数据请求的功能。通过 vue-router 插件可以实现路由管理，通过 axios 可以方便地实现和服务端进行数据交互。

第 13 章 单页 Web 应用

将多个组件写在同一个文件的方式适用于一些中小规模的项目。但是如果在更复杂的项目中，这种方式就会出现很多弊端。为此，Vue.js 提供了文件扩展名为 .vue 的单文件组件。单文件组件是 Vue.js 自定义的一种文件格式，一个 .vue 文件就是一个单独的组件，而多个组件组合在一起就可以实现单页 Web 应用。本章主要介绍如何使用 Vue.js 实现实际 SPA（单页 Web 应用）项目的开发。

13.1 webpack 简介

webpack 是一个前端资源加载和打包工具。它可以将 JavaScript、CSS 样式、图片等各种资源作为模块来使用，然后将这些模块按照一定规则进行打包处理，打包后会生成对应的静态资源。将模块进行打包处理的示意图如图 13.1 所示。

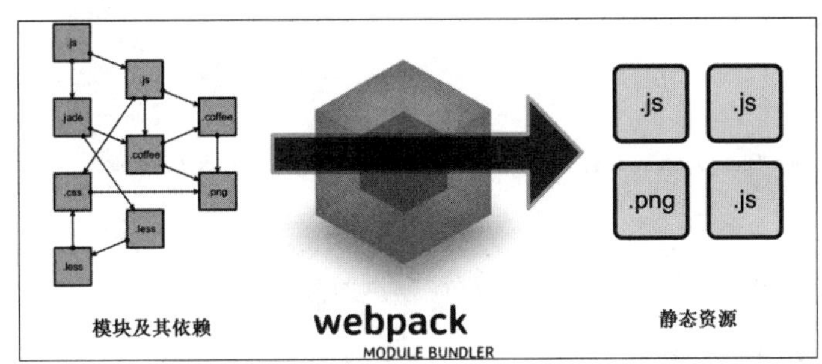

图 13.1　模块打包处理示意图

由图 13.1 可以看出，不同的模块在经过 webpack 打包处理后转换成静态资源，减少了页面的请求。下面介绍 webpack 的安装与使用。

13.1.1 webpack 的安装

在安装 webpack 之前，首先需要在计算机中安装最新版本的 node.js。node.js 可以在它的官方网站中下载。

node.js 的下载与安装比较简单，这里不作描述，读者可以参考互联网上的相关介绍。

在安装 node.js 之后，下面开始安装 webpack。具体步骤如下：

① 打开命令提示符窗口，对 webpack 和 webpack-cli 进行全局安装。输入命令如下：

```
npm install webpack webpack-cli -g
```

其中，webpack-cli 工具用于在命令行中运行 webpack。

② 在指定路径“E:\Code\13”下创建项目文件夹 app，然后在命令提示符窗口中将当前路径切换到“E:\Code\13\app”，接下来使用 npm 命令初始化项目，输入命令如下：

```
npm init
```

执行命令后，会出现一系列选项，包括输入描述信息、关键词、作者等信息，单击 <Enter> 键快速确认即可。

③ 对 webpack 进行本地安装，输入命令如下：

```
npm install webpack --save-dev
```

13.1.2 webpack 的基本用法

下面通过一个简单的应用来了解通过 webpack 命令对模块进行打包的过程。在 app 文件夹下创建一个 src 文件夹，在该文件夹下创建两个文件，一个是 index.js 文件，另一个是 index.html 文件。index.js 文件是项目的入口文件，代码如下：

```
document.write("千里之行，始于足下。");
```

index.html 文件的代码如下：

```
<!DOCTYPE html>
<html lang="en">
<head>
    <meta charset="UTF-8">
</head>
<body>
<script type="text/javascript" src="../dist/main.js"></script>
</body>
</html>
```

接下来使用 webpack 命令进行打包处理，输入命令如下：

```
webpack --mode=development
```

输入命令后，单击 <Enter> 键，执行后的结果如图 13.2 所示。

```
管理员: 命令提示符
E:\Code\13\app>webpack --mode=development
asset main.js 1.22 KiB [emitted] (name: main)
./src/index.js 49 bytes [built] [code generated]
webpack 5.42.0 compiled successfully in 403 ms

E:\Code\13\app>
```

图 13.2 执行 webpack 命令

执行 webpack 命令后，webpack 会自动寻找 src 文件夹下的入口文件 index.js 文件，并对该文件进行编译。编译后在 app 文件夹下自动生成了一个 dist 文件夹，在 dist 文件夹下生成 main.js 文件。这时，在浏览器中打开 index.html 文件，输出结果如图 13.3 所示。

图 13.3　输出结果

dist 文件夹下的 main.js 文件是默认的输出文件，输出文件可以在 webpack 配置文件中进行设置。

下面在 src 文件夹下创建一个 module.js 文件，代码如下：

```
function sum(m,n){
     document.write("a = " + m + "<br>");
     document.write("b = " + n + "<br>");
     document.write("a + b = " + (m + n));
}
export {sum};
```

对 index.js 文件进行修改，通过 import 引入 module.js 文件，代码如下：

```
import {sum} from './module.js'// 引入 module.js 文件
sum(5,7)
```

这时，再次使用 webpack 命令进行打包处理，执行后的结果如图 13.4 所示。

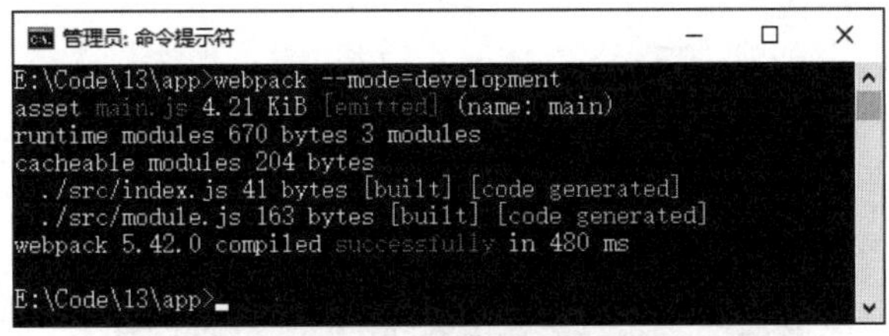

图 13.4　执行 webpack 命令

在浏览器中重新访问 index.html 文件，输出结果如图 13.5 所示。

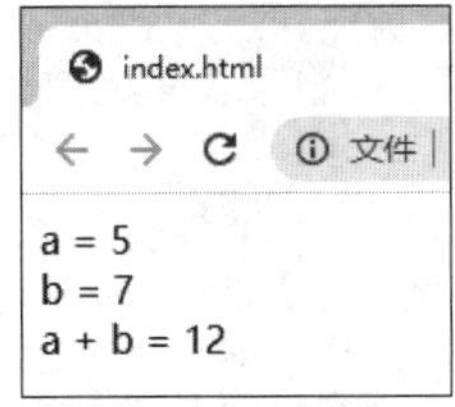

图 13.5　输出结果

通过上述应用可以看出，webpack 从入口文件开始对依赖文件（通过 import 或 require 引入的其他文件）进行打包，webpack 会解析依赖的文件，然后将内容输出到 dist 文件夹下的 main.js 文件中。

13.2 loader 简介

webpack 本身只能处理 JavaScript 文件和 JSON 文件，如果要处理其他类型的文件，就需要使用 loader 对这些文件进行转换。loader 是基于 webpack 的加载器，它可以让 webpack 处理 CSS、图片等类型的文件。下面介绍如何通过 loader 引入 CSS 文件和图片文件。

13.2.1 CSS 加载器

如果想要在应用中使用 CSS 文件为元素设置样式，需要使用两个加载器，一个是 css-loader，另一个是 style-loader。css-loader 加载器用于加载 CSS 文件，而 style-loader 加载器会将原来的 CSS 代码插入页面中的一个 <style> 标签中。

在命令提示符窗口中对 css-loader 和 style-loader 进行安装，输入命令如下：

```
npm install css-loader style-loader --save-dev
```

安装完成后继续之前的应用。在 src 文件夹下创建 css 文件夹，在 css 文件夹下创建一个 CSS 文件 style.css，在文件中编写 CSS 代码，设置页面中的文字大小、颜色和阴影效果，代码如下：

```
body{
    font-size:26px;                          /* 设置文字大小 */
    color:blue;                              /* 设置文字颜色 */
    text-shadow: 2px 2px 3px #666666;        /* 设置文字阴影 */
}
```

修改 index.js 文件，修改后的代码如下：

```
import 'style-loader!css-loader!./css/style.css'// 引入 style.css 文件
import {sum} from './module.js'// 引入 module.js 文件
sum(5,7)
```

这时，再次使用 webpack 命令进行打包处理，执行后的结果如图 13.6 所示。

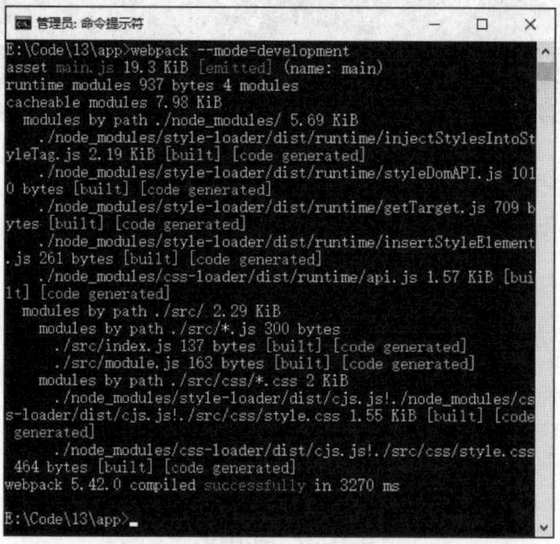

```
E:\Code\13\app>webpack --mode=development
asset main.js 19.3 KiB [emitted] (name: main)
runtime modules 937 bytes 4 modules
cacheable modules 7.98 KiB
  modules by path ./node_modules/ 5.69 KiB
    ./node_modules/style-loader/dist/runtime/injectStylesIntoStyleTag.js 2.19 KiB [built] [code generated]
    ./node_modules/style-loader/dist/runtime/styleDomAPI.js 1010 bytes [built] [code generated]
    ./node_modules/style-loader/dist/runtime/getTarget.js 709 bytes [built] [code generated]
    ./node_modules/style-loader/dist/runtime/insertStyleElement.js 261 bytes [built] [code generated]
    ./node_modules/css-loader/dist/runtime/api.js 1.57 KiB [built] [code generated]
  modules by path ./src/ 2.29 KiB
    modules by path ./src/*.js 300 bytes
      ./src/index.js 137 bytes [built] [code generated]
      ./src/module.js 163 bytes [built] [code generated]
    modules by path ./src/css/*.css 2 KiB
      ./node_modules/style-loader/dist/cjs.js!./node_modules/css-loader/dist/cjs.js!./src/css/style.css 1.55 KiB [built] [code generated]
      ./node_modules/css-loader/dist/cjs.js!./src/css/style.css 464 bytes [built] [code generated]
webpack 5.42.0 compiled successfully in 3270 ms

E:\Code\13\app>
```

图 13.6 执行 webpack 命令

在浏览器中重新访问 index.html 文件，可以看到为页面中的文本设置了大小、颜色和阴影效果，如图 13.7 所示。

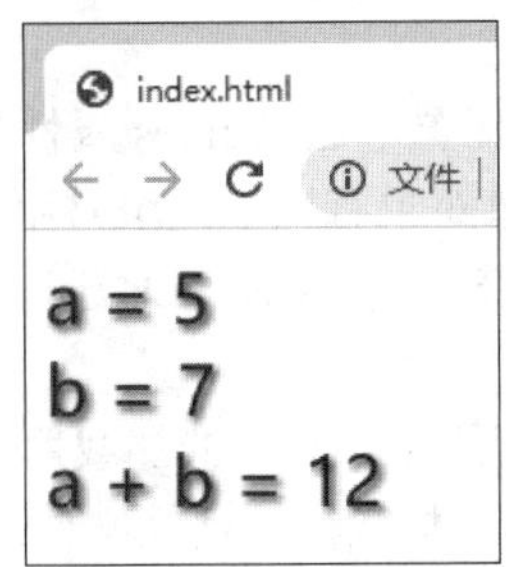

图 13.7　为文本设置样式

13.2.2　配置文件

在应用 webpack 进行打包操作时，还可以通过指定的配置文件来执行，将一些编译选项放在一个配置文件中进行统一管理。在项目根目录下执行 webpack 命令时，如果不传入参数，webpack 会默认调用项目根目录下的配置文件 webpack.config.js，该文件中的配置选项需要通过 module.exports 进行导出，格式如下：

```
module.exports = {
    // 配置选项
}
```

下面介绍几个常用配置选项的含义及其使用方法。

（1）mode

webpack 4 以上版本提供了 mode 配置选项，该选项用于配置开发项目使用的模式，根据指定的模式选择使用相应的内置优化。可能的值有 production（默认）和 development。

① production：生产模式，使用该模式打包时，webpack 会自动启用 JS Tree Sharking 和文件压缩。

② development：开发模式，使用该模式打包时，webpack 会启用 NamedChunksPlugin 和 NamedModulesPlugin 插件。

示例代码如下：

```
mode : 'development',// 指定开发模式
```

（2）entry

该选项用于配置要打包的入口文件。该选项指定的路径为相对于配置文件所在文件夹的路径。示例代码如下：

```
entry : './src/index.js' // 指定入口文件
```

（3）output

该选项用于配置输出信息。它的值是一个对象，path 属性用于指定打包后的文件路径，filename 属性用于指定打包后的文件名。示例代码如下：

```
output : {
    path : __dirname + '/dist',// __dirname 用于获取当前文件的绝对路径
    filename : 'main.js'
}
```

（4）module

该选项用于对加载的模块进行配置。通过 rules 属性指定规则数组。这些规则可以对模块应用加载器。规则是一个对象，该对象有以下几个常用属性。

① test：该属性值是一个正则表达式。webpack 通过它去匹配需要处理的文件类型，通常用来匹配文件的后缀名。

② use：该属性用于指定匹配到的文件对应的加载器。

③ exclude：该属性用于指定不被加载器处理的文件。

④ include：该属性值通常是一个路径数组，这些路径会被加载器处理。

例如，在 module 选项中设置一个规则，用于匹配 CSS 文件并指定对应的加载器，代码如下：

```
module : {
    rules : [
        {
            test : /\.css$/,// 匹配 CSS 文件
            use : ['style-loader','css-loader']
        }
    ]
}
```

（5）plugins

该选项用于配置使用的插件。使用插件可以实现一些 loader 不能实现的功能。webpack 自带了一些内置插件。要使用某个插件，需要先进行安装，然后在 webpack.config.js 中的 plugins 选项中添加该插件的一个实例。下面以 HtmlWebpackPlugin 插件为例介绍插件的使用方法。

通过 HtmlWebpackPlugin 插件可以帮助生成最终的 HTML 文件。在这个文件中自动引用了打包后的 JavaScript 文件，而不再需要向 HTML 中手动添加生成的文件。

首先安装这个插件。在命令提示符窗口中输入命令如下：

```
npm install html-webpack-plugin --save-dev
```

安装完成后，在配置文件中需要引入并使用该插件。示例代码如下：

```
var HtmlWebpackPlugin = require('html-webpack-plugin');// 引入插件
module.exports = {
    // 其他配置选项
    plugins : [
        new HtmlWebpackPlugin() // 使用插件
    ]
};
```

下面通过之前的应用来了解配置文件的使用。修改 index.js 文件，修改后的代码如下：

```
import './css/style.css'// 引入 style.css 文件
import {sum} from './module.js'// 引入 module.js 文件
sum(5,7)
```

在项目根目录 app 下创建配置文件 webpack.config.js，在文件中对主要选项进行配置，代码如下：

```
var HtmlWebpackPlugin = require('html-webpack-plugin');// 引入插件
module.exports = {
```

```
    mode : 'development',// 指定开发模式
    entry : './src/index.js',// 入口文件配置
    // 输出配置
    output : {
        path : __dirname + '/dist',// __dirname 用于获取当前文件的绝对路径
        filename : 'main.js'// 设置输出文件名
    },
    // 加载器配置
    module : {
        rules : [
            {
                test : /\.css$/,// 匹配 CSS 文件
                use : ['style-loader','css-loader']
            }
        ]
    },
    //插件配置
    plugins : [
        new HtmlWebpackPlugin() // 使用插件
    ]
};
```

这时，在命令提示符窗口中，不需要传入任何参数，直接调用 webpack 命令即可进行打包处理。打包完成后，在项目根目录下会自动生成 dist 文件夹，在该文件夹中会自动生成 main.js 文件和 index.html 文件。在最终生成的 index.html 文件中自动引用了打包后的 main.js 文件。代码如下：

```
<!DOCTYPE html>
<html>
  <head>
    <meta charset="utf-8">
    <title>Webpack App</title>
  <meta name="viewport" content="width=device-width, initial-scale=1"><script defer src="main.js"></script></head>
  <body>
  </body>
</html>
```

13.2.3 图片加载器

如果要在应用中加载图片文件，需要使用 url-loader 加载器。在命令提示符窗口中对 url-loader 进行安装，输入命令如下：

```
npm install url-loader --save-dev
```

安装完成后继续之前的应用。在 src 目录下新建 images 文件夹，并存入一张图片 star.jpg。然后对 style.css 文件进行修改，修改后的代码如下：

```
body{
    background:url(../images/star.jpg) no-repeat;
}
```

修改 index.js 文件，修改后的代码如下：

```
import './css/style.css'// 引入 style.css 文件
```

修改配置文件 webpack.config.js，修改后的代码如下：

```
var HtmlWebpackPlugin = require('html-webpack-plugin');// 引入插件
module.exports = {
    mode : 'development',// 指定开发模式
    entry : './src/index.js',// 入口文件配置
    // 输出配置
    output : {
        path : __dirname + '/dist',// __dirname 用于获取当前文件的绝对路径
        filename : 'main.js'// 设置输出文件名
    },
    // 加载器配置
    module : {
        rules : [
            {
                test : /\.css$/,// 匹配 CSS 文件
                use : ['style-loader','css-loader']
            },
            {
                test : /\.(jpg|png|gif)$/,// 匹配指定格式的图片文件
                use : [
                    {
                        loader : 'url-loader',
                        options : {
                            name : '[path][name].[ext]'// 生成的路径和文件名
                        }
                    }
                ]
            }
        ]
    },
    //插件配置
    plugins : [
        new HtmlWebpackPlugin() // 使用插件
    ]
};
```

在命令提示符窗口中执行 webpack 命令。打包完成后，在浏览器中重新访问 index.html 文件，输出结果如图 13.8 所示。

图 13.8　输出背景图像

在上面的应用中，webpack 会首先处理入口文件 index.js，将其所包含的依赖文件进行编译，生成一个 JavaScript 文件并输出到 output 选项设置的路径中，然后应用 HtmlWebpackPlugin 插件将该文件通过 <script> 标签插入 HTML 文件中，最终生成静态文件 index.html 和 main.js 文件。

13.3 单文件组件

13.3.1 什么是单文件组件

早期编写一个组件需要将一个组件的 HTML、JavaScript 和 CSS 放在三个不同的文件中，再应用编译工具将它们整合到一起，采用这种方式非常不利于后期的维护。有了 webpack 和 loader 之后，可以将一个组件的 HTML、JavaScript 和 CSS 应用各自的标签写在一个文件中，这样的文件即为单文件组件。单文件组件是 Vue.js 自定义的一种文件，以 .vue 作为文件的扩展名。webpack 和 loader 会将单文件组件中的三部分代码分别编译成可执行的代码。

在应用中处理 .vue 文件需要使用 vue-loader 加载器和 vue-template-compiler 工具。

13.3.2 简单应用

下面通过一个简单的示例来说明如何在应用中使用单文件组件。具体实现步骤如下：

① 在指定路径“E:\Code\13”下创建项目文件夹 myapp，打开命令提示符窗口，将当前路径切换到该文件夹所在路径“E:\Code\13\myapp”，再使用 npm 命令初始化项目，命令如下：

```
npm init
```

② 在项目中安装 Vue.js，命令如下：

```
npm install vue
```

③ 对 webpack 进行本地安装，命令如下：

```
npm install webpack --save-dev
```

④ 在项目中安装所需要的加载器、工具和插件，命令如下：

```
npm install vue-loader@15 vue-template-compiler css-loader style-loader url-loader html-webpack-plugin --save-dev
```

为了实现加载器和工具之间的互相兼容，本书使用的 vue-loader 的版本是 15.X，安装方法是在 vue-loader 的后面添加“@”符号，在“@”符号后添加要安装的版本号。

⑤ 在项目根目录下创建一个 src 文件夹，在 src 文件夹下新建 images 文件夹，并存入一张图片 htmlcss.png。在 src 文件夹中创建 App.vue 文件，代码如下：

```
<template>
  <div>
    <img :src="imgUrl">
    <div class="book_name">书名：{{name}}</div>
    <div class="book_des">作者：{{author}}</div>
```

```
  </div>
</template>
<script>
export default {
  data: function () {
    return {
      imgUrl: 'images/htmlcss.png',
      name: '零基础学 HTML5+CSS3',
      author: '明日科技'
    }
  }
}
</script>
<style scoped>
body{
  font-family:微软雅黑;                    /* 设置字体 */
}
img{
  width:300px;                          /* 设置宽度 */
}
.book_name{
  padding-left:10px;                    /* 设置左内边距 */
  font-size:18px;                       /* 设置文字大小 */
  color: #333333;                       /* 设置文字颜色 */
  margin-top:8px;                       /* 设置上外边距 */
}
.book_des{
  padding-left:10px;                    /* 设置左内边距 */
  font-size:14px;                       /* 设置文字大小 */
  margin-top:5px;                       /* 设置上外边距 */
}
</style>
```

说明　在默认情况下，单文件组件中的CSS样式是全局样式。如果需要使CSS样式仅在当前组件中生效，需要设置<style>标签的scoped属性。

⑥ 在src文件夹中创建index.js文件，该文件作为项目的入口文件。代码如下：

```
import Vue from 'vue'                       // 引入Vue.js
import App from './App.vue'                 // 引入App.vue组件
new Vue({
    el : '#app',
    render: h => h(App)                     // 渲染视图
})
```

⑦ 在项目根目录下创建配置文件webpack.config.js，代码如下：

```
var HtmlWebpackPlugin = require('html-webpack-plugin');// 引入插件
var VueLoaderPlugin = require('vue-loader/lib/plugin');
module.exports = {
    mode : 'development',// 指定开发模式
    // 入口文件配置
```

```
    entry : './src/index.js',
    // 输出配置
    output : {
        path : __dirname + '/dist',// __dirname 用于获取当前文件的绝对路径
        filename : 'main.js'// 设置输出文件名
    },
    // 加载器配置
    module : {
        rules : [
            {
                test : /\.css$/,// 匹配 CSS 文件
                use : ['style-loader','css-loader']
            },
            {
                test : /\.(jpg|png|gif)$/,// 匹配指定格式的图片文件
                use : [
                    {
                        loader : 'url-loader',
                        options : {
                            name : '[path][name].[ext]'// 生成的路径和文件名
                        }
                    }
                ]
            },
            {
                test : /\.vue$/,// 匹配 .vue 文件
                use : 'vue-loader'
            }
        ]
    },
    // 插件配置
    plugins : [
        new HtmlWebpackPlugin(), // 使用插件
        new VueLoaderPlugin()
    ]
};
```

⑧ 在 src 文件夹下创建 index.html 文件，代码如下：

```
<!DOCTYPE html>
<html lang="en">
<head>
    <meta charset="UTF-8">
</head>
<body>
<div id="app"></div>
<script type="text/javascript" src="../dist/main.js"></script>
</body>
</html>
```

⑨ 使用 webpack 命令进行打包处理。打包后，在浏览器中访问 src 文件夹下的 index.html 文件，输出结果如图 13.9 所示。

图 13.9　输出结果

13.4 使用 @vue/cli 构建项目

使用 Vue.js 开发较大的应用时，需要考虑项目的目录结构、配置文件和项目所需的各种依赖等方面。如果手动完成这些配置工作，工作效率会非常低。为此，官方提供了一款脚手架生成工具 @vue/cli，通过该工具可以快速构建项目。

13.4.1 @vue/cli 的安装

@vue/cli 是应用 node 编写的命令行工具，需要进行全局安装。如果想安装它的最新版本，需要在命令提示符窗口中输入如下命令：

```
npm install -g @vue/cli
```

说明

如果想安装 @vue/cli 的指定版本，可以在上述命令的最后添加“@”符号，在“@”符号后添加要安装的版本号。例如，安装 @vue/cli 4.5.13 版本，输入命令如下：

```
npm install -g @vue/cli@4.5.13
```

注意

@vue/cli 需要计算机连接互联网才能安装成功。

安装完成之后，可以在命令行中执行如下命令：

```
vue --version
```

如果在窗口中显示了 @vue/cli 的版本号，则表示安装成功，如图 13.10 所示。

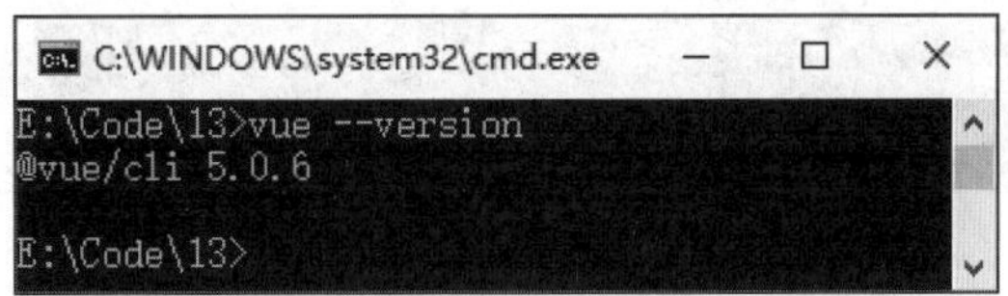

图 13.10　显示 @vue/cli 的版本号

@vue/cli 需要 Node.js 8.9 或更高版本（推荐 8.11.0+）。

13.4.2　快速构建项目

使用 @vue/cli 可以快速生成一个基于 webpack 构建的项目。例如，创建一个名称是 test 的项目。在命令提示符窗口中，输入命令如下：

```
vue create test
```

执行命令后，会提示选取一个 preset。可以选择默认的包含了 Babel + ESLint 设置的 preset，也可以选择“Manually select features”来手动选择特性。这里选择“Manually select features”选项，如图 13.11 所示。

```
npm config get registry
Vue CLI v5.0.6
? Please pick a preset:
  Default ([Vue 3] babel, eslint)
  Default ([Vue 2] babel, eslint)
> Manually select features
```

图 13.11　选取一个 preset

单击 <Enter> 键，此时会显示自定义配置的一些特性。通过键盘中的上下方向键进行移动，应用空格键进行选择，如图 13.12 所示。

```
npm config get registry
? Check the features needed for your project:
(Press <space> to select, <a> to toggle all, <i> to invert
 selection, and <enter> to proceed)
 (*) Babel
 ( ) TypeScript
 ( ) Progressive Web App (PWA) Support
 (*) Router
 (*) Vuex
>(*) CSS Pre-processors
 (*) Linter / Formatter
 ( ) Unit Testing
 ( ) E2E Testing
```

图 13.12　手动选择特性

单击 <Enter> 键，此时会提示选择项目中使用的 Vue.js 的版本，这里选择 2.x 版本，如图 13.13 所示。

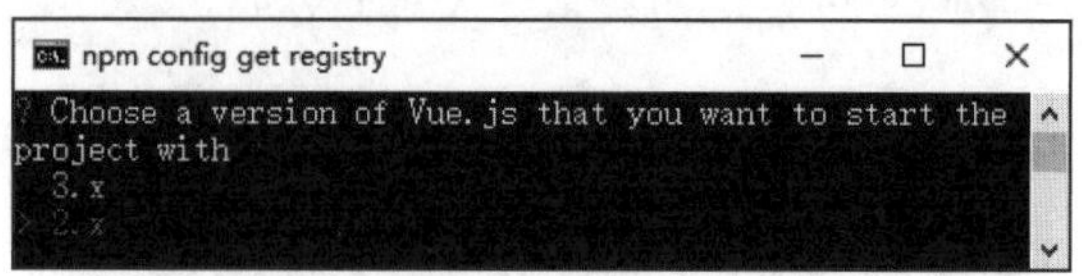

图 13.13　选择 Vue.js 版本

单击 <Enter> 键，此时会询问路由是否使用 history 模式，输入 y 表示确定，如图 13.14 所示。

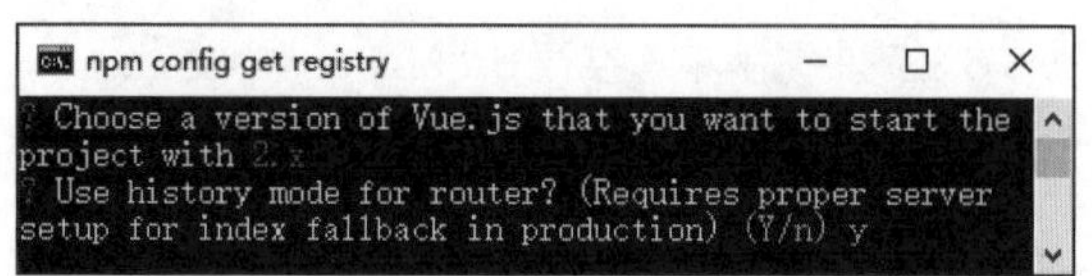

图 13.14　使用 history 模式

单击 <Enter> 键，此时会提示选择一个 CSS 预处理工具，这里选择默认选项，如图 13.15 所示。

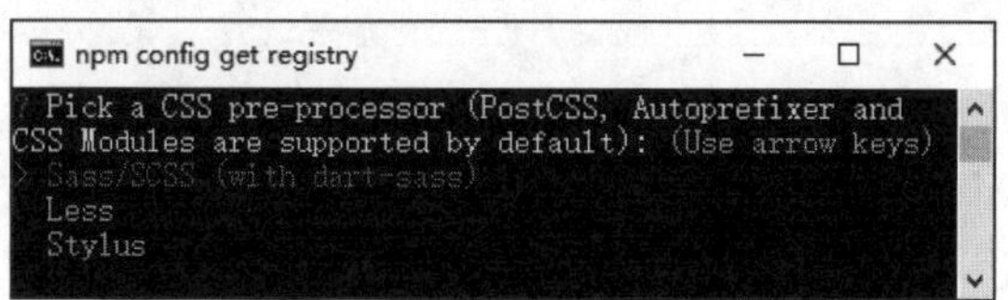

图 13.15　选择 CSS 预处理工具

单击 <Enter> 键，此时会提示选择语法检查规范，这里选择默认选项，如图 13.16 所示。

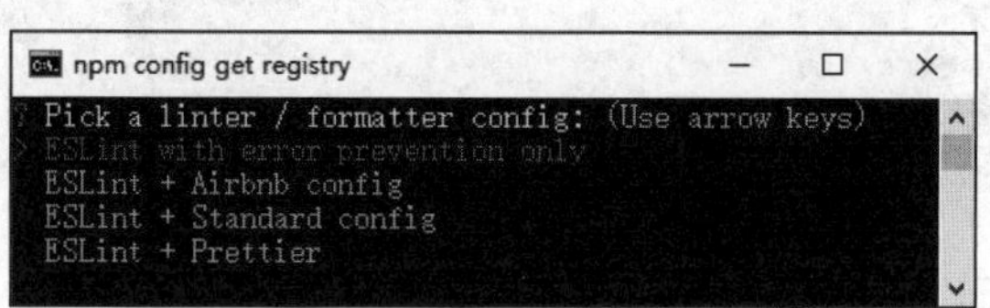

图 13.16　选择语法检查规范

单击 <Enter> 键，此时会提示选择代码检查方式，这里选择默认选项（Lint on save），如图 13.17 所示。

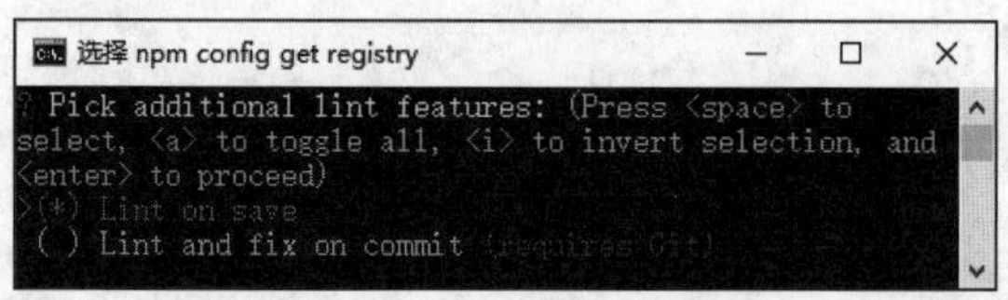

图 13.17　选择代码检查方式

单击 <Enter> 键，此时会提示选择配置信息的存放位置，这里选择 In package.json，如图 13.18 所示。

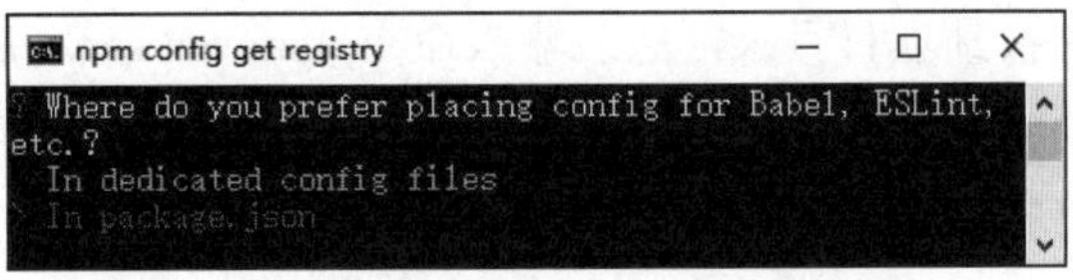

```
npm config get registry
? Where do you prefer placing config for Babel, ESLint,
etc.?
  In dedicated config files
> In package.json
```

图 13.18　选择配置信息的存放位置

单击 <Enter> 键，此时会询问是否保存当前的配置，以便于下次构建项目时无须再次配置，输入 n 表示不保存，如图 13.19 所示。

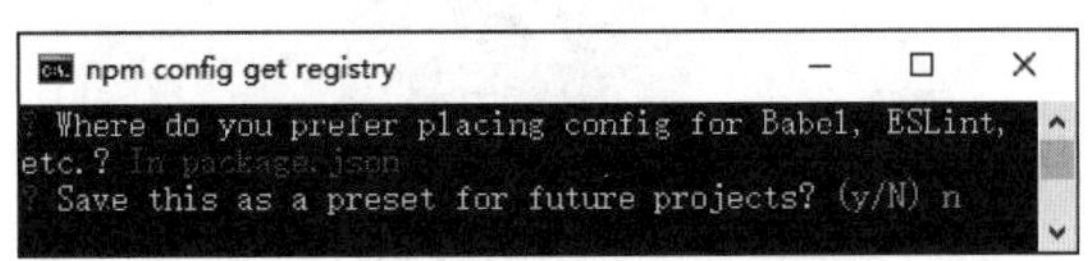

图 13.19　是否保存当前的配置

单击 <Enter> 键开始创建项目。创建完成后的效果如图 13.20 所示。

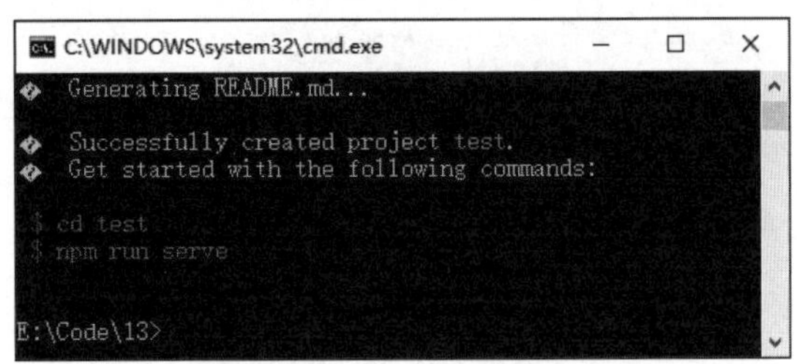

图 13.20　项目创建完成

项目创建完成后，在当前目录下会自动生成项目文件夹 test。项目目录结构如图 13.21 所示。

图 13.21　项目目录结构

输入命令 cd test 切换到项目目录，然后输入命令 npm run serve 启动项目。项目启动完成后，在浏览器中访问 http://localhost:8080/，生成的页面如图 13.22 所示。

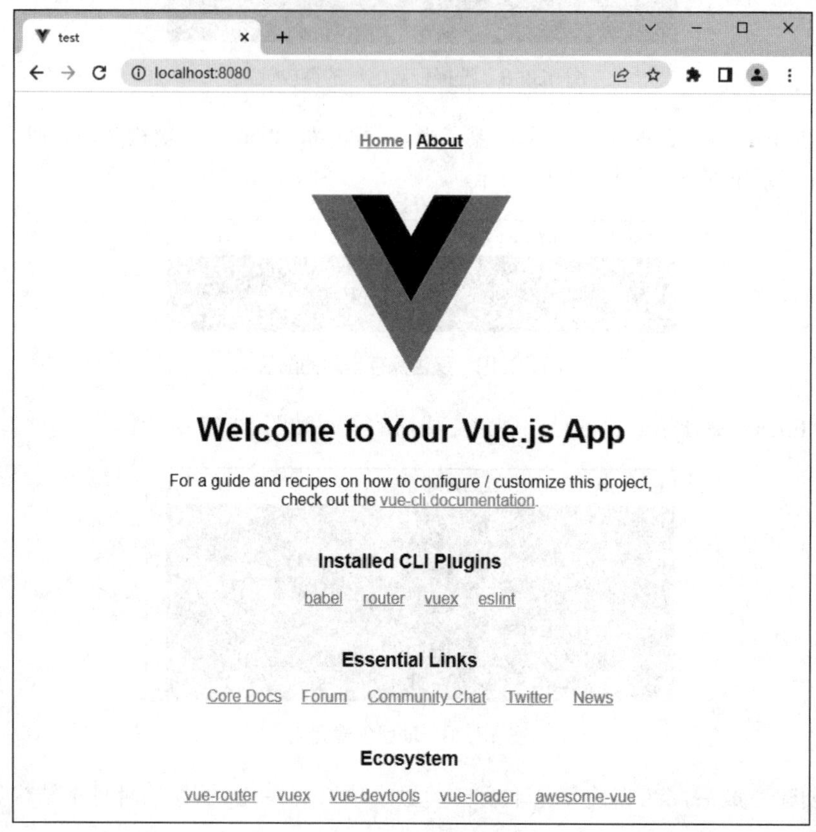

图 13.22　项目生成的初始页面

接下来做一个简单的修改。打开 src/views/HomeView.vue 文件，将传递给组件的 msg 属性的值修改为“快使用 @vue/cli 构建你的项目吧”，代码如下：

```
<template>
  <div class="home">
    <img alt="Vue logo" src="../assets/logo.png">
    <HelloWorld msg=" 快使用 @vue/cli 构建你的项目吧 "/>
  </div>
</template>

<script>
// @ is an alias to /src
import HelloWorld from '@/components/HelloWorld.vue'

export default {
  name: 'HomeView',
  components: {
    HelloWorld
  }
}
</script>
```

保存文件后，浏览器会自动刷新页面，结果如图 13.23 所示。

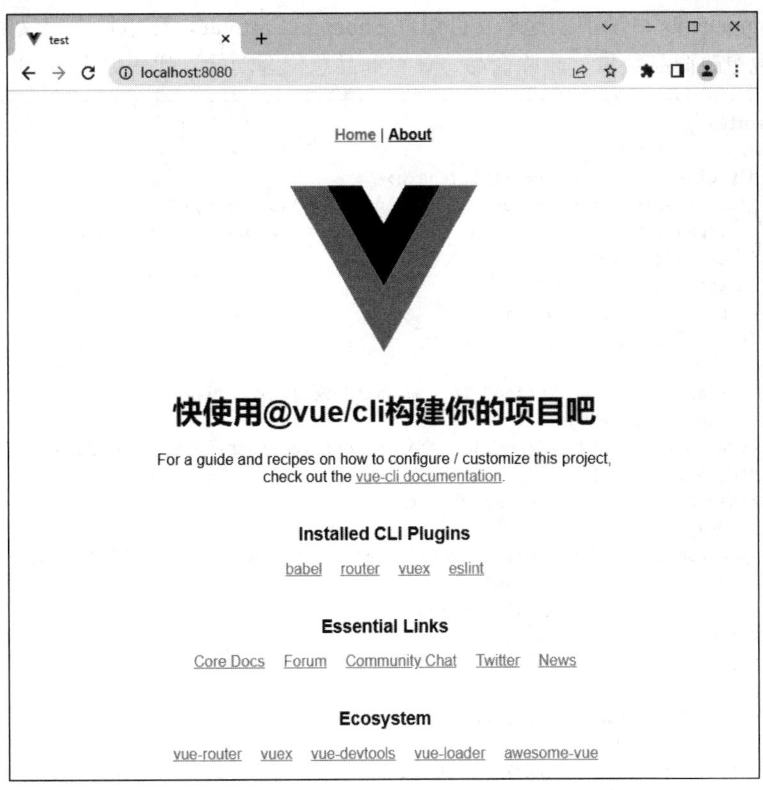

图 13.23　修改后的页面

在应用 @vue/cli 脚手架创建项目之后，可以根据实际的需求对项目中的文件进行任意修改，从而构建比较复杂的应用。

13.5 综合案例——实现购物车功能

使用 @vue/cli 可以快速构建一个项目，极大地提高了开发效率。本案例以单文件组件的内容和 @vue/cli 工具的使用为基础，实现电子商务网站中的购物车功能。**（实例位置：资源包 \Code\13\01）**

（1）案例分析

本案例中，将购物车商品信息列表分为上、下两部分，上部分是商品列表的标题，下部分是购物车中的商品信息，内容包括商品名称、商品单价、商品数量、单个商品金额和商品合计金额等。将商品信息定义在一个单独的组件 ShoppingCart.vue 中，在该组件中实现购物车的业务逻辑。将商品列表的标题定义在根组件 App.vue 中，通过引入组件的方式将 ShoppingCart.vue 引入根组件中，实现购物车中选择商品、更改商品数量、删除商品、计算商品总价等功能。

（2）实现过程

① 使用 @vue/cli 创建项目 shoppingcart，创建后整理项目目录，删除无用的文件，然后在 assets 目录中创建 css 文件夹和 images 文件夹。在 css 文件夹中创建 style.css 文件，该文件作为模块的公共样式文件，在 images 文件夹中存储三张商品图片。

② 在 components 目录中创建单文件组件 ShoppingCart.vue，在组件中定义购物车商品列表信息，实现更改商品数量、删除商品、计算商品总价等功能。代码如下：

```
<template>
  <div>
    <div class="main" v-if="list.length>0">
      <div class="goods" v-for="(item,index) in list" :key="index">
        <span class="check"><input type="checkbox" @click="selectGoods(index)" :checked="item.isSelect"> </span>
        <span class="name">
     <img :src="item.imgUrl">
     {{item.itemName}}
    </span>
        <span class="unitPrice">{{item.unitPrice}} 元 </span>
        <span class="num">
     <span @click="reduce(index)" :class="{off:item.number==1}">-</span>
      {{item.number}}
     <span @click="increase(index)">+</span>
    </span>
        <span class="unitTotalPrice">{{item.unitPrice * item.number}} 元 </span>
        <span class="operation">
      <a @click="remove(index)"> 删除 </a>
    </span>
      </div>
    </div>
    <div v-else> 购物车为空 </div>
    <div class="info">
      <span><input type="checkbox" @click="selectAll" :checked="isSelectAll"> 全选 </span>
      <span> 已选商品 <span class="totalNumber">{{totalNumber}}</span> 件 </span>
      <span> 合计 :<span class="totalPrice">¥{{totalPrice}}</span> 元 </span>
      <span> 去结算 </span>
    </div>
  </div>
</template>
<script>
export default{
  data: function () {
    return {
      isSelectAll : false, // 默认未全选
      list : [{ // 定义商品信息列表
        imgUrl : require("@/assets/images/1.jpg"),
        itemName : " 圆形零食收纳盒 ",
        number : 3,
        unitPrice : 12,
        isSelect : false
      },{
        imgUrl : require("@/assets/images/2.jpg"),
        itemName : " 海尔滚筒洗衣机 ",
        number : 1,
        unitPrice : 2699,
        isSelect : false
      },{
        imgUrl : require("@/assets/images/3.jpg"),
        itemName : " 希捷 1T 移动硬盘 ",
        number : 2,
        unitPrice : 276,
        isSelect : false
      }]
    }
```

```
},
computed : {
  totalNumber : function(){ //计算商品件数
    var totalNumber = 0;
    this.list.forEach(function(item){
      if(item.isSelect){
        totalNumber+=1;
      }
    });
    return totalNumber;
  },
  totalPrice : function(){ //计算商品总价
    var totalPrice = 0;
    this.list.forEach(function(item){
      if(item.isSelect){
        totalPrice += item.number*item.unitPrice;
      }
    });
    return totalPrice;
  }
},
methods : {
  reduce : function(index){ //减少商品个数
    var goods = this.list[index];
    if(goods.number >= 2){
      goods.number--;
    }
  },
  increase : function(index){ //增加商品个数
    var goods = this.list[index];
    goods.number++;
  },
  remove : function(index){ //移除商品
    this.list.splice(index,1);
  },
  selectGoods : function(index){ //选择商品
    var goods = this.list[index];
    goods.isSelect = !goods.isSelect;
    this.isSelectAll = true;
    for(var i = 0;i < this.list.length; i++){
      if(this.list[i].isSelect == false){
        this.isSelectAll=false;
      }
    }
  },
  selectAll : function(){ //全选或全不选
    this.isSelectAll = !this.isSelectAll;
    for(var i = 0;i < this.list.length; i++){
      this.list[i].isSelect = this.isSelectAll;
    }
  }
}
}
</script>
```

③ 修改App.vue文件，在<template>标签中定义购物车商品列表的标题，在<script>标签中引入、注册ShoppingCart组件，在<style>标签中引入公共CSS文件style.css。代码如下：

```
<template>
  <div class="box">
    <div class="title">
      <span class="check">选择</span>
      <span class="name">商品信息</span>
      <span class="unitPrice">商品单价</span>
      <span class="num">商品数量</span>
      <span class="unitTotalPrice">商品金额</span>
      <span class="operation">操作</span>
    </div>
    <ShoppingCart/>
  </div>
</template>
<script>
// 引入组件
import ShoppingCart from './components/ShoppingCart'
export default {
  name : 'app',
  components : {
    ShoppingCart
  }
}
</script>
<style>
@import './assets/css/style.css';   /* 引入公共 CSS 文件 */
</style>
```

④ 修改 main.js 文件，在文件中引入 Vue.js 和根组件 App.vue，然后在创建的 Vue 实例中渲染视图。代码如下：

```
import Vue from 'vue'   // 引入 Vue.js
import App from './App.vue'   // 引入根组件
new Vue({
  el : '#app',
  render: h => h(App)// 渲染视图
})
```

运行项目，结果如图 13.24 所示。

选择	商品信息	商品单价	商品数量	商品金额	操作
☑	智能超薄扫地机器人	2699元	- 1 +	2699元	删除
☑	智能网络电视机顶盒	289元	- 3 +	867元	删除
☑	家用厨房调料盒套装	36元	- 2 +	72元	删除
☑全选				已选商品 3 件 合计：¥3638元	去结算

图 13.24　购物车效果

13.6 实战练习

实现右侧选项卡切换图片的效果。页面右侧有 4 个选项卡，当鼠标单击某个选项卡时，左侧会显示对应的图片。运行结果如图 13.25 和图 13.26 所示。**（实例位置：资源包\Code\13\02）**

图 13.25　默认显示图一

图 13.26　显示图三

小结

本章主要介绍了 Vue.js 中 SPA（单页 Web 应用）项目的开发基础，包括使用 webpack 和 loader 进行代码编译和打包处理，以及通过 @vue/cli 工具构建一个项目的目录结构。通过本章的学习，可以了解如何应用 @vue/cli 来快速构建一个项目。

第 14 章 状态管理

在 Vue.js 的组件化开发中，经常会遇到需要将当前组件的状态传递给其他组件的情况。父子组件之间进行通信时，通常会采用 Props 的方式实现数据传递。在一些比较大型的应用中，单页面中可能会包含大量的组件，数据结构也会比较复杂。当通信双方不是父子组件甚至不存在任何联系时，一个状态需要共享给多个组件就会变得非常麻烦。为了解决这个问题，就需要引入状态管理这种设计模式。而 Vuex 就是一个专门为 Vue.js 设计的状态管理模式。本章主要介绍如何在项目中使用 Vuex。

14.1 什么是 Vuex

在实际开发过程中，多个网页经常需要共享一些数据。例如，用户登录网站后，网站中的多个页面需要共享登录用户名。实现数据共享最好的方法就是使用 Vuex 保存数据的状态。Vuex 是一个专门为 Vue.js 应用程序开发的状态管理模式，它以插件的形式和 Vue.js 进行配合使用。在通常情况下，每个组件都拥有自己的状态。有时需要将某个组件的状态变化影响到其他组件，使它们也进行相应的修改。这时可以使用 Vuex 保存需要管理的状态值，值一旦被修改，所有引用该值的组件就会自动进行更新。应用 Vuex 实现状态管理的流程图如图 14.1 所示。

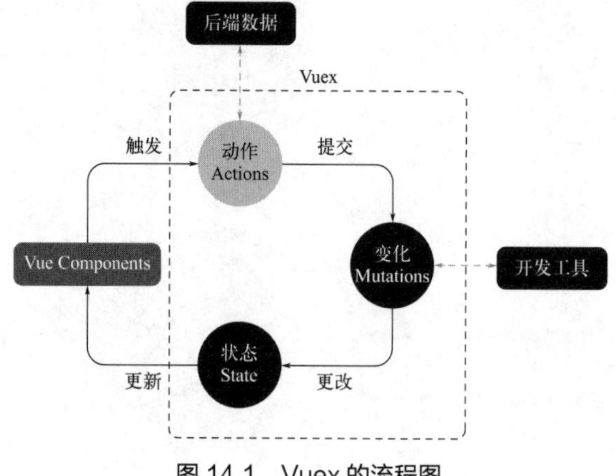

图 14.1　Vuex 的流程图

由图 14.1 可以看出，用户在 Vue 组件中通过 dispatch 方法触发一个 action，在 action 中通过 commit 方法提交一个 mutation，通过 mutation 对应的函数更改一个新的 state 值，Vuex 就会将新的 state 值渲染到组件中，从而实现界面的更新。

14.2 Vuex 的使用

Vuex 中有几个核心概念，本节将对这些概念进行说明，并通过一个简单的例子来介绍 Vuex 的基本用法。

14.2.1 Vuex 的组成

Vuex 主要由五部分组成，分别为 state、getters、mutations、actions 和 modules。它们的含义如表 14.1 所示。

表 14.1　Vuex 的核心构成

核心概念	说明
state	存储项目中需要多组件共享的数据或状态
getters	从 state 中派生出状态，即对状态进行一些处理，类似于 Vue 实例中的 computed 选项
mutations	存储更改 state 状态的方法，是 Vuex 中唯一修改 state 的方式，但不支持异步操作，类似于 Vue 实例中的 methods 选项
actions	可以通过提交 mutations 中的方法来改变状态，支持异步操作
modules	store 的子模块，内容相当于 store 的一个实例

14.2.2 在 @vue/cli 中使用 Vuex

在 Vuex 中增加了 store（仓库）这个概念。每一个 Vuex 应用的核心就是 store，用于存储和处理整个应用需要共享的数据或状态信息。下面通过一个简单的例子来介绍如何在 @vue/cli 脚手架工具中使用 Vuex。

（1）创建 store 并注入

首先应用 @vue/cli 脚手架工具创建一个项目，在创建项目时需要选中项目特性列表中的 Vuex 选项，这样在项目创建完成后会自动安装 Vuex，而且在项目的 src 文件夹下会自动生成 main.js 文件，在 store 文件夹下会自动生成 index.js 文件，这两个文件实现了创建 store 并注入的基本工作。

store 文件夹下的 index.js 文件实现了创建 store 的基本代码。在该文件中，首先引入了 Vue.js 和 Vuex，然后创建 store 实例并使用 export default 进行导出。代码如下：

```
import Vue from 'vue'// 引入 Vue.js
import Vuex from 'vuex'// 引入 Vuex
Vue.use(Vuex)// 使用 Vuex
// 创建 Vuex.Store 实例并导出
export default new Vuex.Store({
  state: {
    // 定义状态信息
  },
  getters: {
```

```
    // 对定义的状态进行处理
  },
  mutations: {
    // 定义用于更改状态的 mutation 函数
  },
  actions: {
    // 定义通过提交 mutations 中的方法来改变状态的 action
  },
  modules: {
    // 定义子模块
  }
})
```

在 main.js 文件中，首先引入 Vue.js 和根组件 App.vue，然后通过 import store from './store' 引入创建的 store，并在 Vue 根实例中全局注入 store。代码如下：

```
import Vue from 'vue'// 引入 Vue.js
import App from './App.vue'// 引入根组件
import store from './store'// 引入创建的 store
Vue.config.productionTip = false
new Vue({
  store,// 注入 store
  render: h => h(App)
}).$mount('#app')
```

因为在 Vue 根实例中注入了 store 选项，所以该 store 实例会注入根组件下的所有子组件中，且子组件可以通过 this.$store 来访问创建的 store 实例。

（2）定义 state

在 store 实例的 state 中可以定义需要共享的数据。修改 index.js 文件，在 state 中定义共享数据的初始状态。代码如下：

```
import Vue from 'vue'// 引入 Vue.js
import Vuex from 'vuex'// 引入 Vuex
Vue.use(Vuex)// 使用 Vuex
// 创建 Vuex.Store 实例并导出
export default new Vuex.Store({
  state: {
    text: 'Tom and Jerry'
  }
})
```

在 components 文件夹下创建单文件组件 myDemo.vue，在组件中通过 this.$store.state 来获取定义的数据。代码如下：

```
<template>
  <div>
    <span>{{text}}</span>
  </div>
</template>
<script>
export default {
  data: function (){
    return {
      text: this.$store.state.text
    }
  }
}
</script>
```

由于 Vuex 的状态存储是响应式的，所以从 store 实例中读取状态还可以在计算属性中返回这个状态，在计算属性中应用 this.$store.state.text 获取定义的数据。代码如下：

```
<template>
  <div>
    <span>{{text}}</span>
  </div>
</template>
<script>
export default {
  computed: {
    text: function () {// 获取 state 中的 text 数据
      return this.$store.state.text;
    }
  }
}
</script>
```

修改根组件 App.vue，在根组件中引入子组件 myDemo。代码如下：

```
<template>
  <div id="box">
    <myDemo/>
  </div>
</template>
<script>
import myDemo from './components/myDemo'// 引入组件 myDemo
export default {
  components : {
    myDemo
  }
}
</script>
<style lang="scss">
#box {
  font-size: 30px;/* 设置文字大小 */
}
</style>
```

运行项目，在浏览器中会显示定义的 text 的值，输出结果如图 14.2 所示。

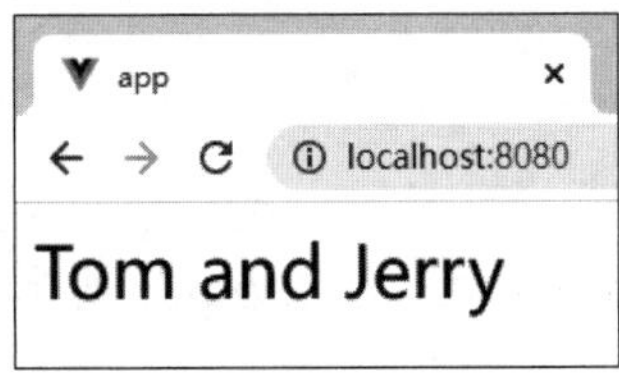

图 14.2　输出结果

当一个组件需要获取多个状态时，如果将这些状态都声明为计算属性，就会变得非常烦琐。这时可以使用 mapState 辅助函数来生成计算属性。使用 mapState 辅助函数的代码如下：

```
<template>
  <div>
    <span>{{text}}</span>
  </div>
</template>
```

```
<script>
import { mapState } from 'vuex'// 引入 mapState
export default {
  computed: mapState({
    text: state => state.text
  })
}
</script>
```

当映射的计算属性名称和对应的状态名称相同时，mapState 辅助函数的参数也可以是一个字符串数组。因此，上述代码可以简写为：

```
<template>
  <div>
    <span>{{text}}</span>
  </div>
</template>
<script>
import { mapState } from 'vuex'// 引入 mapState
export default {
  computed: mapState([
    'text'   //this.text 映射为 this.$store.state.text
  ])
}
</script>
```

如果需要将 mapState 函数中定义的计算属性与普通的计算属性混合使用，需要使用对象展开运算符的方式。上述代码可以修改为：

```
<template>
  <div>
    <span>{{text}}</span>
  </div>
</template>
<script>
import { mapState } from 'vuex'// 引入 mapState
export default {
  computed: {
    ...mapState([
      'text'   //this.text 映射为 this.$store.state.text
    ])
  }
}
</script>
```

在实际开发中，经常采用对象展开运算符的方式来简化代码。

（3）定义 getter

如果需要从 state 中派生出一些状态，就需要使用 getter，例如对某个数值进行计算、对字符串进行格式化、对数组进行过滤等操作。getter 相当于 Vue 中的 computed 计算属性，getter 的返回值会根据它的依赖被缓存起来，只有当它的依赖值发生改变时才会被重新计算。getter 会接收 state 作为第一个参数。

修改 index.js 文件，定义 getter，对 text 的值进行处理。代码如下：

```
import Vue from 'vue'// 引入 Vue.js
import Vuex from 'vuex'// 引入 Vuex
Vue.use(Vuex)// 使用 Vuex
```

```
// 创建 Vuex.Store 实例并导出
export default new Vuex.Store({
  state: {
    text: 'Tom and Jerry'
  },
  getters: {
    formatText: function (state) {
      return state.text.split('and').join('&');// 对状态进行处理
    }
  }
})
```

在 myDemo.vue 文件的计算属性中应用 this.$store.getters.formatText 获取定义的 getter。代码如下：

```
<template>
  <div>
    <span>{{text}}</span>
  </div>
</template>
<script>
export default {
  computed: {
    text: function (){
      return this.$store.getters.formatText;// 访问 getter
    }
  }
}
</script>
```

重新运行项目，输出结果如图 14.3 所示。

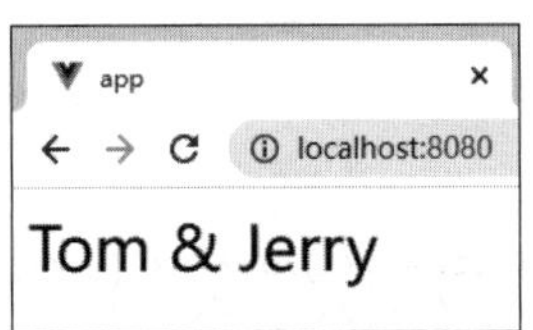

图 14.3　输出结果

在组件中访问定义的 getter 也可以通过 mapGetters 辅助函数的形式，将 store 中的 getter 映射到局部计算属性。示例代码如下：

```
<template>
  <div>
    <span>{{text}}</span>
  </div>
</template>
<script>
import {mapGetters} from 'vuex'// 引入 mapGetters
export default {
  computed: {
    ...mapGetters({ // 使用对象展开运算符
      text: 'formatText'//this.text 映射为 this.$store.getters.formatText
    })
  }
}
</script>
```

（4）定义 mutation

如果需要更改 state 中的状态，最常用的方法就是提交 mutation。每个 mutation 都有一个字符串的事件类型（type）和一个回调函数（handler）。这个回调函数可以更改状态，并且它会接收 state 作为第一个参数。

在 store 实例的 mutations 中定义更改 state 状态的函数，然后在组件中应用 commit 方法提交到对应的 mutation，实现 state 状态的更改。修改 index.js 文件，定义 state 和 mutations，state 中的 size 表示文字的大小，初始大小是 16 像素，在 mutations 中定义 big 函数，实现更改 state 状态的操作。代码如下：

```
import Vue from 'vue'// 引入 Vue.js
import Vuex from 'vuex'// 引入 Vuex
Vue.use(Vuex)// 使用 Vuex
// 创建 Vuex.Store 实例并导出
export default new Vuex.Store({
  state: {
    text: 'Tom and Jerry',
    size: 16
  },
  mutations: {
    big: function(state){//state 为参数
      state.size += 10;// 状态值加 10
    }
  }
})
```

修改 myDemo.vue 文件，添加“文字放大”按钮，在 methods 选项中定义单击按钮执行的方法，在方法中通过 commit 方法提交到对应的 mutation 函数，实现更改状态的操作。代码如下：

```
<template>
  <div>
    <span :style="{fontSize: size+'px'}">{{text}}</span>
    <button @click="toBig"> 文字放大 </button>
  </div>
</template>
<script>
import {mapState} from 'vuex'// 引入 mapState
export default {
  computed: {
    ...mapState([ // 使用对象展开运算符
      'text','size'
    ])
  },
  methods: {
    toBig: function(){
      this.$store.commit('big');// 提交到对应的 mutation 函数
    }
  }
}
</script>
```

重新运行项目，单击浏览器中的“文字放大”按钮，对定义的文本进行放大处理，输出结果如图 14.4 和图 14.5 所示。

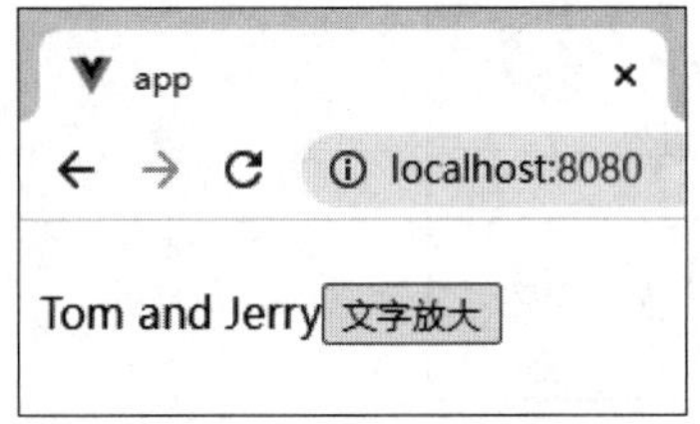

图 14.4　初始效果

图 14.5　文字放大效果

在组件中可以使用 commit 方法提交 mutation，还可以使用 mapMutations 辅助函数将组件中的 methods 映射为 store.commit 调用。在实际开发中通常使用这种简化的写法。myDemo.vue 文件的代码可以修改为：

```
<template>
  <div>
    <span :style="{fontSize: size+'px'}">{{text}}</span>
    <button @click="toBig"> 文字放大 </button>
  </div>
</template>
<script>
import {mapState,mapMutations} from 'vuex'// 引入 mapState 和 mapMutations
export default {
  computed: {
    ...mapState([ // 使用对象展开运算符
      'text','size'
    ])
  },
  methods: {
    ...mapMutations({
      toBig: 'big'//this.toBig() 映射为 this.$store.commit('big')
    })
  }
}
</script>
```

如果要在修改状态时传值，只需要在 mutation 中加上一个参数，这个参数又称为 mutation 的载荷（payload），在 commit 的时候传递值就可以。

修改 index.js 文件，在 mutations 中的 big 函数中添加第二个参数。定义 mutation 的代码修改如下：

```
mutations: {
  big: function(state,n){//state 为参数
    state.size += n;// 状态值加 n
  }
}
```

修改 myDemo.vue 文件，在调用方法时传递一个参数 20。代码如下：

```
  <span :style="{fontSize: size+'px'}">{{text}}</span>
  <button @click="toBig(20)"> 文字放大 </button>
```

重新运行项目，单击浏览器中的“文字放大”按钮，对文本实现增大 20 像素的操作，输出结果如图 14.6 所示。

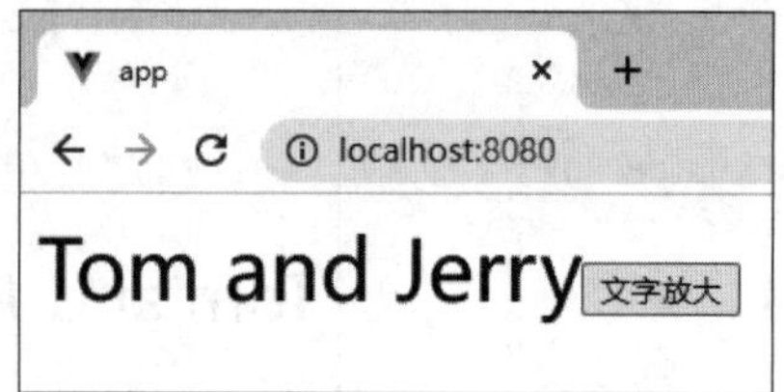

图 14.6　输出结果

在大多数情况下，为了使定义的 mutation 更具有可读性，可以将载荷（payload）设置为一个对象。将定义 mutation 的代码修改如下：

```
mutations: {
  big: function(state,payload){
    state.size += payload.value;
  }
}
```

在组件中调用方法时将传递的参数修改为对象，代码如下：

```
  <span :style="{fontSize: size+'px'}">{{text}}</span>
  <button @click="toBig({value: 20})"> 文字放大 </button>
```

实现效果同样如图 14.6 所示。

（5）定义 action

action 和 mutation 的功能类似。不同的是，action 提交的是 mutation，而不是直接更改状态，而且 action 可以异步更改 state 中的状态。

修改 index.js 文件，在 actions 中定义一个方法，在方法中应用 commit 方法提交 mutation。代码如下：

```
import Vue from 'vue'// 引入 Vue.js
import Vuex from 'vuex'// 引入 Vuex
Vue.use(Vuex)// 使用 Vuex
// 创建 Vuex.Store 实例并导出
export default new Vuex.Store({
  state: {
    text: 'Tom and Jerry',
    size: 16
  },
  mutations: {
    big: function(state,payload){
      state.size += payload.value;
    }
  },
  actions: {
    bigAction: function (context,payload){
      setTimeout(function (){
        context.commit('big',payload);
      },1000);
    }
  }
})
```

上述代码中，action 函数将上下文对象 context 作为第一个参数，context 与 store 实例具有相同的方法和属性，因此可以调用 context.commit 提交一个 mutation。而在 myDemo.vue

组件中，action 需要应用 dispatch 方法进行触发，并且同样支持载荷方式和对象方式。代码如下：

```
<template>
  <div>
    <span :style="{fontSize: size+'px'}">{{text}}</span>
    <button @click="toBig"> 文字放大 </button>
  </div>
</template>
<script>
import {mapState} from 'vuex'// 引入 mapState
export default {
  computed: {
    ...mapState([ // 使用对象展开运算符
      'text','size'
    ])
  },
  methods: {
    toBig: function (){
      this.$store.dispatch('bigAction',{
        value: 20
      })
    }
  }
}
</script>
```

重新运行项目，单击浏览器中的“文字放大”按钮同样可以实现放大文本的操作。不同的是，单击“文字放大”按钮后，需要经过 1s 才能更改文本的大小。

在组件中可以使用 dispatch 方法触发 action，还可以通过 mapActions 辅助函数将组件中的 methods 映射为 store.dispatch 调用。在实际开发中通常使用这种简化的写法。myDemo.vue 文件的代码可以修改为：

```
<template>
  <div>
    <span :style="{fontSize: size+'px'}">{{text}}</span>
    <button @click="toBig({value:20})"> 文字放大 </button>
  </div>
</template>
<script>
import {mapState,mapActions} from 'vuex'// 引入 mapState 和 mapActions
export default {
  computed: {
    ...mapState([ // 使用对象展开运算符
      'text','size'
    ])
  },
  methods: {
    ...mapActions({
      //this.toBig() 映射为 this.$store.dispatch('bigAction')
      toBig: 'bigAction'
    })
  }
}
</script>
```

在实际开发中，实现多个组件之间的数据共享应用非常广泛。例如，在投票系统中，用户选择一项进行投票之后，系统会对投票结果进行保存。但是在刷新页面的情况下，Vuex 中的状态信息会进行初始化，因此需要使用 sessionStorage 来保存投票的结果。下面通过一个实例来实现保存投票结果的功能。

实例 14.1 柱形图显示投票结果（实例位置：资源包 \Code\14\01）

在投票类的网站中，使用柱形图来分析投票结果是比较常用的一种方式。设计一个应用柱形图显示投票结果的功能。在页面中输出 3 个以柱形图表示的投票选项，每个选项的最上方都有一个图片按钮，每单击一次图片按钮，对应的投票数就会加 1，而且柱形图的高度会随着投票数的增加而变化。在刷新页面的情况下，投票结果会保持不变。关键步骤如下：

① 创建项目，然后在 assets 目录中创建 css 文件夹和 images 文件夹，分别用来存储 CSS 文件和图片文件。

② 在 components 目录中创建单文件组件 myDemo.vue。在 <template> 标签中对表示柱形图的元素样式进行绑定，在 <script> 标签中引入 mapState 和 mapActions 辅助函数，实现组件中的计算属性、方法和 store 中的 state、action 之间的映射。代码如下：

```
<template>
  <div class="voteBox">
    <div id="voteMain">
      <div class="voteItem">
        <img class="voteImg" src="../assets/images/JavaScript.png" @click="vote('js')">
        <div class="voteValue" :style="{height: height1 + 'px',marginTop: 210 - height1 + 'px'}">
          <div class="voteNum">{{ height1 }}</div>
        </div>
        <p class="voteText">JavaScript</p>
      </div>
      <div class="voteItem">
        <img class="voteImg" src="../assets/images/HTMLCSS.png" @click="vote('htmlcss')">
        <div class="voteValue" :style="{height: height2 + 'px',marginTop: 210 - height2 + 'px'}">
          <div class="voteNum">{{ height2 }}</div>
        </div>
        <p class="voteText">HTML5+CSS3</p>
      </div>
      <div class="voteItem">
        <img class="voteImg" src="../assets/images/Java.png" @click="vote('java')">
        <div class="voteValue" :style="{height: height3 + 'px',marginTop: 210 - height3 + 'px'}">
          <div class="voteNum">{{ height3 }}</div>
        </div>
        <p class="voteText">Java</p>
      </div>
    </div>
  </div>
</template>
<script>
import {mapState,mapActions} from 'vuex'// 引入 mapState 和 mapActions
export default {
  computed: {
    ...mapState([ // 使用对象展开运算符
      'height1','height2','height3'
    ])
  },
```

```
  methods: {
    ...mapActions([
      //this.voteAction() 映射为 this.$store.dispatch('voteAction')
      'voteAction'
    ]),
    vote: function (type){
      this.voteAction(type);
    }
  }
}
</script>
```

③ 修改 App.vue 文件，在 <script> 标签中引入 myDemo 组件，在 <style> 标签中引入公共 CSS 文件。代码如下：

```
<template>
  <div id="box">
    <myDemo/>
  </div>
</template>
<script>
import myDemo from './components/myDemo'// 引入组件 myDemo
export default {
  components : {
    myDemo
  }
}
</script>
<style>
@import './assets/css/style.css';  /* 引入公共 CSS 文件 */
</style>
```

④ 修改 store 文件夹下的 index.js 文件，在 store 实例中分别定义 state、mutation 和 action。当用户单击图片按钮进行投票后，应用 sessionStorage.setItem 存储投票结果。代码如下：

```
import Vue from 'vue'// 引入 Vue.js
import Vuex from 'vuex'// 引入 Vuex
Vue.use(Vuex)// 使用 Vuex
// 创建 Vuex.Store 实例并导出
export default new Vuex.Store({
  state: {
    height1: sessionStorage.getItem('height1')?parseInt(sessionStorage.getItem('height1')):107,
    height2: sessionStorage.getItem('height2')?parseInt(sessionStorage.getItem('height2')):126,
    height3: sessionStorage.getItem('height3')?parseInt(sessionStorage.getItem('height3')):116
  },
  mutations: {
    vote: function(state,type){
      if(type === 'js'){
        state.height1 += 1;
        sessionStorage.setItem('height1',state.height1)// 存储状态
      }else if(type === 'htmlcss'){
        state.height2 += 1;
        sessionStorage.setItem('height2',state.height2)// 存储状态
      }else{
        state.height3 += 1;
        sessionStorage.setItem('height3',state.height3)// 存储状态
```

```
        }
      }
    },
    actions: {
      voteAction: function (context,type){
        setTimeout(function (){
          context.commit('vote',type);// 提交 mutation 并传递参数
        },200);
      }
    }
})
```

运行项目，初始效果如图 14.7 所示。单击页面上方的某个图片按钮为指定选项进行投票，每单击一次，对应的投票数就会加 1，效果如图 14.8 所示。

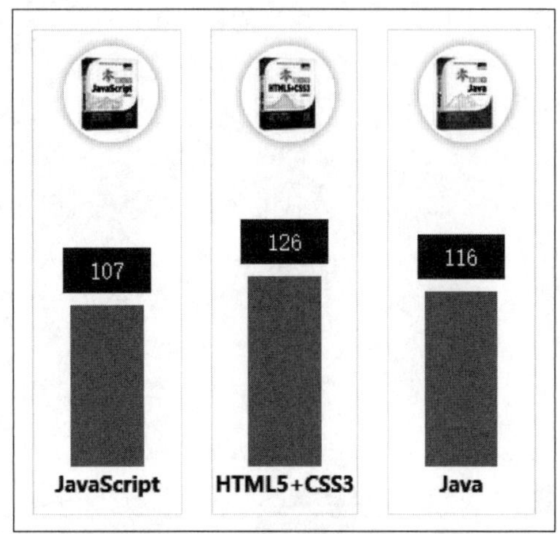

图 14.7 初始效果

图 14.8 投票后的效果

14.3 综合案例——保存用户登录状态

Vuex 作为 Vue 的一个插件，可以更好地管理和维护项目中的组件状态。通过对组件状态的管理，可以帮助用户把公用的数据或状态提取出来放在 Vuex 的实例中，然后根据一定的规则来进行管理。本案例以 Vuex 为基础，在电子商务网站中，实现保存用户登录状态的功能。**（实例位置：资源包 \Code\14\02）**

（1）案例分析

在很多网站中，用户只有在登录成功之后才能进行一系列操作。在登录后，用户名作为共享的数据被保存起来，在访问网站的其他页面时不需要重新登录，只有在关闭浏览器后，保存的登录用户名才会被删除，因此本案例需要使用 sessionStorage 来保存登录成功后的用户名。

为了实现保存用户登录状态的功能，需要将登录用户名和登录状态作为 state 中需要共享的两个数据。当用户登录成功后，应用 sessionStorage 的 setItem() 方法存储用户名和登录状态，当用户退出登录后，应用 sessionStorage 的 removeItem() 方法删除用户名和登录状态。

（2）实现过程

① 创建项目，然后在 assets 目录中创建 css 文件夹、images 文件夹和 fonts 文件夹，分

别用来存储 CSS 文件、图片文件和字体文件。

② 在 components 目录中创建公共头部文件 bodyTop.vue。在 <template> 标签中应用 v-show 指令实现登录前和登录后内容的切换，在 <script> 标签中引入 mapState 和 mapActions 辅助函数，实现组件中的计算属性、方法和 store 中的 state、action 之间的映射。代码如下：

```
<template>
  <div class="hmtop">
    <!-- 顶部导航条 -->
    <div class="mr-container header">
      <ul class="message-l">
        <div class="topMessage">
          <div class="menu-hd">
            <a @click="show('login')" target="_top" class="h" style="color: red" v-show="!isLogin">亲，请登录</a>
            <span v-show="isLogin" style="color: green">{{user}}，欢迎您 <a @click="logout" style="color: red">退出登录</a></span>
            <a @click="show('register')" target="_top" style="color: red; margin-left: 20px;">免费注册</a>
          </div>
        </div>
      </ul>
      <ul class="message-r">
        <div class="topMessage home">
          <div class="menu-hd"><a @click="show('home')" target="_top" class="h" style="color:red">商城首页</a></div>
        </div>
        <div class="topMessage my-shangcheng">
          <div class="menu-hd MyShangcheng"><a href="#" target="_top"><i class="mr-icon-user mr-icon-fw"></i>个人中心</a>
          </div>
        </div>
        <div class="topMessage mini-cart">
          <div class="menu-hd"><a id="mc-menu-hd" @click="show('shopcart')" target="_top">
            <i class="mr-icon-shopping-cart  mr-icon-fw" ></i><span style="color:red">购物车</span>
            <strong id="J_MiniCartNum" class="h" v-if="isLogin">{{length}}</strong>
          </a>
          </div>
        </div>
        <div class="topMessage favorite">
          <div class="menu-hd"><a href="#" target="_top"><i class="mr-icon-heart mr-icon-fw"></i><span>收藏夹</span></a>
          </div></div>
      </ul>
    </div>
    <!-- 悬浮搜索框 -->
    <div class="nav white">
      <div class="logo"><a @click="show('home')"><img src="@/assets/images/logo.png"/></a></div>
      <div class="logoBig">
        <li @click="show('home')"><img src="@/assets/images/logobig.png"/></li>
      </div>
      <div class="search-bar pr">
        <a name="index_none_header_sysc" href="#"></a>
        <form>
          <input id="searchInput" type="text" placeholder="搜索" autocomplete="off">
          <input id="ai-topsearch" class="submit mr-btn" value="搜索" index="1" type="submit">
```

```
        </form>
      </div>
    </div>
    <div class="clear"></div>
  </div>
</template>
<script>
import {mapState,mapActions} from 'vuex'// 引入 mapState 和 mapActions
export default {
  name: 'bodyTop',
  computed: {
    ...mapState([
            'user',//this.user 映射为 this.$store.state.user
            'isLogin'//this.isLogin 映射为 this.$store.state.isLogin
    ])
  },
  methods: {
    show: function (value) {
      if(value == 'shopcart'){
        if(this.user == null){
          alert('亲，请登录！');
          this.$router.push({name:'login'});// 跳转到登录页
          return false;
        }
      }
      this.$router.push({name:value});
    },
    ...mapActions([
            'logoutAction'//this.logoutAction() 映射为 this.$store.dispatch('logoutAction')
    ]),
    logout: function () {
      if(confirm('确定退出登录吗？')){
        this.logoutAction();// 触发 action
        this.$router.push({name:'home'});// 跳转到首页
      }else{
        return false;
      }
    }
  }
}
</script>
<style scoped lang="scss">
.logoBig li{
  cursor: pointer;                         /* 设置鼠标光标形状 */
}
a{
  cursor: pointer;                         /* 设置鼠标光标形状 */
}
</style>
```

③ 在 views 目录中创建主页文件夹 index 和登录页面文件夹 login。在 index 文件夹中创建 bodyHome.vue 文件和 bodyMain.vue 文件，在 login 文件夹中创建 bodyHome.vue 文件和 bodyBottom.vue 文件。index/bodyHome.vue 文件主要用来构建主页的主显示区文件和页面底部文件。代码如下：

```
<template>
  <div>
```

```
    <bodyMain/>
    <bodyFooter/>
  </div>
</template>
<script>
// @ 是 /src 的别名
import bodyMain from '@/views/index/bodyMain'// 引入组件
import bodyFooter from '@/components/bodyFooter'// 引入组件
export default {
  name: 'bodyHome',
  components: {// 注册组件
    bodyMain,
    bodyFooter
  }
}
</script>
```

login/bodyHome.vue 文件主要用来构建登录页面的主显示区文件和页面底部文件。代码如下：

```
<template>
  <div>
  <div class="login-banner">
    <div class="login-main">
      <div class="login-banner-bg"><span></span><img src="@/assets/images/big.png"/></div>
      <div class="login-box">
        <h3 class="title"> 登录 </h3>
        <div class="clear"></div>
        <div class="login-form">
          <form>
            <div class="user-name">
              <label for="user"><i class="mr-icon-user"></i></label>
              <input type="text" v-model="user" id="user" placeholder=" 邮箱 / 手机 / 用户名 ">
            </div>
            <div class="user-pass">
              <label for="password"><i class="mr-icon-lock"></i></label>
              <input type="password" v-model="password" id="password" placeholder=" 请输入密码 ">
            </div>
          </form>
        </div>
        <div class="login-links">
          <label for="remember-me"><input id="remember-me" type="checkbox"> 记住密码 </label>
          <a href="javascript:void(0)" class="mr-fr"> 注册 </a>
          <br/>
        </div>
        <div class="mr-cf">
          <input type="submit" name="" value=" 登 录 " @click="login" class="mr-btn mr-btn-primary mr-btn-sm">
        </div>
        <div class="partner">
          <h3> 合作账号 </h3>
          <div class="mr-btn-group">
            <li><a href="javascript:void(0)"><i class="mr-icon-qq mr-icon-sm"></i><span>QQ 登录 </span></a></li>
            <li><a href="javascript:void(0)"><i class="mr-icon-weibo mr-icon-sm"></i><span> 微博登录 </span> </a></li>
```

```
            <li><a href="javascript:void(0)"><i class="mr-icon-weixin mr-icon-sm"></i><span>微信登录</span> </a></li>
          </div>
        </div>
      </div>
    </div>
  </div>
  <bodyBottom/>
  </div>
</template>
<script>
  import {mapActions} from 'vuex'//引入mapActions
  import bodyBottom from '@/views/login/bodyBottom'//引入组件
  export default {
    name : 'bodyHome',
    components : {
      bodyBottom        //注册组件
    },
    data: function(){
      return {
        user:null,//用户名
        password:null//密码
      }
    },
    methods: {
      ...mapActions([
            'loginAction'//this.loginAction()映射为this.$store.dispatch('loginAction')
      ]),
      login: function () {
        var user=this.user;           //获取用户名
        var password=this.password;  //获取密码
        if(user == null){
          alert('请输入用户名！');
          return false;
        }
        if(password == null){
          alert('请输入密码！');
          return false;
        }
        if(user!=='mr' || password!=='mrsoft' ){
          alert('您输入的账户或密码错误！');
          return false;
        }else{
          alert('登录成功！');
          this.loginAction(user);//触发action并传递用户名
          this.$router.push({name:'home'});//跳转到首页
        }
      }
    }
  }
</script>
<style src="@/assets/css/login.css" scoped></style>
```

④ 修改App.vue文件，在<script>标签中引入bodyTop组件，在<style>标签中引入公共CSS文件。代码如下：

```
<template>
  <div>
```

```
    <bodyTop/>
    <router-view/>
  </div>
</template>
<script>
  import bodyTop from '@/components/bodyTop'// 引入组件
  export default {
    name: 'app',
    components: {
      bodyTop    // 注册组件
    }
  }
</script>
<style lang="scss">
@import "./assets/css/basic.css";// 引入 CSS 文件
@import "./assets/css/demo.css";// 引入 CSS 文件
</style>
```

⑤ 修改 store 文件夹下的 index.js 文件，在 store 实例中分别定义 state、mutation 和 action。当用户登录成功后，应用 sessionStorage.setItem 存储用户名和登录状态，当用户退出登录后，应用 sessionStorage.removeItem 删除用户名和登录状态。代码如下：

```
import Vue from 'vue' // 引入 Vue.js
import Vuex from 'vuex'  // 引入 Vuex
Vue.use(Vuex) // 使用 Vuex
// 创建 Vuex 实例并导出
export default new Vuex.Store({
  state: {
   user: sessionStorage.getItem('user'),  // 定义用户名
   isLogin: sessionStorage.getItem('isLogin'),  // 定义用户是否登录
  },
  mutations: {
   login: function(state, user){
      state.user = user;// 修改状态
      state.isLogin = true;// 修改状态
      sessionStorage.setItem('user',user);// 保存用户名
      sessionStorage.setItem('isLogin',true);// 保存用户登录状态
   },
    logout: function(state){
      state.user = null;// 修改状态
      state.isLogin = false;// 修改状态
      sessionStorage.removeItem('user');// 删除用户名
      sessionStorage.removeItem('isLogin');// 删除用户登录状态
    }
  },
  actions: {
   loginAction: function(context, user){
      context.commit('login', user);// 提交 mutation
   },
    logoutAction: function(context){
      context.commit('logout');// 提交 mutation
    }
  }
})
```

运行项目，首页的效果如图 14.9 所示。

图 14.9　首页的效果

用户登录页面的效果如图 14.10 所示。在登录表单中输入用户名 mr、密码 mrsoft，单击“登录”按钮后会提示用户登录成功。用户登录成功后会跳转到首页，在首页中会显示登录用户的欢迎信息，如图 14.11 所示。

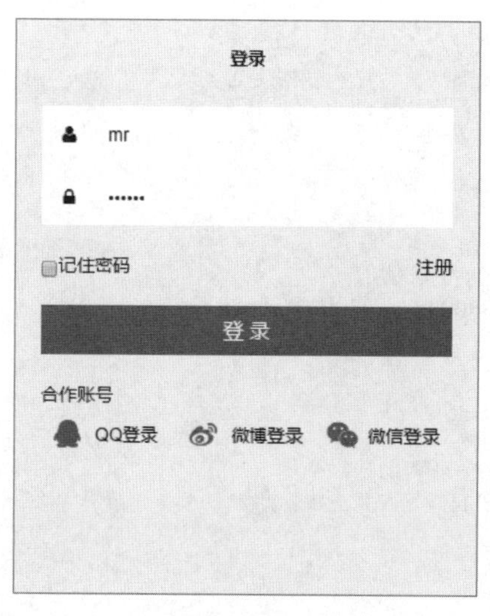

图 14.10　登录页面

图 14.11　显示登录用户欢迎信息

14.4 实战练习

实现向商品列表中添加商品以及从商品列表中删除商品的操作。运行结果如图 14.12 ～图 14.15 所示。(**实例位置：资源包 \Code\14\03**)

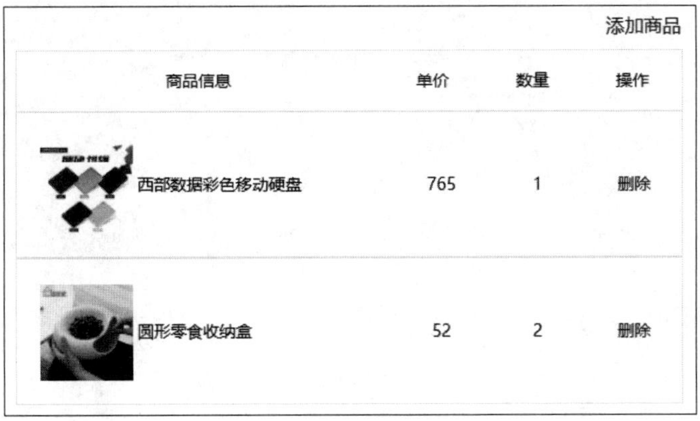

添加商品
商品信息
单价
数量
操作
西部数据彩色移动硬盘
765
1
删除
圆形零食收纳盒
52
2
删除

图 14.12　页面初始效果

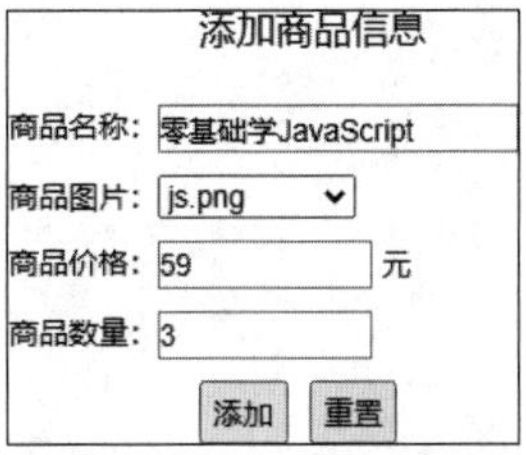

添加商品信息
商品名称：零基础学JavaScript
商品图片：js.png
商品价格：59 元
商品数量：3
添加
重置

图 14.13　输入商品信息

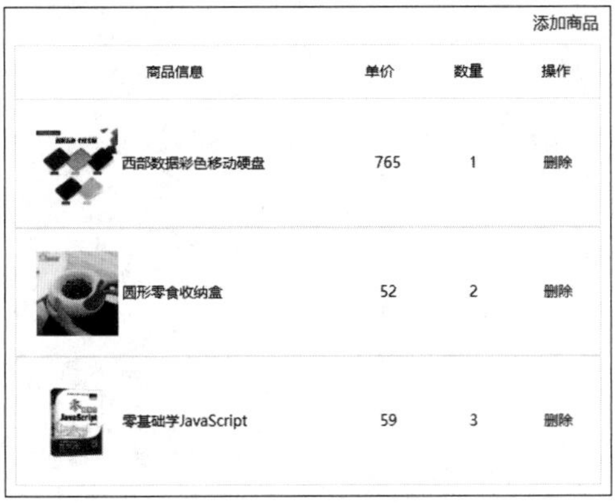

添加商品
商品信息
单价
数量
操作
西部数据彩色移动硬盘
765
1
删除
圆形零食收纳盒
52
2
删除
零基础学JavaScript
59
3
删除

图 14.14　添加商品

添加商品
商品信息
单价
数量
操作
西部数据彩色移动硬盘
765
1
删除
零基础学JavaScript
59
3
删除

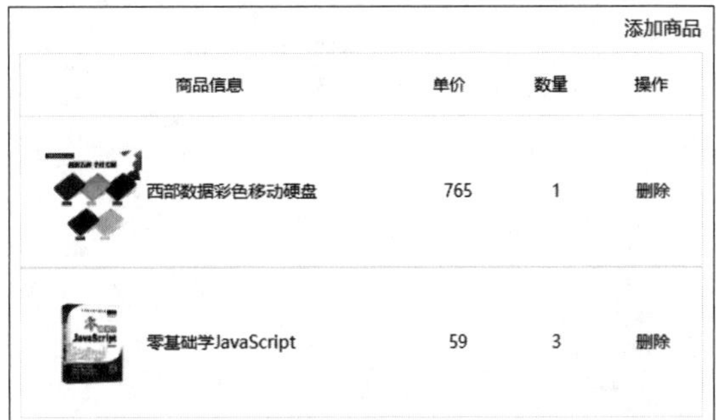

图 14.15　删除商品

小结

本章主要介绍了 Vue.js 中的状态管理。通过状态管理可以帮助用户把公用的数据或状态提取出来放在 Vuex 的实例中，然后根据一定的规则来进行管理。通过本章的学习，可以使读者了解如何在项目中共享数据。

Vue.js

案例篇

Vue.js

第 15 章 模拟 QQ 聊天窗口——Vue.js+JavaScript 实现

QQ 是用户非常熟悉的一种即时通信工具，通过它可以实现在线聊天的功能。本章将应用 Vue.js 实现模拟 QQ 在线聊天窗口的功能。

15.1 案例分析

（1）案例效果预览

聊天窗口主要由左侧用户聊天列表、聊天内容显示区域和文字编辑区域组成，效果如图 15.1 所示。选择左侧聊天列表中的某个用户，在文字编辑区输入聊天内容并发送后，该用户会自动回复信息，结果如图 15.2 所示。

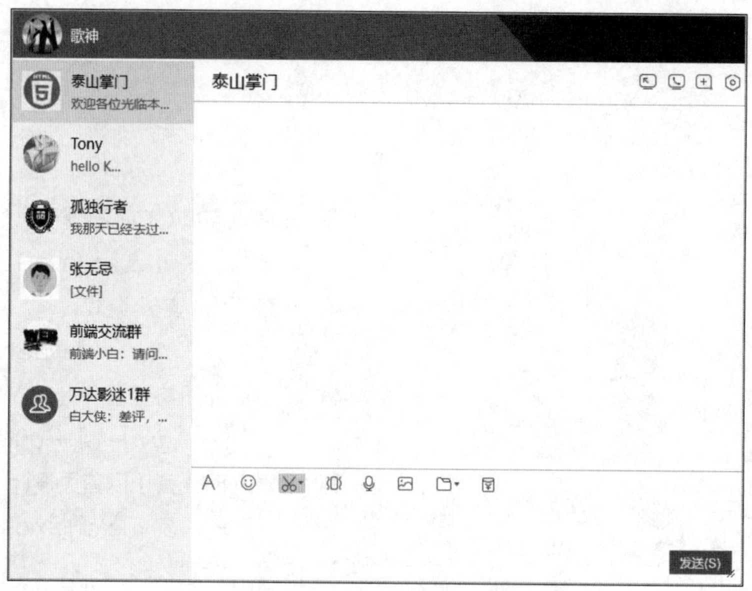

图 15.1　输出聊天窗口

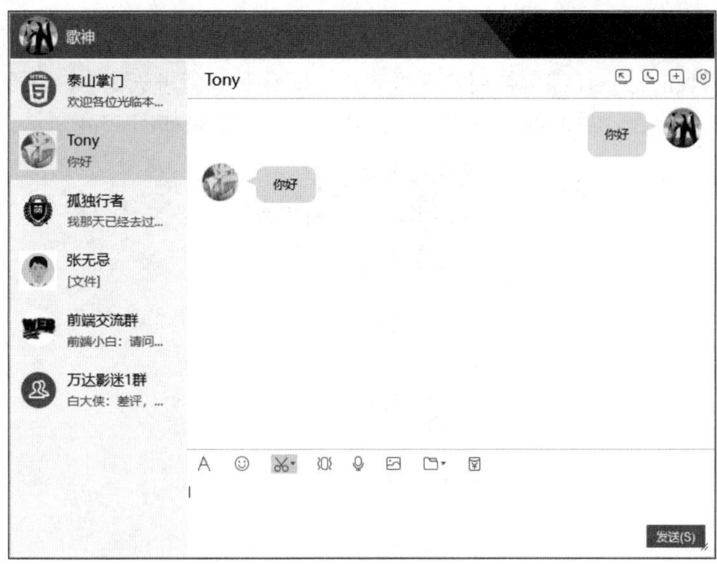

图 15.2　在线聊天

（2）案例准备

本案例应用的技术及运行环境具体如下：

☑ 操作系统：Windows 10。

☑ 应用技术：v-show、v-for、v-bind、v-model、v-on 指令。

☑ 开发环境：WebStorm。

（3）业务流程

在编写 QQ 聊天窗口的程序前，需要先了解实现该聊天窗口的业务流程。根据聊天窗口的业务需求，设计如图 15.3 所示的业务流程图。

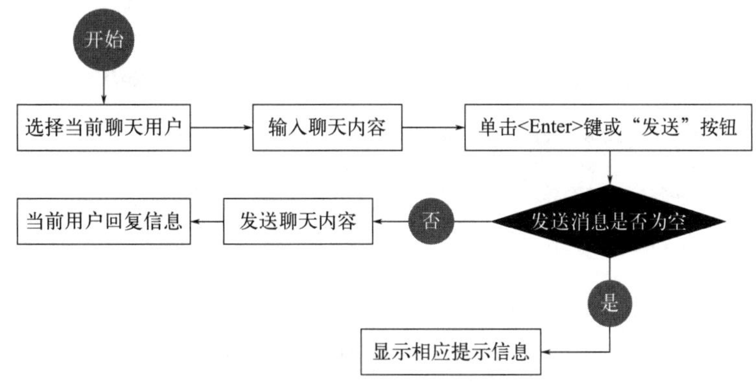

图 15.3　业务流程图

15.2　实现过程

聊天窗口主要由左侧用户聊天列表和聊天窗口右侧区域组成，而聊天窗口右侧区域又包括聊天内容显示区域和文字编辑区域两部分。下面分别对每个组成部分进行介绍。

15.2.1 左侧用户列表的设计

左侧用户列表的每一行都包括用户头像、用户昵称和最新聊天内容三个部分。最新聊天内容只显示前 7 个字符，后面的字符用三个点代替。页面效果如图 15.4 所示。

图 15.4　左侧用户列表

首先编写 HTML 代码，在页面中创建一个 id 属性值为 app 的 div 元素，在该元素中创建聊天窗口左侧用户列表，使用 v-for 指令对列表 chat_list 进行遍历，循环显示用户头像、用户昵称和最新聊天内容。具体代码如下：

```
<div id="app">
   <div class="qq_box">
      <!-- 聊天窗口顶部 -->
      <div class="box_top">
         <div class="top_img">
            <img src="images/my.jpg">
         </div>
         <div class="mynickname"> 歌神 </div>
      </div>
      <div class="context">
         <!-- 聊天窗口左侧用户列表 -->
         <div class="content_left">
            <ul>
               <li :class="{bg:index===i}" v-for="(v,i) in chat_list" :key="value" @click="toggle(i,v)">
                  <div class="list_left"><img :src="v.headUrl"></div>
                  <div class="list_right">
                     <span class="nickname">{{v.nickname}}</span>
                     <span class="new_chat_content">{{v.content | subStr}}</span>
                  </div>
               </li>
            </ul>
         </div>
         <!-- 聊天窗口右侧区域代码 -->
      </div>
   </div>
</div>
```

然后在 <script> 标签中创建 Vue 实例，定义挂载元素、数据、过滤器和方法。在 data 选项中定义左侧用户列表 chat_list，列表中包括各个用户的头像、昵称和最新聊天内容。在 filters 选项中定义过滤器 subStr，该过滤器的作用是使最新聊天内容只显示前 7 个字符，后面的字符用三个点代替。在 methods 选项中定义 toggle 方法，当单击某个聊天用户时获取该聊天用户在列表中的索引、该用户的头像和昵称，并清空聊天内容。代码如下：

```
<script type="text/javascript">
    var vm = new Vue({
        el: '#app',
        data: {
            index: 0, // 左侧聊天列表索引
            cur_headUrl: 'images/1.jpg', // 当前选择的好友头像
            cur_nickname: ' 泰山掌门 ', // 当前选择的好友昵称
            chat_list: [// 左侧聊天列表
                {
                    headUrl: 'images/1.jpg',
                    nickname: ' 泰山掌门 ',
                    content: ' 欢迎各位光临本次掌门人大会 '
                },{
                    headUrl: 'images/2.jpg',
                    nickname: 'Tony',
                    content: 'hello Kelly'
                },{
                    headUrl: 'images/3.jpg',
                    nickname: ' 孤独行者 ',
                    content: ' 我那天已经去过了 '
                },{
                    headUrl: 'images/4.png',
                    nickname: ' 张无忌 ',
                    content: '[ 文件 ]'
                },{
                    headUrl: 'images/5.jpg',
                    nickname: ' 前端交流群 ',
                    content: ' 前端小白：请问大侠 '
                },{
                    headUrl: 'images/6.jpg',
                    nickname: ' 万达影迷 1 群 ',
                    content: ' 白大侠：差评，这个结局让人很迷惑 '
                },
            ]
        },
        filters: {
            subStr: function(value){// 截取左侧显示的聊天内容
                if(value.length > 7){
                    return value.substr(0,7) + '...';
                }else{
                    return value;
                }
            }
        },
        methods: {
            toggle: function (i,v){
                this.index = i;// 获取左侧聊天列表索引
                this.cur_headUrl = v.headUrl;// 获取用户头像
                this.cur_nickname = v.nickname;// 获取用户昵称
                var chat_list = document.getElementsByClassName('chat_list')[0];
                chat_list.innerHTML = '';// 清空聊天内容
            }
```

```
        }
    });
</script>
```

15.2.2　聊天内容显示区域设计

聊天内容显示区域主要包括当前聊天用户名称和用来显示聊天内容的区域两部分，页面效果如图 15.5 所示。

图 15.5　聊天内容显示区域

编写 HTML 代码，在左侧聊天列表的下方创建一个 div 元素，在元素中绑定当前选择的用户昵称，再定义一个 div 元素作为聊天内容显示区域。具体代码如下：

```
<div class="content_right">
    <div class="right_top">
        <div class="other_nickname">{{cur_nickname}}</div>
        <div class="function_key">
            <ul>
                <li><img src="images/key_1.jpg"></li>
                <li><img src="images/key_2.jpg"></li>
                <li><img src="images/key_3.jpg"></li>
                <li><img src="images/key_4.jpg"></li>
            </ul>
        </div>
    </div>
    <!-- 聊天内容显示区 -->
    <div class="chat_content">
        <ul class="chat_list"></ul>
    </div>
</div>
```

15.2.3　文字编辑区域设计

文字编辑区域主要包括表情图标列表、用于输入聊天内容的文本域和一个“发送”按钮等几个部分。在文本域中输入聊天内容，单击 <Enter> 键或“发送”按钮后，上方会显示当前的聊天内容，效果如图 15.6 所示。单击☺图标会在其上方展示表情图标列表，效果如图 15.7 所示，再次单击该图标会隐藏表情图标列表。如果在文本域中未输入内容直接单击了

<Enter> 键或“发送”按钮，在“发送”按钮上方会显示相应的提示信息，效果如图 15.8 所示。

图 15.6　显示聊天内容

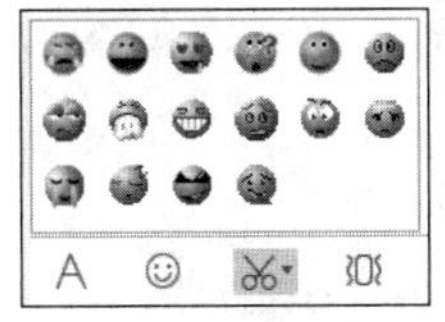

图 15.7　表情图标列表

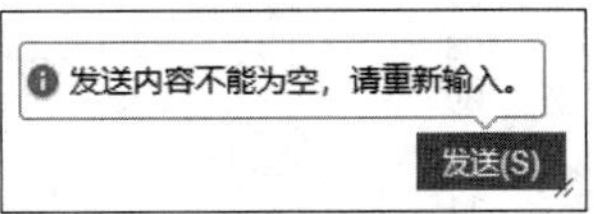

图 15.8　提示信息

首先编写 HTML 代码，在用来显示聊天内容的 div 下方创建一个 div 元素，在元素中定义 3 个 div 元素，在第一个 div 元素中添加一个 ul 列表，使用 v-for 指令对表情图标列表 exp_list 进行遍历，当单击某个表情图标时调用 selectExp 方法；在第二个 div 中定义工具图标列表；在第三个 div 中定义一个文本域、发送内容为空的消息提示和一个“发送”按钮，当单击“发送”按钮时调用 send 方法。具体代码如下：

```
<div class="right_bottom">
    <div class="emjon" v-show="show">
        <ul>
            <li v-for="value in exp_list" :key="value" @click="selectExp(value)"><img :src="value"></li>
        </ul>
    </div>
    <!-- 聊天窗口文字编辑区 -->
    <div class="foot_top">
        <ul>
            <li><img src="images/key_5.jpg"></li>
            <li @click="show=!show"><img src="images/key_6.jpg"></li>
            <li><img src="images/key_7.jpg"></li>
            <li><img src="images/key_8.jpg"></li>
            <li><img src="images/key_9.jpg"></li>
            <li><img src="images/key_10.jpg" alt="" /></li>
            <li><img src="images/key_11.jpg"></li>
            <li><img src="images/key_12.jpg"></li>
        </ul>
    </div>
    <div class="input_box">
        <textarea class="dope" v-model="mychat" @click="show=false"></textarea>
        <div class="tips" v-show="isshowtips">
            <span> 发送内容不能为空，请重新输入。</span>
            <span class="bot"></span>
        </div>
        <button class="send_btn" @click="send"> 发送 (S)</button>
    </div>
</div>
```

然后在创建的 Vue 实例中定义数据、方法和 mounted 钩子函数。在 methods 选项中定义 send 方法，在方法中判断要发送的消息是否为空，如果为空就显示相应的提示信息，过

2s 后隐藏该提示信息；如果不为空就向聊天列表中添加内容，过 1s 调用 reply 方法。在 send 方法下方定义 reply 方法，该方法用于向聊天列表中添加当前选择用户自动回复的聊天内容。在 reply 方法下方定义 selectExp 方法，该方法用于向聊天列表中发送表情图标。最后在 mounted 钩子函数中设置当按下回车键时自动调用 send 方法。代码如下：

```
<script type="text/javascript">
    var vm = new Vue({
        el: '#app',
        data: {
            mychat: '', //要发送的消息
            arr: ["你好","今天天气真好啊","你吃饭了吗？"],//定义回复内容数组
            show: false, //是否显示表情列表
            isshowtips: false,//是否显示空消息提示
            exp_list: [//表情列表
                'images/face0.gif',
                'images/face1.gif',
                'images/face2.gif',
                'images/face3.gif',
                'images/face4.gif',
                'images/face5.gif',
                'images/face6.gif',
                'images/face7.gif',
                'images/face8.gif',
                'images/face9.gif',
                'images/face10.gif',
                'images/face11.gif',
                'images/face12.gif',
                'images/face13.gif',
                'images/face14.gif',
                'images/face15.gif'
            ]
        },
        /*过滤器 subStr 代码*/
        methods: {
            /*toggle 方法代码*/
            send: function (){
                if(this.mychat === ''){ //如果要发送的消息为空
                    var t = this;
                    t.isshowtips = true;//显示空消息提示
                    setTimeout(function (){
                        t.isshowtips = false;//隐藏空消息提示
                    },2000)
                }else{
                    var mychat = this.mychat; //获取要发送的消息
                    this.mychat = ''; //发送消息区域为空
                    var chat_list = document.getElementsByClassName('chat_list')[0];
                    //向聊天列表中添加内容
                    chat_list.innerHTML += '<li>'+
                        '<div class="myhead"><img src="images/my.jpg"></div>'+
                        '<div class="mychat">'+mychat+'</div>'+
                        '</li>';
                    setTimeout(this.reply,1000);//过 1s 调用 reply 方法
                    var bg = document.getElementsByClassName('bg')[0];
                    var new_chat = bg.getElementsByClassName('new_chat_content')[0];
                    new_chat.innerHTML = mychat;//新的聊天内容
                    //获取聊天区域
                    var chat_area = document.getElementsByClassName('chat_content')[0];
                    chat_area.scrollTop = chat_area.scrollHeight;//滚动条滚动到最下方
                }
```

```
            },
            reply: function (){
                var ran = Math.floor(Math.random()*this.arr.length);// 获取随机数
                var chat_list = document.getElementsByClassName('chat_list')[0];
                // 向聊天列表中添加内容
                chat_list.innerHTML += '<li>'+
                    '<div class="reply_head"><img src="'+this.cur_headUrl+'"></div>'+
                    '<div class="reply">'+this.arr[ran]+'</div>'+
                    '</li>';
                var bg = document.getElementsByClassName('bg')[0];
                var new_chat = bg.getElementsByClassName('new_chat_content')[0];
                new_chat.innerHTML = this.arr[ran];// 新的聊天内容
                // 获取聊天区域
                var chat_area = document.getElementsByClassName('chat_content')[0];
                chat_area.scrollTop = chat_area.scrollHeight;// 滚动条滚动到最下方
            },
            selectExp: function (value){
                var chat_list = document.getElementsByClassName('chat_list')[0];
                // 向聊天列表中添加内容
                chat_list.innerHTML += '<li>'+
                    '<div class="myhead"><img src="images/my.jpg"/></div>'+
                    '<div class="mychat"><img class="expr" src="'+value+'"></div>'+
                    '</li>';
                this.show = false;  // 隐藏表情列表
                setTimeout(this.reply,1000); // 过 1s 调用 reply 方法
                var bg = document.getElementsByClassName('bg')[0];
                var new_chat = bg.getElementsByClassName('new_chat_content')[0];
                new_chat.innerHTML = '<img src="'+value+'">';// 新的聊天内容
                // 获取聊天区域
                var chat_area = document.getElementsByClassName('chat_content')[0];
                chat_area.scrollTop = chat_area.scrollHeight; // 滚动条滚动到最下方
            }
        },
        mounted: function (){
            var t = this;
            document.onkeydown = function (e){
                e.preventDefault();  // 阻止换行
                if(e.key === 'Enter'){ // 如果按下的是回车键
                    t.send(); // 调用 send 方法发送消息
                }
            }
        }
    });
</script>
```

小结

本章主要介绍了模拟 QQ 聊天窗口的实现过程，包括聊天窗口中左侧用户列表的设计、聊天窗口右侧聊天内容显示区域的设计，以及文字编辑区域的设计等。通过对聊天窗口的设计，使读者能够熟练掌握 Vue.js 中的一些常用指令的用法。

第 16 章 贪吃蛇小游戏——Vue.js+JavaScript 实现

贪吃蛇游戏是一种老少皆宜的大众游戏，它因操作简单、娱乐性强而受到广大游戏爱好者的欢迎。目前该游戏有 PC 端和手机端等多平台版本。本章将应用 Vue.js 和 JavaScript 相结合实现一个网页版的贪吃蛇小游戏。

16.1 案例分析

（1）案例效果预览

游戏初始界面主要用于显示贪吃蛇的可移动区域、游戏初始分数和用于选择速度的下拉菜单，效果如图 16.1 所示。单击空格键开始游戏。该游戏通过控制蛇头方向吃食物，每吃一个食物，蛇的身体就会变长，游戏进行中的效果如图 16.2 所示。

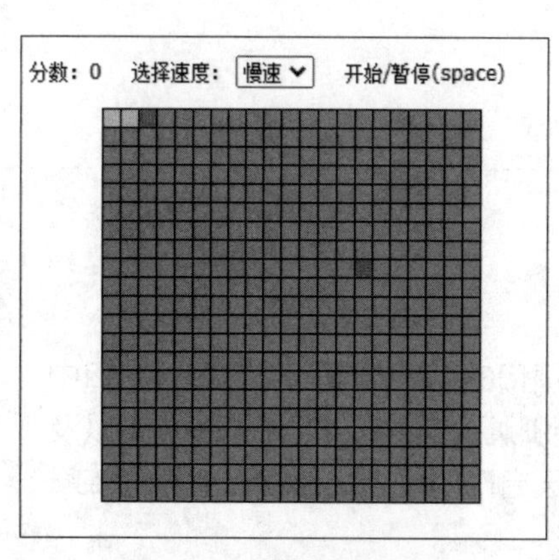

图 16.1　游戏初始界面

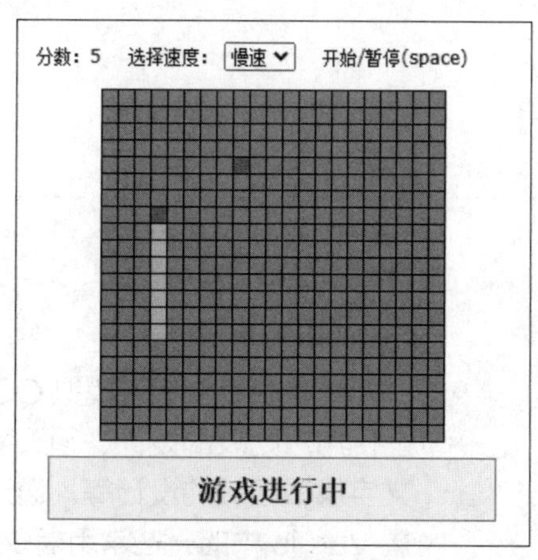

图 16.2　游戏进行中界面

在游戏过程中再次按下空格键会暂停游戏，效果如图 16.3 所示。当蛇头撞到边界或自己的身体时，会给出游戏结束的提示，效果如图 16.4 所示。

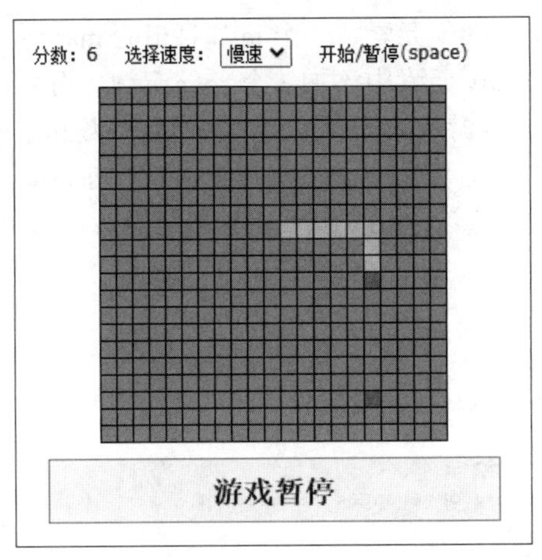

图 16.3　游戏暂停界面

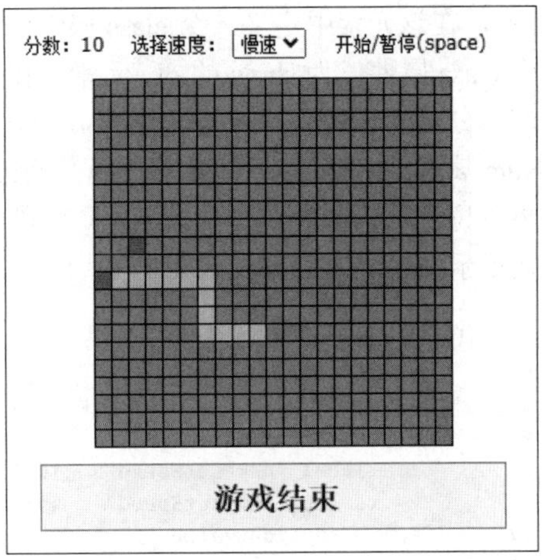

分数：10　选择速度：慢速　开始/暂停(space)

游戏结束

图 16.4　游戏结束界面

（2）案例准备

本案例应用的技术及运行环境具体如下：

☑ 操作系统：Windows 10。

☑ 应用技术：v-show、v-model、v-on 指令。

☑ 开发环境：WebStorm。

（3）业务流程

根据贪吃蛇小游戏要实现的功能，设计如图 16.5 所示的业务流程图。

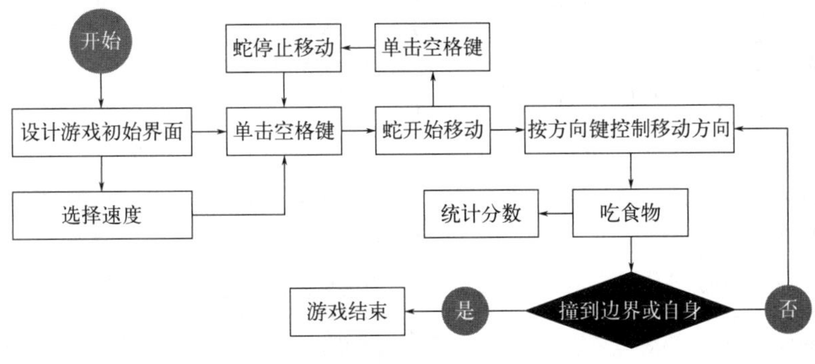

图 16.5　业务流程图

16.2　实现过程

16.2.1　游戏初始界面设计

在游戏初始界面，贪吃蛇的可移动区域是一个 21 行 21 列的表格。表格上方的内容包括游戏初始分数、用于选择速度的下拉菜单，以及开始或暂停游戏的提示按键。游戏初始界面的实现过程如下：

① 新建 index.html 文件，在文件中编写 HTML 代码。首先定义一个 id 属性值为 app 的

div 元素，在该元素中定义一个 class 属性值为 box 的 div 元素、一个 id 属性值为 map 的表格和一个 class 属性值为 show 的 div 元素，在第一个 div 元素中添加 3 个 span 元素，分别用于显示游戏分数、设置游戏速度，以及显示开始或暂停游戏的提示按键，将游戏分数和定义的 foodNum 属性进行绑定，当触发选择游戏速度的下拉菜单的 change 事件时调用 setSpeed 方法，将下拉菜单的值和定义的 speed 属性进行绑定。第二个 div 元素用于显示游戏提示信息，将游戏提示信息绑定到 result 属性。代码如下：

```
<div id="app">
   <div class="box">
      <span> 分数：<span id="foodNum">{{foodNum}}</span></span>
      <span>
         <label for="setSpeed"> 选择速度：</label>
         <select id="setSpeed" v-model="speed" v-on:change="setSpeed">
            <option value="200"> 慢速 </option>
            <option value="100"> 中速 </option>
            <option value="50"> 快速 </option>
         </select>
      </span>
      <span> 开始 / 暂停 (space)</span>
   </div>
   <table id="map"></table>
   <div class="show" v-show="isShow">{{result}}</div>
</div>
```

② 新建 css 文件夹，在文件夹中创建 snake.css 文件，在文件中编写游戏界面的样式，然后在 index.html 文件中引入 snake.css 文件。snake.css 文件的代码如下：

```
*{
  margin:0;                                   /* 设置网页外边距 */
  padding:0;                                  /* 设置网页内边距 */
  font-family:Verdana, 宋体 ;                 /* 设置字体 */
  font-size:12px;                             /* 设置文字大小 */
}
table#map {
  width:auto;                                 /* 设置宽度 */
  height:auto;                                /* 设置高度 */
  margin:0 auto;                              /* 设置外边距 */
  border-collapse:collapse;                   /* 设置表格的边框 */
  border-spacing:0;                           /* 设置边框的间距 */
  clear:both;                                 /* 清除浮动 */
  background:#74AFE0;                         /* 设置背景颜色 */
}
td{
  width:10px;                                 /* 设置宽度 */
  height:10px;                                /* 设置高度 */
  border:1px solid black;                     /* 设置单元格边框 */
}
.snakehead{
  background-color: orangered;                /* 设置背景颜色 */
}
.snakebody{
  background-color:#FFCC00;                   /* 设置背景颜色 */
}
.snakefood{
  background-color: orangered;                /* 设置背景颜色 */
}
.box{
```

```
  width:320px;                              /* 设置宽度 */
  margin:0 auto;                            /* 设置外边距 */
  padding:3em 0;                            /* 设置内边距 */
}
.box>span{
  float:left;                               /* 设置左浮动 */
  height:30px;                              /* 设置高度 */
  margin-right:1.5em;                       /* 设置右外边距 */
  line-height:30px;                         /* 设置行高 */
}
.show{
  background:#FFFF66;                       /* 设置背景颜色 */
  width:300px;                              /* 设置宽度 */
  height:40px;                              /* 设置高度 */
  line-height:40px;                         /* 设置行高 */
  font-weight:bolder;                       /* 设置字体粗细 */
  border:1px solid #999999;                 /* 设置边框 */
  margin:10px auto;                         /* 设置外边距 */
  font-size: 20px;                          /* 设置文字大小 */
  text-align: center;                       /* 设置文字居中显示 */
}
```

③ 在 index.html 文件中编写 JavaScript 代码。创建 Vue 实例，定义挂载元素、数据和方法。在 data 选项中对多个属性进行初始化；然后在 methods 选项中定义用于创建贪吃蛇可移动区域的 map 方法，在方法中应用 Table 对象的 insertRow() 方法和 insertCell() 方法创建表格行和单元格；接下来定义用于生成食物的 food 方法；之后定义 init 方法，在该方法中调用 map 方法和 food 方法实现游戏的初始化。代码如下：

```
<script type="text/javascript">
   var vm = new Vue({
      el: '#app',
      data: {
         rows: 21,                           //21 行
         cols: 21,                           //21 列
         speed: 200,                         // 前进速度
         curKey: 0,                          // 当前方向按键键码值
         timer: 0,
         pos: [],                            // 蛇身位置
         foodPos: {"x":-1,"y":-1},
         foodNum: -1,                        // 吃掉食物数量
         dom: null,                          // 地图元素
         pause: 1,                           //1 表示暂停，-1 表示开始
         isShow: false,                      // 是否显示游戏提示
         result: ''                          // 游戏提示信息
      },
      methods: {
         map: function(){                    // 创建地图
            if(this.dom.firstChild){
               this.dom.removeChild(this.dom.firstChild);// 重新开始，删除之前创建的 tbody
            }
            for( j = 0; j < this.rows; j++ ){
               var tr = this.dom.insertRow(-1);// 插入一行
               for( i = 0; i < this.cols; i++ ){
                  tr.insertCell(-1);         // 插入一列
               }
            }
         },
         food: function(){                   // 生成食物
```

```
            do{
               this.foodPos.y = Math.floor( Math.random()*this.rows );
               this.foodPos.x = Math.floor( Math.random()*this.cols );
            }while( this.dom.rows[this.foodPos.y].cells[this.foodPos.x].className != "" )// 防止食物生成在蛇身上
            this.dom.rows[this.foodPos.y].cells[this.foodPos.x].className= "snakefood";// 设置食物样式
            this.foodNum++;// 设置分数
         },
         init: function(){
            this.map();// 创建地图
            window.clearInterval(this.timer);// 停止
            this.pos = [{"x":2,"y":0},{"x":1,"y":0},{"x":0,"y":0}];// 定义蛇身位置
            for(var j=0; j<this.pos.length; j++ ){// 显示蛇身
               this.dom.rows[this.pos[j].y].cells[this.pos[j].x].className="snakebody";
            }
            this.dom.rows[this.pos[0].y].cells[this.pos[0].x].className="snakehead";// 为蛇头设置样式
            this.curKey = 0;                    // 当前方向按键键码值
            this.foodNum = -1;                  // 吃掉食物数量
            this.food();                        // 生成食物
            this.pause = 1;                     //1 表示暂停，-1 表示开始
         }
      }
   });
</script>
```

④ 在 mounted 钩子函数中获取贪吃蛇的移动区域，并调用 init() 方法对游戏进行初始化。代码如下：

```
mounted: function (){
   this.dom = document.getElementById("map");
   this.init();                             // 调用初始化方法
}
```

⑤ 在游戏初始界面，通过贪吃蛇可移动区域上方的下拉菜单可以设置游戏速度。在该游戏中有 3 种游戏速度可以选择，分别为慢速、中速和快速。在 methods 选项中定义 setSpeed 方法，当触发下拉菜单的 change 事件时调用该方法，执行相应的事件处理函数，代码如下：

```
setSpeed: function (event){
   event.target.blur();                     // 下拉菜单失去焦点
   this.init();                             // 调用初始化方法
   this.isShow = false;                     // 隐藏游戏提示
}
```

16.2.2 游戏操作

在对游戏进行初始化后，单击空格键，贪吃蛇开始移动，通过键盘中的方向键控制蛇的移动方向。在贪吃蛇的移动过程中，单击空格键可以暂停移动，再次单击空格键，贪吃蛇会继续移动。实现游戏操作的具体步骤如下：

① 在 methods 选项中定义 trigger 方法，通过该方法控制蛇头的移动方向，以及控制游戏的开始和暂停。代码如下：

```
trigger: function(){
   var _t=this;
```

```
    var eKey = event.keyCode;// 获取按键键码值
    if( eKey>=37 && eKey<=40 && eKey!=this.curKey && !( (this.curKey == 37 && eKey == 39) || (this.curKey == 38 && eKey == 40) || (this.curKey == 39 && eKey == 37) || (this.curKey == 40 && eKey == 38) ) && this.pause==-1 ){// 如果按下的是方向键，并且不是当前方向，也不是反方向和暂停状态
       this.curKey = eKey;          // 设置当前方向按键键码值
    }else if( eKey==32 ){
       this.curKey = (this.curKey==0) ? 39 : this.curKey;
       this.pause*=-1;
       if(this.pause==-1){
          this.timer=window.setInterval(function(){_t.move()},this.speed);// 蛇身移动
          this.isShow = true;// 显示游戏提示
          this.result = " 游戏进行中 ";
       }else{
          window.clearInterval(this.timer);// 停止
          this.result = " 游戏暂停 ";
       }
    }
}
```

② 在 methods 选项中定义 move 方法，在方法中实现贪吃蛇的移动、贪吃蛇吃食物，以及判断蛇头是否撞到边界或自身的操作，代码如下：

```
move: function(){// 移动
    switch(this.curKey){
       case 37: // 左方向
          if( this.pos[0].x <= 0 ){ // 蛇头撞到边界
             this.over();
             return;
          }else{
             this.pos.unshift( {"x":this.pos[0].x-1,"y":this.pos[0].y}); // 添加元素
          }
          break;
       case 38: // 上方向
          if( this.pos[0].y <= 0 ){
             this.over();
             return;
          }else{
             this.pos.unshift( {"x":this.pos[0].x,"y":this.pos[0].y-1});
          }
          break;
       case 39:// 右方向
          if( this.pos[0].x >= this.cols-1 ){
             this.over();
             return;
          }else{
             this.pos.unshift( {"x":this.pos[0].x+1,"y":this.pos[0].y});
          }
          break;
       case 40: // 下方向
          if( this.pos[0].y >= this.rows-1 ){
             this.over();
             return;
          }else{
             this.pos.unshift( {"x":this.pos[0].x,"y":this.pos[0].y+1});
          }
          break;
    }
    if( this.pos[0].x == this.foodPos.x && this.pos[0].y == this.foodPos.y ){// 蛇头位置与食物重叠
```

```
        this.food();                            // 生成食物
    }else if( this.curKey != 0 ){
        this.dom.rows[this.pos[this.pos.length-1].y].cells[this.pos[this.pos.length-1].x].className="";
        this.pos.pop();                         // 删除蛇尾
    }
    for(i=3;i<this.pos.length;i++){             // 从蛇身的第四节开始判断是否撞到自己
        if( this.pos[i].x == this.pos[0].x && this.pos[i].y == this.pos[0].y ){
            this.over();                        // 游戏结束
            return;
        }
    }
    this.dom.rows[this.pos[0].y].cells[this.pos[0].x].className="snakehead";// 画新蛇头
    this.dom.rows[this.pos[1].y].cells[this.pos[1].x].className="snakebody";// 原蛇头变为蛇身
}
```

在 mounted 钩子函数中设置当触发 onkeydown 事件时调用 trigger 方法。代码如下：

```
document.onkeydown = function(){
    t.trigger(); // 按下按键时调用 trigger 方法
}
```

③ 在贪吃蛇移动时，如果蛇头撞到可移动区域的边界或自己的身体则游戏结束。在 methods 选项中定义游戏结束时执行的方法 over。游戏结束后，过 3s 可以继续游戏。代码如下：

```
over: function(){
    this.result = " 游戏结束 ";
    window.clearInterval(this.timer);           // 停止
    document.onkeydown = null;
    var t = this;
    setTimeout(function (){
        t.isShow = false;                       // 隐藏游戏提示
        t.init();                               // 重置游戏
        document.onkeydown = function(){
            t.trigger();                        // 按下按键时调用方法
        }
    },3000);
}
```

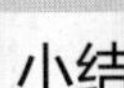

小结

本章主要通过 Vue.js 和 JavaScript 编写了一个网页版的贪吃蛇小游戏。该游戏的核心功能是通过键盘中的方向键来控制贪吃蛇的移动，在移动过程中实现吃食物和判断游戏是否结束的操作。

第 17 章
注册与登录
——@vue/cli+Router+Vuex 实现

注册登录模块是网站开发中必不可少的组成部分，因为其功能单一，实现相对简单。除了实现验证用户信息的有效性和一些必要的安全设置外，还可以提高程序的可操作性，更好地方便用户。本章将开发一个有着良好交互性的注册登录模块。该模块由用户注册和用户登录两部分组成。

17.1 案例分析

（1）案例效果预览

在用户注册页面，如果输入的内容不符合要求，页面中将给出相应的提示信息，效果如图 17.1 所示。如果用户输入的用户名、密码和确认密码都符合要求，就提示用户注册成功，效果如图 17.2 所示。

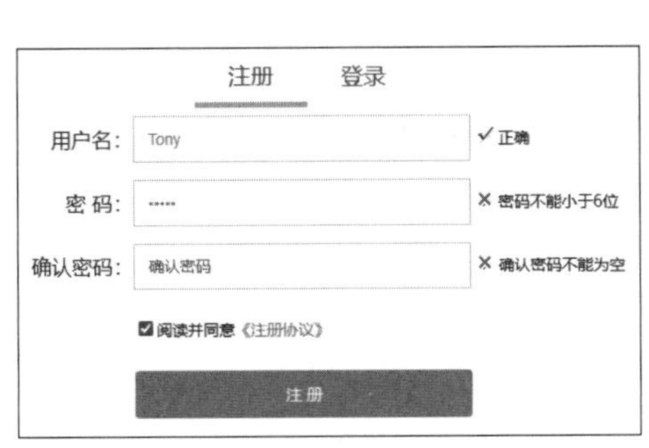

图 17.1　用户输入的内容不符合要求

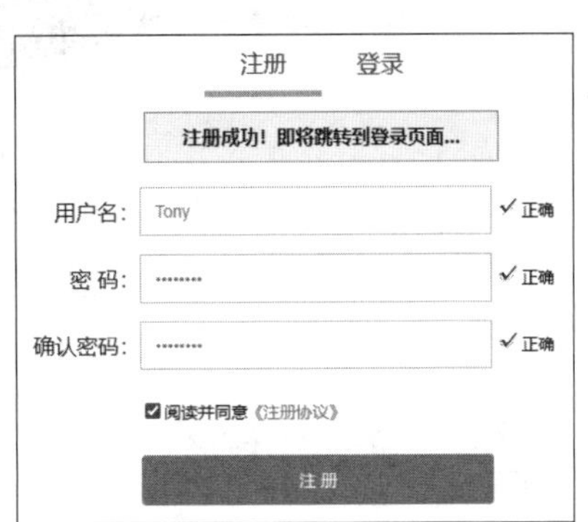

图 17.2　注册成功运行效果

在用户登录界面需要拖动滑块进行验证。如果用户未将验证滑块拖动到最右边，单击“登录”按钮后，页面中会给出相应的提示信息，效果如图 17.3 所示。如果输入了正确的用户名和密码，并且滑块验证通过，就会提示用户登录成功，效果如图 17.4 所示。

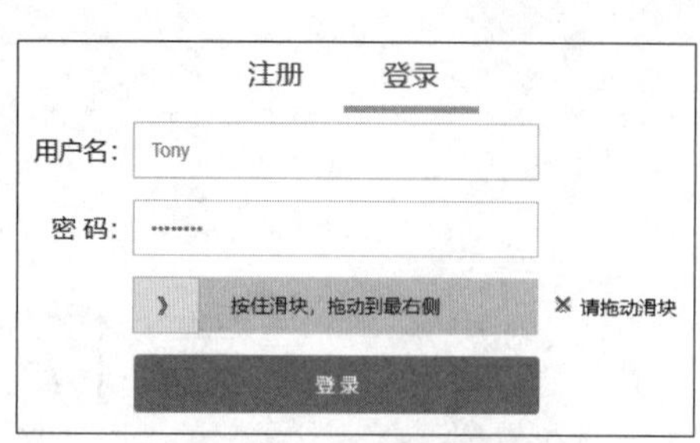

图 17.3　未拖动滑块

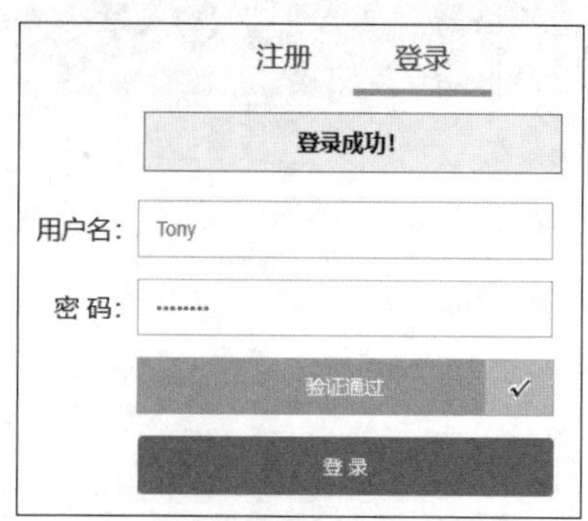

图 17.4　登录成功运行效果

（2）案例准备

本案例应用的技术及运行环境具体如下：

☑ 操作系统：Windows 10。

☑ 应用技术：@vue/cli+Router+Vuex。

☑ 开发环境：WebStorm。

（3）业务流程

在编写用户注册登录模块的程序前，需要先了解实现用户注册和登录功能的业务流程。根据该模块的业务需求，设计如图 17.5 所示的业务流程图。

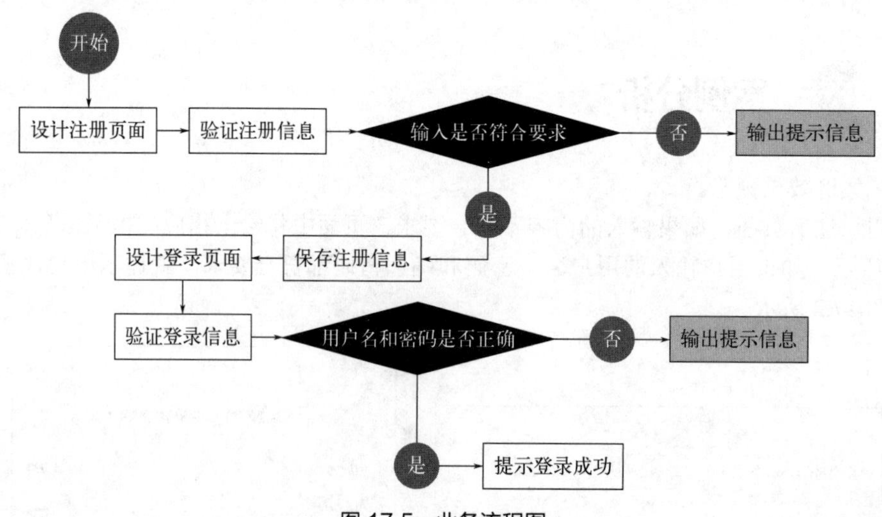

图 17.5　业务流程图

17.2 实现过程

使用 @vue/cli 创建项目 reglog，创建后整理项目目录，删除无用的文件，然后在 assets 目录中创建 css 文件夹和 images 文件夹。在 css 文件夹中创建 index.css 文件，该文件作为模块的公共样式文件，在 images 文件夹中存储两张用来验证注册和登录提示信息的图片。准备工作完成之后，下面开始设计注册和登录页面。

17.2.1　注册页面设计

在注册登录模块中，首先需要对用户注册页面进行设计。注册页面的表单中包括用户名文本框、密码框、确认密码框、“阅读并同意《注册协议》”复选框以及“注册”按钮。注册页面效果如图 17.6 所示。

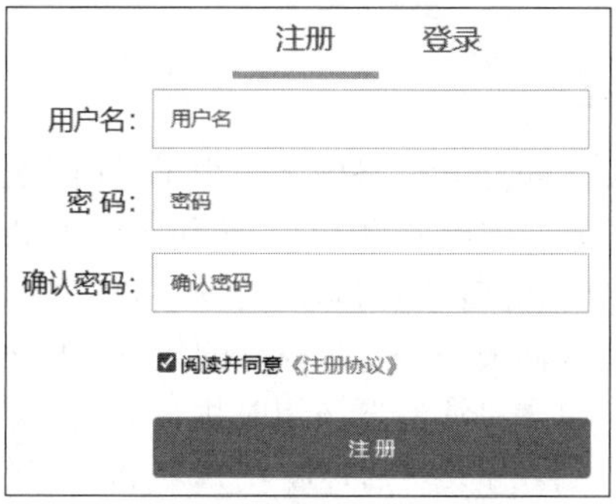

图 17.6　注册页面效果

在 views 目录中创建 userRegister.vue 文件。在文件的 <template> 标签中定义用户注册表单，包括用户名文本框、密码框、确认密码框、“阅读并同意《注册协议》”复选框以及“注册”按钮。将输入框和定义的数据进行绑定，当输入框失去焦点时触发 blur 事件并调用 judge 方法。在每个输入框后都添加一个 span 元素，该元素用来定义注册提示信息。将 span 元素的类名、提示信息和定义的数据进行绑定。具体代码如下：

```
<template>
  <form id="form" name="form" method="post" autocomplete="off">
    <div class="show" v-show="item.isshow">{{result}}</div>
    <div class="form-group">
      <label for="name">用户名：</label>
      <input id="name" type="text" class="form-control" placeholder="用户名" v-model="username" @blur="judge('user')">
      <span v-show="item.isshow1" :class="{error: item.iserror1,right: !item.iserror1}">{{user_tips}}</span>
    </div>
    <div class="form-group">
      <label for="password">密 码：</label>
      <input id="password" type="password" class="form-control" placeholder="密码" v-model="pwd" @blur="judge('pwd')">
      <span v-show="item.isshow2" :class="{error: item.iserror2,right: !item.iserror2}">{{pwd_tips}}</span>
    </div>
    <div class="form-group">
      <label for="passwords">确认密码：</label>
      <input id="passwords" type="password" class="form-control" placeholder="确认密码" v-model="pwds" @blur="judge('pwds')">
      <span v-show="item.isshow3" :class="{error: item.iserror3,right: !item.iserror3}">{{pwds_tips}}</span>
    </div>
    <div class="form-group">
      <div class="agreement">
        <input type="checkbox" v-model="flag">阅读并同意<a href="#">《注册协议》</a>
        <span v-show="item.isshow4" class="error">{{agreement_tips}}</span>
      </div>
    </div>
```

```
    <div>
      <button type="button" class="btn-primary" :class="{btn_disabled:isDis}"
:disabled="isDisabled" @click="reg">注 册 </button>
    </div>
  </form>
</template>
```

17.2.2 用户注册验证

在 userRegister.vue 文件的 <script> 标签中编写用于对用户注册信息进行验证的代码。首先引入 mapMutations 辅助函数，实现组件中的方法和 store 中的 mutation 之间的映射。然后分别定义数据、用于验证用户注册信息的 judge 方法，以及验证用户是否注册成功的 reg 方法。在 judge 方法中编写当输入框失去焦点时执行的代码，根据输入内容显示对应的提示信息。在 reg 方法中编写当用户单击“注册”按钮时执行的代码。当单击“注册”按钮时，将触发所有输入框的 blur 事件。注册成功后，将用户名和密码作为参数传递到 store 实例的 mutation 中。最后，通过监听 flag 属性判断用户是否选中了“阅读并同意《注册协议》”复选框。具体代码如下：

```
<script>
import {mapMutations} from 'vuex'
export default {
  name: "userRegister",
  data: function (){
    return {
      item: {
        isshow: false,                        //是否显示注册结果
        isshow1: false,                       //是否显示用户名提示信息
        isshow2: false,                       //是否显示密码提示信息
        isshow3: false,                       //是否显示确认密码提示信息
        isshow4: false,                       //是否显示注册协议提示信息
        iserror1: true,                       //用户名提示信息是否使用 error 类
        iserror2: true,                       //密码提示信息是否使用 error 类
        iserror3: true                        //确认密码提示信息是否使用 error 类
      },
      user_tips: '',                          //用户名提示信息
      pwd_tips: '',                           //密码提示信息
      pwds_tips: '',                          //确认密码提示信息
      agreement_tips: '',                     //注册协议提示信息
      flag: true,                             //是否选中注册协议复选框
      username: '',                           //用户名
      pwd: '',                                //密码
      pwds: '',                               //确认密码
      isDisabled: false,
      isDis: false,
      result: ''
    }
  },
  methods: {
    judge: function (value){
      if(value === 'user'){
        this.item.isshow1 = true;             //显示用户名提示信息
        if(this.username === ""){             //如果用户名文本框为空
          this.item.iserror1 = true;          //使用 error 类
          this.user_tips = "用户名不能为空";
        }else if(this.username.length<3){     //如果用户名小于 3 位
```

```
          this.item.iserror1 = true;        // 使用 error 类
          this.user_tips = " 用户名不能小于 3 位 ";
        }else{
          this.item.iserror1 = false;       // 使用 right 类
          this.user_tips = " 正确 ";
        }
      }else if(value === 'pwd'){
        this.item.isshow2 = true;           // 显示密码提示信息
        if(this.pwd === ""){                // 如果密码框为空
          this.item.iserror2 = true;        // 使用 error 类
          this.pwd_tips = " 密码不能为空 ";
        }else if(this.pwd.length<6){        // 如果密码小于 6 位
          this.item.iserror2 = true;        // 使用 error 类
          this.pwd_tips = " 密码不能小于 6 位 ";
        }else{
          this.item.iserror2 = false;       // 使用 right 类
          this.pwd_tips = " 正确 ";
        }
      }else{
        this.item.isshow3 = true;           // 显示确认密码提示信息
        if(this.pwds === ""){               // 如果确认密码框为空
          this.item.iserror3 = true;        // 使用 error 类
          this.pwds_tips = " 确认密码不能为空 ";
        }else if(this.pwds !== this.pwd){  // 如果两次输入密码不一致
          this.item.iserror3 = true;        // 使用 error 类
          this.pwds_tips = " 两次密码不相等 ";
        }else{
          this.item.iserror3 = false;       // 使用 right 类
          this.pwds_tips = " 正确 ";
        }
      }
    },
    ...mapMutations([
        'save'
    ]),
    reg: function (){
      var myEvent=new Event('blur');
      var input = document.getElementsByClassName('form-control');
      for(var i = 0; i < input.length; i++){
        input[i].dispatchEvent(myEvent);   // 所有文本框触发 blur 事件
      }
      if (!this.item.iserror1 && !this.item.iserror2 && !this.item.iserror3){
        this.item.isshow = true;
        this.result = ' 注册成功！即将跳转到登录页面 ...';
        this.save({u:this.username,p:this.pwd});
        var t = this;
        setTimeout(function (){
          t.$router.push({name: 'log'});   // 跳转到登录页面
        },3000);
      }
    }
  },
  watch: {
    flag: function (val){
      if(!val){
        this.item.isshow4 = true;           // 显示注册协议提示信息
        this.agreement_tips = ' 同意协议才能注册 ';
        this.isDisabled = true;             // 注册按钮禁用
        this.isDis = true;                  // 添加样式
      }else{
```

```
        this.item.isshow4 = false;          // 隐藏注册协议提示信息
        this.isDisabled = false;            // 注册按钮可用
         this.isDis = false;                // 移除样式
      }
    }
  }
}
</script>
```

17.2.3 保存注册信息

修改 store 文件夹下的 index.js 文件，在 store 实例中分别定义 state 和 mutation。当用户注册成功后，应用 localStorage.setItem 存储用户名和密码。具体代码如下：

```
import Vue from 'vue'                       // 引入 Vue.js
import Vuex from 'vuex'                     // 引入 Vuex
Vue.use(Vuex)                               // 使用 Vuex
// 创建 Vuex.Store 实例并导出
export default new Vuex.Store({
  state: {
    username: localStorage.getItem('username'),
    pwd: localStorage.getItem('pwd')
  },
  mutations: {
    save: function (state,userinfo){
      state.username = userinfo.u;
      state.pwd = userinfo.p;
      localStorage.setItem('username',userinfo.u);   // 保存用户名
      localStorage.setItem('pwd',userinfo.p);        // 保存密码
    }
  }
})
```

17.2.4 登录页面设计

在用户注册页面，单击“登录”超链接可以跳转到登录页面。另外，用户注册成功后，过 3s 也可以跳转到登录页面。登录页面的表单中包括用户名文本框、密码框、验证滑块和“登录”按钮。页面效果如图 17.7 所示。

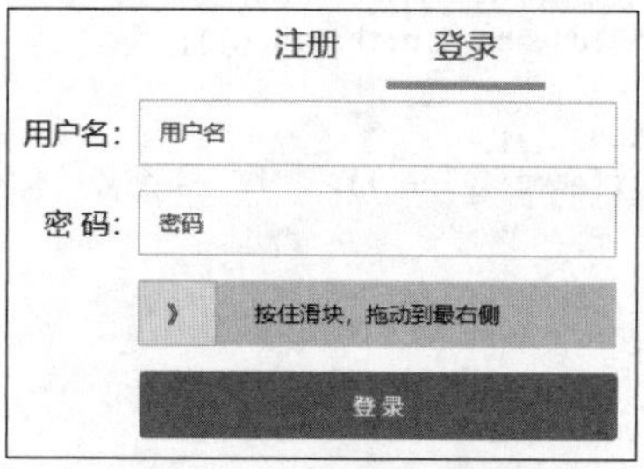

图 17.7　登录页面效果

在 views 目录中创建 userLogin.vue 文件。在文件的 <template> 标签中定义用户登录表单，包括用户名文本框、密码框、验证滑块和“登录”按钮。将输入框和定义的数据进行绑定。在每个输入框后都添加一个 span 元素，该元素用来定义登录提示信息，将提示信息和定义

的数据进行绑定。具体代码如下：

```
<template>
  <form id="form" name="form" method="post" autocomplete="off">
    <div class="show" v-show="item.isshow">{{result}}</div>
    <div class="form-group">
      <label for="username">用户名：</label>
      <input id="username" type="text" class="form-control" placeholder="用户名" v-model="uname">
      <span v-show="item.isshow1" class="error">{{user_tips}}</span>
    </div>
    <div class="form-group">
      <label for="password">密　码：</label>
      <input id="password" type="password" class="form-control" placeholder="密码" v-model="upwd">
      <span v-show="item.isshow2" class="error">{{pwd_tips}}</span>
    </div>
    <!-- 滑块区域 -->
    <div class="form-group">
      <div class="drag-out">
        <span>按住滑块，拖动到最右侧</span>
        <div class="drag-area">》</div>
        <div class="drag-code"></div>
      </div>
      <span v-show="item.isshow3" class="error">请拖动滑块</span>
    </div>
    <button type="button" id="login" class="btn-primary" @click="login">登　录</button>
  </form>
</template>
```

17.2.5　验证滑块设计

在用户登录界面，只有输入了正确的用户名和密码，并且滑块验证通过之后才会提示用户登录成功。在 userLogin.vue 文件的 <script> 标签中实现滑块验证的功能。在 methods 选项中定义 dragFun 方法，在方法中编写验证滑块的代码。分别通过触发 mousedown、mousemove 和 mouseup 事件来验证滑块是否被拖动到最右边。另外，还需要在 mounted 钩子函数中调用 dragFun 方法。代码如下：

```
methods: {
  dragFun: function (){
    var t = this;
    var maxWidth ;                          //可拖动最大距离
    var move = false;                       //设置拖动区域是否可以拖动
    var leftArea;                           //拖动区域距左边的距离
    var movePx;
    var dragOut = document.getElementsByClassName('drag-out')[0];
    var dragArea = document.getElementsByClassName('drag-area')[0];
    var dragCode = document.getElementsByClassName('drag-code')[0];
    //鼠标按下事件
    dragArea.onmousedown = function(){
      move = true ;
      maxWidth = dragOut.clientWidth - dragArea.clientWidth ;//可以移动的最大距离
      leftArea= parseInt(dragOut.offsetLeft);         //获取拖动区域距左边的距离
    }
    //鼠标拖动事件
    document.onmousemove = function(e){
      movePx = e.pageX - leftArea ;                   //获取滑块移动的距离
```

```
      if(move === true){
        if(movePx > 0 && movePx <= maxWidth){          //如果滑块未拖动到最右边
          dragArea.style.left = movePx + 'px';
          dragCode.style.width = movePx + 'px';
        }else if(movePx > maxWidth){                   //如果滑块拖动到最右边
          dragArea.onmousedown = null;
          document.onmousemove = null;
          document.onmouseup = null;
          dragOut.getElementsByTagName('span')[0].innerHTML = '验证通过';
          dragOut.getElementsByTagName('span')[0].style.color = '#fff';
          dragArea.innerHTML = '';
          dragArea.style.background = 'url(' + require('@/assets/images/ok.gif') + ') no-repeat center';
          t.item.isshow3 = false;                      //隐藏滑块提示信息
          t.item.ispass = true;                        //滑块验证通过
        }
      }
    }
    //鼠标松开事件
    document.onmouseup = function(){
      if(move === true){
        move = false;
        if(maxWidth > movePx){                         //如果滑块未拖动到最右边
          dragArea.style.left = '0px';
          dragCode.style.width = '0px';
        }
      }
    }
  }
},
mounted: function (){
  this.dragFun();
}
```

滑块验证通过的运行效果如图 17.8 所示。

图 17.8 滑块验证通过

17.2.6 用户登录验证

在 userRegister.vue 文件的 <script> 标签中编写用于对用户登录信息进行验证的代码。首先引入 mapState 辅助函数，实现组件中的计算属性和 store 中的 state 之间的映射。然后分别定义数据和用于验证用户登录信息的 login 方法。在 login 方法中编写当用户单击“登录”按钮时执行的代码。当单击“登录”按钮时，通过输入的内容显示对应的提示信息。输入了正确的用户名和密码，并且滑块验证通过之后，提示用户登录成功。具体代码如下：

```
<script>
import {mapState} from 'vuex'
export default {
  name: "userLogin",
  data: function (){
    return {
      item: {
        isshow: false,                       //是否显示登录结果
```

```
        isshow1: false,                    // 是否显示用户名提示信息
        isshow2: false,                    // 是否显示密码提示信息
        isshow3: false,                    // 是否显示滑块提示信息
        ispass: false                      // 滑块是否验证通过
      },
      user_tips: '',                       // 用户名提示信息
      pwd_tips: '',                        // 密码提示信息
      uname: '',                           // 用户名
      upwd: '',                            // 密码
      result: ''
    }
  },
  computed: {
    ...mapState([
      'username','pwd'
    ])
  },
  methods: {
    login: function (){
      this.item.isshow = false;
      this.item.isshow1 = false;
      this.item.isshow2 = false;
      if(this.uname === ''){
        this.item.isshow1 = true;
        this.user_tips = ' 请输入用户名 ';
        document.getElementById('username').focus();        // 用户名文本框获取焦点
        return false;
      }else if(this.uname !== this.username){
        this.item.isshow1 = true;
        this.user_tips = ' 用户名不正确 ';
        document.getElementById('username').select();       // 选中用户名文本框
        return false;
      }
      if(this.upwd === ''){
        this.item.isshow2 = true;
        this.pwd_tips = ' 请输入密码 ';
        document.getElementById('password').focus();        // 密码框获取焦点
        return false;
      }else if(this.upwd !== this.pwd){
        this.item.isshow2 = true;
        this.pwd_tips = ' 密码不正确 ';
        document.getElementById('password').select();       // 选中密码框
        return false;
      }
      if(!this.item.ispass){
        this.item.isshow3 = true;
        return false;
      }
      if(this.uname === this.username && this.upwd === this.pwd && this.item.ispass){
        this.item.isshow = true;
        this.result = ' 登录成功！ ';
      }
    }
}
</script>
```

17.2.7　在根组件中实现路由

在用户注册或登录页面，单击“注册”超链接或“登录”超链接可以实现页面的自由切

换。修改 router 文件夹下的 index.js 文件，首先应用 import 引入路由组件，然后定义并注入路由，再使用 beforeEach 钩子函数设置网页的标题。具体代码如下：

```
import Vue from 'vue'                                  // 引入 Vue.js
import VueRouter from 'vue-router'                     // 引入路由
import userRegister from '../views/userRegister.vue' // 引入组件
import userLogin from '../views/userLogin.vue'       // 引入组件
Vue.use(VueRouter)                                     // 使用路由
const routes = [                                       // 定义路由
  {                                                    // 默认渲染 userRegister 组件
    path: '/',
    name: 'reg',
    component: userRegister,
    meta: {
      title: '用户注册'
    }
  },
  {
    path: '/log',
    name: 'log',
    component: userLogin,
    meta: {
      title: '用户登录'
    }
  }
]
const router = new VueRouter({
  mode: 'history',                                     // 使用 history 模式
  base: process.env.BASE_URL,
  routes
})
router.beforeEach((to, from, next) => {
  document.title = to.meta.title;                      // 设置标题
  next();
})
export default router
```

修改 App.vue 文件，在 <template> 标签中定义“注册”和“登录”导航链接，将匹配的路由组件渲染在 router-view 中。在 <style> 标签中引入公共 CSS 文件。代码如下：

```
<template>
  <div id="app">
    <div class="middle-box">
      <div>
        <div>
          <h1 class="logo-name">MR</h1>
        </div>
        <span>
          <router-link to="/">注册</router-link>
          <router-link to="/log">登录</router-link>
        </span>
        <router-view/>
      </div>
    </div>
  </div>
</template>
<script>
export default {
  name: 'app'
```

```
}
</script>
<style lang="scss">
@import "assets/css/index.css";
</style>
```

小结

本章主要介绍了用户注册、登录模块的实现过程，包括用户注册页面的设计、用户注册信息的验证、用户登录页面的设计以及用户登录信息的验证等。其中的难点是登录页面中验证滑块的设计，希望读者能够掌握验证设计的方法。

第 18 章 时光音乐网首页设计——@vue/cli+axios 实现

音乐类网站是网络音乐的发展平台。随着网络技术的发展，用户对音乐网站的要求逐渐提高。音乐网站为了吸引更多的用户，需要对界面进行不断的美化。本章将实现一个简洁大方的音乐网首页的设计。该网站首页主要由六个部分组成。

18.1 案例分析

（1）案例效果预览

时光音乐网首页主要由网站 logo、导航栏、歌曲列表、轮播图、歌曲排行榜、最新资讯和网站底部组成，效果如图 18.1 所示。

图 18.1　网站首页效果

（2）案例准备

本案例应用的技术及运行环境具体如下：

☑ 操作系统：Windows 10。

☑ 应用技术：@vue/cli+axios。

☑ 开发环境：WebStorm。

（3）业务流程

在编写时光音乐网首页的程序前，需要先了解实现网站首页的业务流程。根据该网站首页的业务需求，设计如图 18.2 所示的业务流程图。

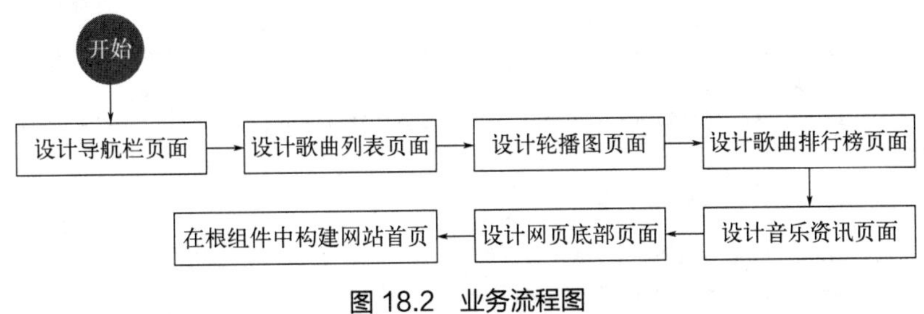

图 18.2　业务流程图

18.2 实现过程

使用 @vue/cli 创建项目 music，创建后整理项目目录，删除无用的文件，然后在 assets 目录中创建 css 文件夹和 images 文件夹。在 css 文件夹中创建 style.css 文件，该文件作为网站首页的公共样式文件，在 images 文件夹中存储首页需要使用的图片，包括歌曲图片等。准备工作完成之后，下面开始实现网站首页的设计。

18.2.1 导航栏的设计

在网站首页的导航栏中共有 6 个菜单项。除了“首页”之外，还有 5 个菜单项分别表示 5 种不同类型的音乐风格，包括流行音乐、摇滚音乐、民族音乐、古典音乐和金属乐。当鼠标指向某个导航菜单项时，下面会显示该菜单项对应的子项。页面效果如图 18.3 所示。

首页	流行音乐	摇滚音乐	民族音乐	古典音乐	金属乐

硬核摇滚　艺术摇滚　朋克

图 18.3　导航栏效果

首先在 components 目录中创建 nav 文件夹，在该文件夹下创建 6 个导航菜单项对应的子项组件。然后在 components 目录中创建 MusicNav.vue 文件。在文件的 <template> 标签中定义导航栏，将导航菜单项的类名和定义的数据进行绑定，当鼠标移入菜单项时触发 mouseover 事件，并通过为数据赋值的方式改变当前渲染的组件，再使用动态组件的形式实现 6 个子项组件之间的切换。在 <script> 标签中引入 6 个子项组件，并对 6 个组件进行注册。具体代码如下：

```
<template>
  <div class="menu">
    <div class="main_menu">
      <ul>
        <li :class="{active: current === 'Home'}" @mouseover="current = 'Home'">首页</li>
        <li :class="{active: current === 'Pop'}" @mouseover="current = 'Pop'">流行音乐</li>
        <li :class="{active: current === 'Rock'}" @mouseover="current = 'Rock'">摇滚音乐</li>
        <li :class="{active: current === 'Nation'}" @mouseover="current = 'Nation'">民族音乐</li>
        <li :class="{active: current === 'Classical'}" @mouseover="current = 'Classical'">古典音乐</li>
        <li :class="{active: current === 'Metal'}" @mouseover="current = 'Metal'">金属乐</li>
      </ul>
    </div>
    <div class="sub_menu">
      <component :is="current"></component>
    </div>
  </div>
</template>
<script>
import Home from "@/components/nav/HomeNav";
import Pop from "@/components/nav/PopNav";
import Rock from "@/components/nav/RockNav";
import Nation from "@/components/nav/NationNav";
import Classical from "@/components/nav/ClassicalNav";
import Metal from "@/components/nav/MetalNav";
export default {
  name: "MusicNav",
  data: function (){
    return {
      current: 'Home' //当前导航菜单项组件名
    }
  },
  components: {
    Home,//注册Home组件
    Pop,//注册Pop组件
    Rock,//注册Rock组件
    Nation,//注册Nation组件
    Classical,//注册Classical组件
    Metal//注册Metal组件
  }
}
</script>
```

18.2.2 歌曲列表展示界面

在时光音乐网首页中，主显示区的左侧部分是歌曲列表展示界面。界面中共展示了 9 首歌曲，包括歌曲图片、歌曲名称和歌曲简介。页面效果如图 18.4 所示。

图 18.4　歌曲列表展示界面

在 components 目录中创建 SongList.vue 文件。在文件的 <template> 标签中定义 ul 列表，对 ul 列表使用 v-for 指令，对保存歌曲信息的数组 song_list 进行遍历。在 <script> 标签中定义歌曲列表数组 song_list，包括歌曲图片 URL、歌曲名称和歌曲简介的信息。具体代码如下：

```
<template>
  <div class="left">
    <ul v-for="value in song_list" :key="value">
      <li><img :src="value.imgUrl"></li>
      <li>{{value.name}}</li>
      <li>{{value.intro}}</li>
    </ul>
  </div>
</template>
<script>
export default {
  name: "SongList",
  data: function (){
    return {
      song_list: [// 歌曲列表数组
        {
          imgUrl: require('@/assets/images/1.jpg'),// 歌曲图片 URL
          name: ' 加州旅馆 ',// 歌曲名称
          intro: ' 老鹰乐队经典代表作 '// 歌曲简介
        },
        {
          imgUrl: require('@/assets/images/2.jpg'),
          name: 'As Long As You Love Me',
          intro: ' 后街男孩代表作之一 '
        },
        {
          imgUrl: require('@/assets/images/3.jpg'),
          name: ' 此情可待 ',
          intro: ' 传唱不衰，颂扬真情的永恒 '
```

```
        },
        {
          imgUrl: require('@/assets/images/4.jpg'),
          name: '我心永恒',
          intro: '电影《泰坦尼克号》主题曲'
        },
        {
          imgUrl: require('@/assets/images/5.jpg'),
          name: 'Take Me To Your Heart',
          intro: '翻唱自歌神代表作《吻别》'
        },
        {
          imgUrl: require('@/assets/images/6.jpg'),
          name: '乡村路带我回家',
          intro: '乡村音乐歌手约翰·丹佛的成名作'
        },
        {
          imgUrl: require('@/assets/images/7.jpg'),
          name: 'Sailing',
          intro: '朴实无华、意境悠远的一首歌'
        },
        {
          imgUrl: require('@/assets/images/8.jpg'),
          name: 'Unchained Melody',
          intro: '经典难忘的电影旋律'
        },
        {
          imgUrl: require('@/assets/images/9.jpg'),
          name: 'Everything I Do',
          intro: '布莱恩·亚当斯的成名作'
        }
      ]
    }
  }
}
</script>
```

18.2.3 轮播图的设计

在首页主显示区右侧的最上方是轮播图的展示界面，共有 3 张轮播图片。图片下方有 3 个数字按钮，当鼠标单击某个数字按钮时会切换到对应的图片。页面效果如图 18.5 和图 18.6 所示。

图 18.5　轮播图 1

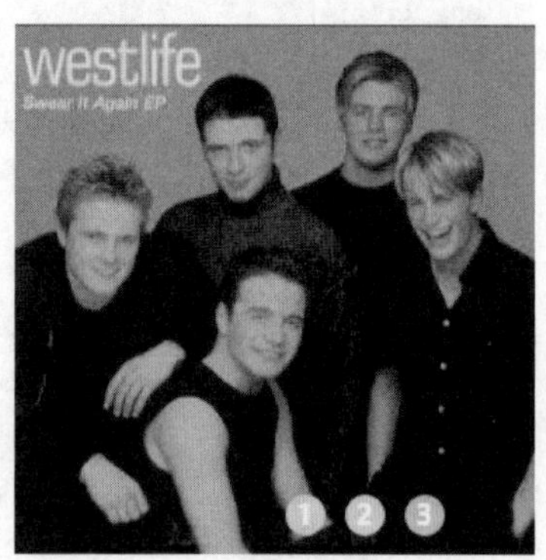

图 18.6　轮播图 3

在 components 目录中创建 MusicBanner.vue 文件。在文件的 <template> 标签中定义轮播图片和用于切换图片的数字按钮。在 <script> 标签中定义数据、方法和钩子函数，在方法中，通过 next() 方法设置下一张图片的索引，通过 toggle() 方法设置当单击某个数字按钮后显示对应的图片。在 mounted 钩子函数中使用 setInterval() 方法每隔 3s 调用一次 next 方法，实现图片自动轮播的效果。具体代码如下：

```
<template>
  <div class="right">
    <!-- 切换的图片 -->
    <div class="banner">
      <transition-group name="effect" tag="div">
        <span v-for="(v,i) in bannerURL" :key="i" v-show="(i+1)===index?true:false">
          <img :src="v">
        </span>
      </transition-group>
    </div>
    <!-- 切换的小按钮 -->
    <ul class="numBtn">
      <li v-for="num in 3" :key="num">
        <a href="javascript:;" :style="{background:num===index?'#ff9900':'#CCCCCC'}" @
click='toggle(num)' class='num'>{{num}}</a>
      </li>
    </ul>
  </div>
</template>

<script>
export default {
  name: "MusicBanner",
  data: function (){
    return {
      bannerURL : [
        require('@/assets/images/10.jpg'),
        require('@/assets/images/11.jpg'),
        require('@/assets/images/12.jpg')
      ],// 图片 URL 数组
      index : 1, // 图片的索引
      flag : true, // 是否可以单击数字按钮
      timer : null, // 定时器 ID
    }
  },
  methods: {
    next : function(){
      this.index = this.index + 1 === 4 ? 1 : this.index + 1;
    },
    toggle : function(num){
      // 单击按钮切换到对应图片
      if(this.flag){
        this.flag = false;
        // 过 1s 后可以再次单击按钮切换图片
        setTimeout(()=>{
          this.flag = true;
        },1000);
        this.index = num;  // 切换为选中的图片
        clearTimeout(this.timer);// 取消定时器
        // 过 3s 图片轮换
        this.timer = setInterval(this.next,3000);
      }
```

```
  }
},
mounted : function(){
  this.timer = setInterval(this.next,3000);// 过 3s 图片轮换
}
}
</script>
```

18.2.4 歌曲排行榜

在首页主显示区右侧的中间是歌曲排行榜的展示界面。这里使用了选项卡切换的效果，当单击“推荐歌曲”选项卡时，下方会显示推荐歌曲列表，当单击“热门歌曲”选项卡时，下方会显示热门歌曲列表。页面效果如图 18.7 和图 18.8 所示。

歌曲排行榜	推荐歌曲	热门歌曲
1	昨日重现	卡伦·卡朋特
2	布列瑟农	马修·连恩
3	我心永恒	席琳·迪翁
4	寂静之声	保罗·西蒙
5	我将永远爱你	惠特妮·休斯顿
6	说你说我	莱昂纳尔·里奇
7	不要哭泣	枪炮与玫瑰乐队
8	乡村路带我回家	约翰·丹佛

图 18.7　推荐歌曲列表

歌曲排行榜	推荐歌曲	热门歌曲
1	卡萨布兰卡	贝蒂·希金斯
2	斯卡布罗集市	保罗·西蒙
3	加州旅馆	老鹰乐队
4	奔放的旋律	正直兄弟
5	航行	洛·史都华
6	无心快语	乔治·迈克尔
7	雨中节奏	瀑布合唱团
8	巴比伦河	音符乐队

图 18.8　热门歌曲列表

首先在 components 目录中创建 tab 文件夹，在该文件夹下创建两个选项卡对应的歌曲列表组件。然后在 components 目录中创建 MusicTabs.vue 文件。在文件的 <template> 标签中定义“推荐歌曲”和“热门歌曲”选项卡，并应用 <component> 元素将 data 数据 curtab 动态绑定到它的 is 属性。在 <script> 标签中引入两个歌曲列表组件，再定义数据和方法，对两个歌曲列表组件进行注册。具体代码如下：

```
<template>
  <div class="tabs">
    <div class="top">
      <div class="title"> 歌曲排行榜 </div>
      <ul class="tab">
        <li :class="{actived : actived}" v-on:mouseover="toggleAction('recommend')"> 推荐歌曲 </li>
        <li :class="{actived : !actived}" v-on:mouseover="toggleAction('hot')"> 热门歌曲 </li>
      </ul>
    </div>
    <component :is="curtab"></component>
  </div>
</template>
<script>
import recommend from "@/components/tab/RecommendTab";
import hot from "@/components/tab/HotTab";
export default {
```

```
  name: "MusicTabs",
  data: function (){
    return {
      actived : true,                       // 是否使用标签类名
      curtab : 'recommend'                  // 歌曲排行榜组件名
    }
  },
  methods: {
    toggleAction : function(value){
      this.curtab = value;                  // 获取当前组件名
      value === 'recommend' ? this.actived = true : this.actived = false;
    }
  },
  components: {
    recommend,
    hot
  }
}
</script>
```

18.2.5　最新音乐资讯

在首页主显示区右侧的最下方是最新音乐资讯的展示界面。其中有 5 条音乐资讯从下到上无间断循环滚动。页面效果如图 18.9 所示。

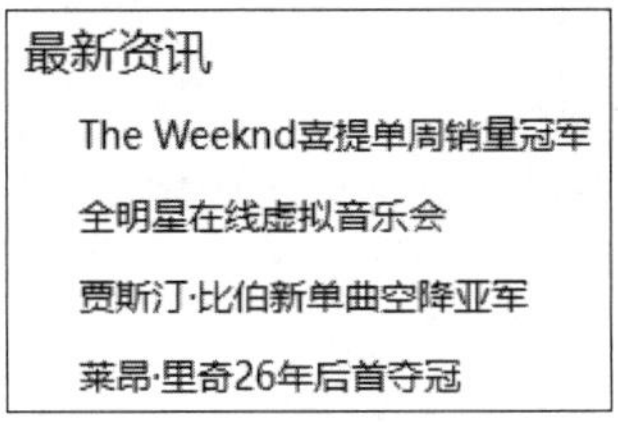

图 18.9　最新资讯列表

实现最新音乐资讯的展示界面使用了 axios 实现 Ajax 请求获取数据的方式。为了实现 Ajax 请求获取数据，需要在项目目录下对 axios 插件进行安装。在命令提示符中输入命令如下：

```
npm install axios --save-dev
```

安装 axios 后需要在 main.js 文件中引入 axios 并对其进行全局注册。在 main.js 文件中添加如下两行代码：

```
import axios from 'axios'
Vue.prototype.$axios = axios
```

安装并引入 axios 之后，在 components 目录中创建 MusicNews.vue 文件。在文件的 <template> 标签中定义一个 ul 列表，将列表的类名和定义的数据进行绑定，当鼠标移入列表时触发 mouseenter 事件，并调用 stop 方法，当鼠标移出列表时触发 mouseleave 事件，并调用 up 方法。在列表项中使用 v-for 指令对音乐资讯列表 news_list 进行遍历。在 <script> 标签中定义数据、方法和钩子函数，在钩子函数中使用 axios 发送 GET 请求，获取 data.json 中的音乐资讯列表数据。代码如下：

```
<template>
  <div class="news">
    <div class="news_title">最新资讯</div>
    <div class="scroll">
      <ul class="list" :class="{anim:animate}" @mouseenter="stop" @mouseleave="up">
        <li v-for="value in news_list" :key="value">{{value}}</li>
      </ul>
    </div>
  </div>
</template>
<script>
export default {
  name: "MusicNews",
  data: function (){
    return {
      animate:false,                         //是否使用指定类名
      timerID: null,                         // 定时器 ID
      news_list:[],                          //最新资讯列表
    }
  },
  methods: {
    scrollUp: function (){
      var t = this;
      this.timerID = setInterval(function (){
        t.animate = true;                    //添加指定类名
        setTimeout(function (){
          t.news_list.push(t.news_list[0]);// 将数组第一个元素添加到数组末尾
          t.news_list.shift();               //删除数组的第一个元素
          t.animate = false;                 //移除指定类名
        },500)
      }, 2000);
    },
    stop: function() {
      clearInterval(this.timerID);           //停止向上滚动操作
    },
    up: function() {
      this.scrollUp();                       //执行向上滚动操作
    }
  },
  mounted : function(){
    this.$axios.get('data.json').then(function (response){// 发送 GET 请求
      this.news_list = response.data;        //获取响应数据
    }.bind(this));
    this.scrollUp();                         //执行向上滚动操作
  }
}
</script>
```

为了能正常获取 data.json 文件中的数据，需要将该文件放在 public 文件夹中。

18.2.6 页面底部的设计

在网站首页的底部是版权等方面的信息。页面效果如图 18.10 所示。

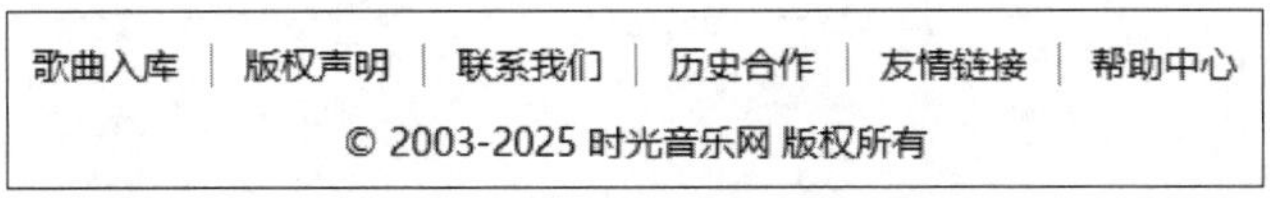

歌曲入库 | 版权声明 | 联系我们 | 历史合作 | 友情链接 | 帮助中心
© 2003-2025 时光音乐网 版权所有

图 18.10　页面底部效果

在 components 目录中创建 MusicBottom.vue 文件。在文件的 <template> 标签中定义 ul 列表，在列表项中使用 v-for 指令对版权信息列表 b_list 进行遍历。在 <script> 标签中定义版权信息列表 b_list。具体代码如下：

```
<template>
  <div class="bottom">
    <ul>
      <li v-for="value in b_list" :key="value">{{value}}</li>
    </ul>
    <div class="copyright">© 2003-2025 时光音乐网 版权所有 </div>
  </div>
</template>
<script>
export default {
  name: "MusicBottom",
  data: function (){
    return {
      b_list: ['歌曲入库','版权声明','联系我们','历史合作','友情链接','帮助中心']
    }
  }
}
</script>
```

18.2.7　在根组件中构建音乐网首页

修改 App.vue 文件，首先在 <script> 标签中使用 import 引入构建音乐网首页的多个组件，然后在 components 选项中注册各个组件，在 <template> 标签中调用各个组件，最后在 <style> 标签中引入公共 CSS 文件 style.css。代码如下：

```
<template>
  <div id="app">
    <div class="logo"><img src="./assets/images/ball.png"></div>
    <MusicNav/>
    <div class="main">
      <SongList/>
      <MusicBanner/>
      <MusicTabs/>
      <MusicNews/>
    </div>
    <MusicBottom/>
  </div>
</template>
<script>
import MusicNav from './components/MusicNav.vue'
import SongList from './components/SongList.vue'
import MusicBanner from './components/MusicBanner.vue'
import MusicTabs from './components/MusicTabs.vue'
import MusicNews from './components/MusicNews.vue'
import MusicBottom from './components/MusicBottom.vue'
export default {
```

```
  name: 'App',
  components: {
    MusicNav,                              // 网站导航栏组件
    SongList,                              // 歌曲列表组件
    MusicBanner,                           // 轮播图组件
    MusicTabs,                             // 选项卡组件
    MusicNews,                             // 最新资讯组件
    MusicBottom                            // 页面底部组件
  }
}
</script>
<style lang="scss">
@import 'assets/css/style.css';
</style>
```

小结

本章主要介绍了时光音乐网首页的实现过程，包括网站导航栏的设计、歌曲列表展示界面的设计、歌曲排行榜的设计，以及最新音乐资讯列表的设计等。其中通过使用 axios 实现 Ajax 请求的技术实现了获取最新音乐资讯列表的功能，读者一定要掌握在 @vue/cli 中使用 axios 的方法。

第 19 章 游戏公园——@vue/cli+Router+Vuex 实现

在如今的互联网时代，很多人都喜欢玩电子游戏。电子游戏种类众多，例如主机游戏、电脑游戏和手机游戏等。本章将以电子游戏为类型主题，设计并制作一个电子游戏资讯网站——游戏公园。整个案例循序渐进，由简入难，旨在帮助读者全面了解网站制作流程，熟练应用 Vue.js 相关技术，为今后真正的网站制作奠定基础。

19.1 案例分析

（1）案例效果预览

本案例一共由四个页面组成，分别是主页、博客列表页面、博客详情页面和关于我们页面，其运行效果分别如图 19.1 ～图 19.4 所示。

（2）案例准备

本案例应用的技术及运行环境具体如下：

☑ 操作系统：Windows 10。

☑ 应用技术：@vue/cli+Router+Vuex。

☑ 开发环境：WebStorm。

（3）业务流程

在编写游戏公园的程序前，需要先了解实现游戏公园网站的业务流程。根据该网站的业务需求，设计如图 19.5 所示的业务流程图。

图 19.1　游戏公园主页效果

图 19.2　博客列表页面

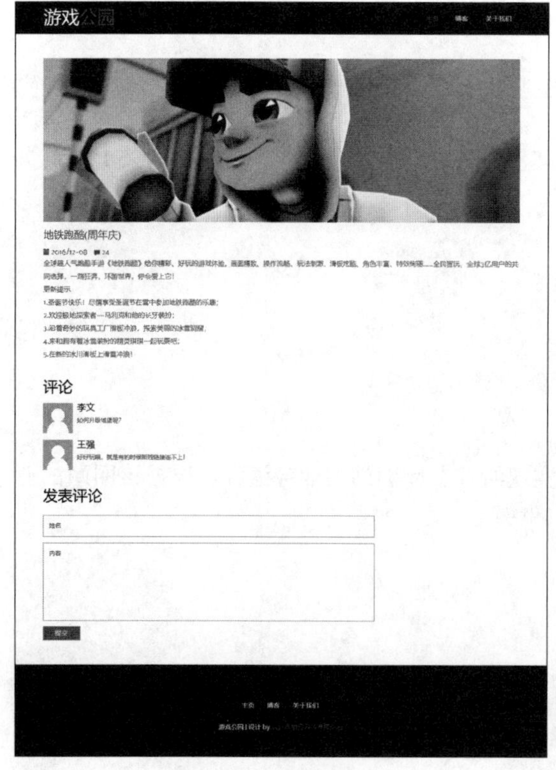

图 19.3　博客详情页面

图 19.4　关于我们页面

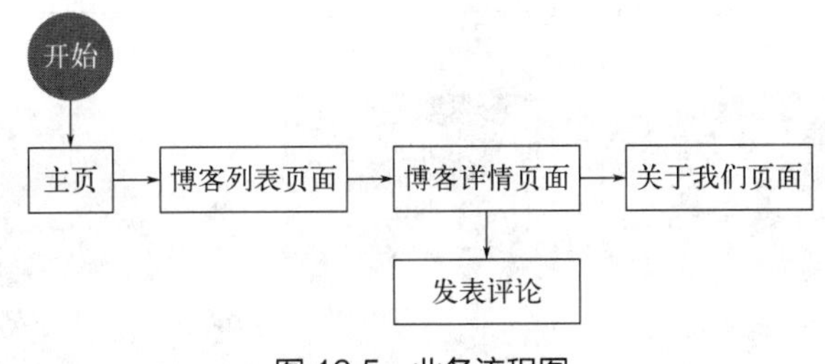

图 19.5　业务流程图

19.2 实现过程

使用 @vue/cli 创建项目 gamepark，创建后整理项目目录，删除无用的文件，然后在 assets 目录中创建 css 文件夹、images 文件夹和 fonts 文件夹。在 css 文件夹中创建 style.css 文件，该文件作为网站的公共样式文件，在 images 文件夹中存储网站需要用到的图片，fonts 文件夹存储的是字体文件。准备工作完成之后，下面开始设计网站的各个组成页面。

19.2.1 主页设计

主页中主要包含四个部分，分别是页面头部区域、推荐游戏区域、最新游戏区域和页面尾部区域。本案例中各页面的页面头部区域和页面尾部区域是相同的；推荐游戏区域通过轮播图的形式显示游戏内容，如图 19.6 所示；最新游戏区域显示游戏列表，当鼠标悬停在游戏图片上时，会以动画的形式显示游戏简介，如图 19.7 所示。

图 19.6　主页的头部区域和推荐游戏区域

主页的实现过程如下：

① 在 components 文件夹下创建页面头部组件 TheHead.vue 和页面底部组件 TheFooter.vue。在 TheHead.vue 文件中，当单击不同的超链接时会跳转到相应的页面。代码如下：

图 19.7　主页的最新游戏区域和底部区域

```
<template>
  <div class="header" >
    <div class="header-top">
      <div class="container">
        <div class="head-top">
          <div class="logo">
            <h1><a @click="show('index')"> 游戏 <span> 公园 </span></a></h1>
          </div>
          <div class="top-nav">
            <span class="menu"><img src="../assets/images/menu.png"> </span>
            <ul>
              <li class="active"><a @click="show('index')"> 主页 </a></li>
              <li><a @click="show('blog')"> 博客 </a></li>
              <li><a @click="show('about')"> 关于我们 </a></li>
              <div class="clearfix"> </div>
            </ul>
          </div>
          <div class="clearfix"> </div>
        </div>
      </div>
    </div>
  </div>
</template>
<script>
export default {
  name: "TheHead",
  methods: {
    show: function (value){
      this.$router.push({name: value});// 页面跳转
    }
  }
}
</script>
```

TheFooter.vue 文件的代码如下：

```
<template>
  <div class="footer">
    <div class="container">
      <ul class="footer-grid">
        <li class="active"><a @click="show('index')"> 主页 </a></li>
        <li><a @click="show('blog')"> 博客 </a></li>
        <li><a @click="show('about')"> 关于我们 </a></li>
      </ul>
      <p> 游戏公园 | 设计 by <a href="http://www.mingrisoft.com/" target="_blank"> 吉林省明日科技有限公司 </a></p>
    </div>
  </div>
</template>
<script>
export default {
  name: "TheFooter",
  methods: {
    show: function (value){
      this.$router.push({name: value});
    }
  }
}
</script>
```

② 在 views 文件夹下创建主页文件夹 index，在 index 文件夹下创建推荐游戏区域文件 TheBanner.vue 以及最新游戏区域文件 TheContainer.vue。TheBanner.vue 文件主要实现推荐游戏图片轮播的动画效果。游戏图片下方有 3 个数字按钮，单击不同的按钮会调用 scrollLeft 方法，通过该方法实现图片向左或向右滚动的效果。当鼠标移入图片时调用 stop 方法，该方法可以使图片停止滚动，当鼠标移出图片时调用 goLeft 方法，该方法可以使图片继续滚动。TheBanner.vue 文件的代码如下：

```
<template>
  <div class="banner">
    <div class="container">
      <h2> 推荐游戏 </h2>
      <div class="banner-matter">
        <div class="slider">
          <div class="bd">
            <div id="wrap" :style="{left:dis}" @mouseenter="stop" @mouseleave="goLeft">
              <ul id="slider">
                <li v-for="imgUrl in imgUrlArr" :key="imgUrl">
                  <img width="246" :src="imgUrl">
                </li>
              </ul>
            </div>
          </div>
          <div id="opts">
            <span :class="{active: n===0}" @click="scrollLeft(0)">1</span>
            <span :class="{active: n===1}" @click="scrollLeft(1)">2</span>
            <span :class="{active: n===2}" @click="scrollLeft(2)">3</span>
          </div>
        </div>
      </div>
    </div>
  </div>
</template>
```

```
<script>
export default {
  name: "TheBanner",
  data: function (){
    return {
      dis: 0,                                  // 向左滚动距离
      timerID: null,                           // 定时器 ID
      n: 0,                                    // 数字按钮索引
      flag: true,                              // 控制单击数字按钮
      active: true,                            // 激活按钮样式
      imgUrlArr: [                             // 图片 URL 数组
        require('@/assets/images/ta.jpg'),
        require('@/assets/images/ta1.jpg'),
        require('@/assets/images/ta2.jpg'),
        require('@/assets/images/ta3.jpg'),
        require('@/assets/images/ta4.jpg'),
        require('@/assets/images/ta5.jpg'),
        require('@/assets/images/ta6.jpg'),
        require('@/assets/images/ta7.jpg'),
        require('@/assets/images/ta8.jpg'),
        require('@/assets/images/ta9.jpg'),
        require('@/assets/images/ta10.jpg'),
        require('@/assets/images/ta11.jpg')
      ]
    }
  },
  methods: {
    scrollLeft: function(n){
      if(this.flag){                           //flag 为 true 时单击数字按钮实现图片滚动
        this.flag = false;                     //flag 为 false 时单击数字按钮无效
        this.n = n;
        clearInterval(this.timerID);           // 取消定时器
        this.autoScroll();                     // 图片自动滚动
        this.dis = -this.n * 1000 + 'px';      // 设置图片滚动距离
        var t = this;
        setTimeout(function (){
          t.flag = true;                       // 过 1s 可以继续单击数字按钮
        },1000);
      }
    },
    autoScroll: function (){
      var t = this;
      this.timerID = setInterval(function (){
        t.n === 2 ? t.n = 0 : t.n++;
        t.dis = -t.n * 1000 + 'px';            // 设置图片滚动距离
      },2000);
    },
    stop: function (){
      clearInterval(this.timerID);             // 取消定时器，图片停止滚动
    },
    goLeft: function (){
      this.autoScroll();                       // 图片自动滚动
    }
  },
  mounted: function (){
    this.autoScroll();                         // 图片自动滚动
  }
}
</script>
```

③ TheContainer.vue 文件主要用来展示最新游戏列表，当鼠标悬停在游戏图片上时，以动画的形式显示游戏简介，代码如下：

```
<template>
  <div class="container">
    <div class="games">
      <h3 > 最新游戏 </h3>
      <section>
        <ul id="da-thumbs" class="da-thumbs">
          <li v-for="url in imgUrlArr" :key="url">
            <a @click="show('single')" rel="title" class="b-link-stripe b-animate-go thickbox" @mouseenter="mouseEnter" @mouseleave="mouseLeave" >
              <img :src="url">
              <div style="left: -100%; display: block; top: 0; transition: all 300ms ease;">
                <h5>Games</h5>
                <span> 领先的在线休闲游戏平台 </span>
              </div>
            </a>
          </li>
          <div class="clearfix"> </div>
        </ul>
      </section>
    </div>
  </div>
</template>
<script>
export default {
  name: "TheContainer",
  data: function (){
    return {
      imgUrlArr: [                              // 图片 URL 数组
        require('@/assets/images/a1.jpg'),
        require('@/assets/images/a2.jpg'),
        require('@/assets/images/a3.jpg'),
        require('@/assets/images/a4.jpg'),
        require('@/assets/images/a5.jpg'),
        require('@/assets/images/a6.jpg'),
        require('@/assets/images/a7.jpg'),
        require('@/assets/images/a1.jpg'),
        require('@/assets/images/a3.jpg')
      ]
    }
  },
  methods: {
    mouseEnter: function (event){                    // 鼠标滑入
      var menu=event.target.lastElementChild;        // 获取对象最后的子元素节点
      menu.style.left='0px';                         // 节点的样式属性 left 值设置为 0px
    },
    mouseLeave: function (event){                    // 鼠标滑出
      var menu=event.target.lastElementChild;        // 获取对象最后的子元素节点
      menu.style.left='-100%';                       // 节点的样式属性 left 值设置为 -100%
    },
    show: function (value){
      this.$router.push({name: value});
    }
  }
}
</script>
```

19.2.2 博客列表页面设计

博客列表功能是游戏公园资讯平台的核心功能。该列表主要展示相关游戏名称、缩略图和游戏简介，以及“更多信息”按钮，单击该按钮，页面会跳转到博客详情页面。博客列表页面的具体实现方法如下：

在 views 文件夹下创建 blog 文件夹，在该文件夹下创建博客列表组件 BlogHome.vue。将游戏名称、缩略图和游戏简介等信息定义在数组中，通过 v-for 指令遍历该数组，代码如下：

```
<template>
  <div class="blog">
    <div class="container">
      <h3> 博客 </h3>
      <div class="blog-head">
        <div class="col-md-4 blog-top" v-for="blog in blogInfo" :key="blog">
          <div class="blog-in">
            <a @click="show('single')" target="_blank"><img class="img-responsive"
:src="blog.url"></a>
            <div class="blog-grid">
              <h4><a @click="show('single')">{{ blog.name }}</a></h4>
              <p>{{ blog.intro }}</p>
              <div class="date">
                <span class="date-in"><i class="glyphicon glyphicon-calendar"> </i>{{
blog.date }}</span>
                <a @click="show('single')" class="comments"><i class="glyphicon
glyphicon-comment"></i>{{ blog.count }}</a>
                <div class="clearfix"> </div>
              </div>
              <div class="more-top">
                <a class=" hvr-wobble-top" @click="show('single')"> 更多信息 </a>
              </div>
            </div>
          </div>
        </div>
        <div class="clearfix"> </div>
      </div>
    </div>
  </div>
</template>
<script>
export default {
  name: "AboutHome",
  data: function (){
    return {
      blogInfo: [
        {
          url: require('@/assets/images/b1.jpg'),
          name: ' 超凡蜘蛛侠 2',
          intro: `《超凡蜘蛛侠 2 The Amazing Spider-Man 2》是一款 Gameloft 出品的动作游戏，
              又名《蜘蛛人驚奇再起 2》。游戏中，你将化身为惊奇蜘蛛人，
              面对这位蛛丝射手最大的挑战！ ......`,
          date: '22.02.2015',
          count: 24
        },
        {
```

```
          url: require('@/assets/images/b2.jpg'),
          name: '赛尔号之勇者无敌',
          intro: `《赛尔号之勇者无敌》是一款由赛尔号动画片官方授权的酷爽横版格斗手游。
                画面精美，角色造型细腻，还原度高，击打反馈强烈，技能华丽，战斗体验可圈可点。让我们一起出发吧！`,
          date: '20.06.2015',
          count: 30
        },
        {
          url: require('@/assets/images/b3.jpg'),
          name: '地铁跑酷（周年庆）',
          intro: `全球超人气跑酷手游《地铁跑酷》给你精彩、好玩的游戏体验。画面精致、操作流畅、玩法刺激、
                滑板炫酷、角色丰富、特效绚丽……全民皆玩，全球 3 亿用户的共同选择，一路狂奔，环游世界，你会爱上它！`,
          date: '22.01.2015',
          count: 26
        },
        {
          url: require('@/assets/images/b4.jpg'),
          name: '蝙蝠侠',
          intro: `《蝙蝠侠 Batman》是一款以蝙蝠侠为主题的动作游戏，游戏里玩家将化身为蝙蝠侠维护哥谭市的治安。
                不同于其他英雄人物，玩家除了惩治坏人外还需要为哥谭市的未来做出选择......`,
          date: '22.05.2015',
          count: 23
        },
        {
          url: require('@/assets/images/b5.jpg'),
          name: '愤怒的小鸟',
          intro: `《愤怒的小鸟(6 周年版)》是一款风靡全球的物理解谜游戏。游戏中小鸟们为了报复偷走鸟蛋的猪，
                鸟儿以自己的身体为武器，攻击猪们的堡垒。花好月圆夜鸟出没。开始游戏吧！`,
          date: '02.03.2015',
          count: 27
        },
        {
          url: require('@/assets/images/b6.jpg'),
          name: '时空召唤（新英雄马超）',
          intro: `《时空召唤》是一款以科幻为题材的竞技 MOBA 手游，由银汉游戏倾力打造，是《时空猎人》兄弟产品。不缩水的 5V5 大地图，
                坚持平衡的游戏规则，原创的科幻英雄，纯粹的 MOBA 玩法。`,
          date: '22.02.2015',
          count: 36
        }
      ]
    }
  },
  methods: {
    show: function (value){
      this.$router.push({name: value});
    }
  }
}
</script>
```

19.2.3 博客详情页面设计

用户在博客列表页面单击游戏图片、游戏名称或“更多信息”按钮时，就可以进入博客详情页面，博客详情页面包括游戏介绍和发表评论两部分。用户输入评论信息，单击“提交”

按钮就可以发表评论，效果如图 19.8 和图 19.9 所示。

图 19.8　输入评论信息

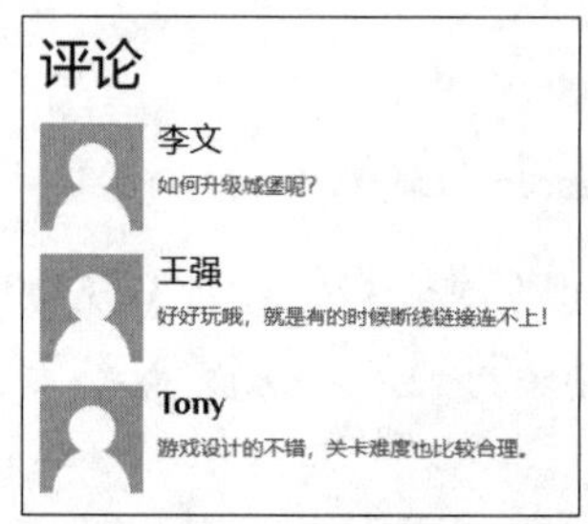

图 19.9　发表评论后的评论列表

具体实现步骤如下：

① 在 views 文件夹下创建 single 文件夹，在该文件夹下创建博客详情组件 SingleHome.vue。在文件的 <template> 标签中添加游戏介绍和用户发表评论的表单。在 <script> 标签中引入 mapState 和 mapMutations 辅助函数，实现组件中的计算属性、方法和 store 中的 state、mutation 之间的映射。用户输入评论内容后，单击“提交”按钮会调用 save 方法，在该方法中将用户发表的评论信息作为参数传递到 store 实例的 mutation 中，实现保存评论信息的功能。具体代码如下：

```
<template>
  <div class="container">
    <div class="single">
      <a href="#"><img class="img-responsive" src="../../assets/images/si.jpg"></a>
      <div class="single-grid" style="font-size: 16px">
        <h4> 地铁跑酷（周年庆）</h4>
        <div class="cal">
          <ul>
            <li><span><i class="glyphicon glyphicon-calendar"> </i>2016/12-08</span></li>
            <li><a href="#"><i class="glyphicon glyphicon-comment"></i>24</a></li>
          </ul>
        </div>
```

```
        <p> 全球超人气跑酷手游《地铁跑酷》给你精彩、好玩的游戏体验。画面精致、操作流畅、玩法刺激、滑板炫酷、角色丰富、特效绚丽……全民皆玩，全球 3 亿用户的共同选择，一路狂奔，环游世界，你会爱上它！
        </p>
        <p> 更新提示 <br/>
          1. 圣诞节快乐！尽情享受圣诞节在雪中参加地铁跑酷的乐趣；<br/>
          2. 欢迎极地探索者——马利克和他的长牙装扮；<br/>
          3. 沿着奇妙的玩具工厂滑板冲浪，探索美丽的冰雪洞窟；<br/>
          4. 来和拥有着冰雪装扮的精灵琪琪一起玩耍吧；<br/>
          5. 在新的冰川滑板上滑雪冲浪！ <br/>
        </p>
      </div>
      <div class="comments-top">
        <h3> 评论 </h3>
        <div class="media" v-for="item in comment" :key="item">
          <div class="media-left">
            <a href="#">
              <img :src="item.img"> </a>
          </div>
          <div class="media-body">
            <h4 class="media-heading">{{ item.name }}</h4>
            <p>{{ item.content }}</p>
          </div>
        </div>
      </div>
      <div class="comment-bottom">
        <h3> 发表评论 </h3>
        <form>
          <input type="text" placeholder=" 姓名 " v-model="name">
          <textarea type="text" placeholder=" 内容 " required v-model="content"></textarea>
          <input type="submit" value=" 提交 " @click="save">
        </form>
      </div>
    </div>
  </div>
</template>
<script>
import {mapState,mapMutations} from 'vuex'// 引入 mapState 和 mapMutations
export default {
  name: "SingleHome",
  data: function (){
    return {
      img : require("@/assets/images/si.png"),
      name: '',
      content: ''
    }
  },
  computed: {
    ...mapState(['comment'])
  },
  methods: {
    ...mapMutations(['add']),
    save: function (){
      this.name = this.name === '' ? ' 匿名用户 ' : this.name;// 评论用户名
      if(this.content === '') return;
      // 调用 add 方法添加用户评论
      this.add({img: this.img,name: this.name,content: this.content});
    }
  }
}
</script>
```

② 修改 store 文件夹下的 index.js 文件，在 store 实例中分别定义 state 和 mutation。当用户发表评论后，应用 localStorage.setItem 存储添加评论信息后的评论列表。具体代码如下：

```
import Vue from 'vue'// 引入 Vue.js
import Vuex from 'vuex'// 引入 Vuex
Vue.use(Vuex)// 使用 Vuex
export default new Vuex.Store({
  state: {
    comment: localStorage.getItem('list')?JSON.parse(localStorage.getItem('list')):[{
      img : require("@/assets/images/si.png"),
      name : " 李文 ",
      content : ' 如何升级城堡呢？ '
    },{
      img : require("@/assets/images/si.png"),
      name : " 王强 ",
      content : ' 好好玩哦，就是有的时候断线链接连不上！ '
    }]
  },
  mutations: {
    add: function (state,newComment){
      state.comment.push(newComment);// 添加用户评论
      localStorage.setItem('list', JSON.stringify(state.comment));
    }
  }
})
```

19.2.4 关于我们页面设计

关于我们页面主要用来展示网站的特色板块、特色功能和团队人员。具体实现方法如下：

在 views 文件夹下创建 about 文件夹，在该文件夹下创建关于我们页面组件 AboutHome.vue。在文件的 <template> 标签中首先添加关于我们页面的文字简述、图片以及特色板块和特色功能，然后实现团队人员展示的功能，使用 v-for 指令遍历团队人员信息，包括团队人员的头像、名称和职业，关键代码如下：

```
<template>
  <div class="about">
    <div class="container">
      <div class="about-top">
        <h3> 关于我们 </h3>
      </div>
      <!—此处省略部分代码 -->
      <!--team-->
      <div class="team-us">
        <div class="team-top ">
          <h3> 我们的团队 </h3>
        </div>
        <div class="team-bottom">
          <ul class="ch-grid">
            <li v-for="(staff,index) in team" :key="staff">
              <div class="ch-item">
                <div class="ch-info-wrap">
                  <div class="ch-info">
                    <div class="ch-info-front" :style="{backgroundImage:bgArr[index]}">
</div>
                    <div class="ch-info-back">
                      <h3>{{ staff.name }}</h3>
```

```
                        <p>{{ staff.position }}</p>
                      </div>
                    </div>
                  </div>
                </div>
              </li>
            </ul>
          </div>
        </div>
      </div>
    </div>
</template>
<script>
export default {
  name: "AboutHome",
  data: function (){
    return {
      team: [
        {name: 'Jonsen', position: '前端工程师'},
        {name: 'Livina', position: '网页设计师'},
        {name: 'Jefe', position: '后端工程师'}
      ],
      bgArr: [
        'url('+require('@/assets/images/team-1.jpg')+')',
        'url('+require('@/assets/images/team-2.jpg')+')',
        'url('+require('@/assets/images/team-3.jpg')+')'
      ]
    }
  },
  methods: {
    show: function (value){
      this.$router.push({name: value});
    }
  }
}
</script>
```

小结

本案例使用 @vue/cli 实现了一个相对简单的游戏资讯网站——游戏公园。从功能划分，网站由主页、博客和关于我们 3 个功能构成。从知识点分析，涉及 Router 和 Vuex 的使用，以及通过 JavaScript 设置元素的样式属性等内容。相信通过对该网站的设计，读者能更容易理解网站制作的流程，对今后的工作实践大有益处。

Vue.js

项目篇

Vue.js

第 20 章　51 购商城

——Vue.js+@vue/cli+Vuex 实现

第 20 章 51 购商城——Vue.js+@vue/cli+Vuex 实现

网络购物已经不再是什么新鲜事物，当今无论是企业，还是个人，都可以很方便地在网上交易商品，批发零售。比如在淘宝上开网店，在微信上做微店等。本章将设计并制作一个综合的电子商城项目——51 购商城。

20.1 项目的设计思路

20.1.1 项目概述

从整体设计上看，51 购商城具有通用电子商城的购物功能流程，比如商品的推荐、商品详情的展示、购物车等功能。网站的功能具体划分如下：

① 商城主页：是用户访问网站的入口页面，介绍重点推荐的商品和促销商品等信息，具有分类导航功能，方便用户继续搜索商品。

② 商品详情页面：全面详细地展示具体某一种商品信息，包括商品本身的介绍，比如商品产地等、购买商品后的评价、相似商品的推荐等内容。

③ 购物车页面：对某种商品产生消费意愿后，则可以将商品添加到购物车页面。购物车页面详细记录了已添加商品的价格和数量等内容。

④ 付款页面：真实模拟付款流程，包含用户常用收货地址、付款方式的选择和物流的挑选等内容。

⑤ 登录注册页面：含有用户登录或注册时表单信息提交的验证，比如账户密码不能为空、数字验证和邮箱验证等内容信息。

20.1.2 界面预览

下面展示几个主要的页面效果。

① 主页界面效果如图 20.1 所示。用户可以进行浏览商品分类信息、选择商品和搜索商

品等操作。

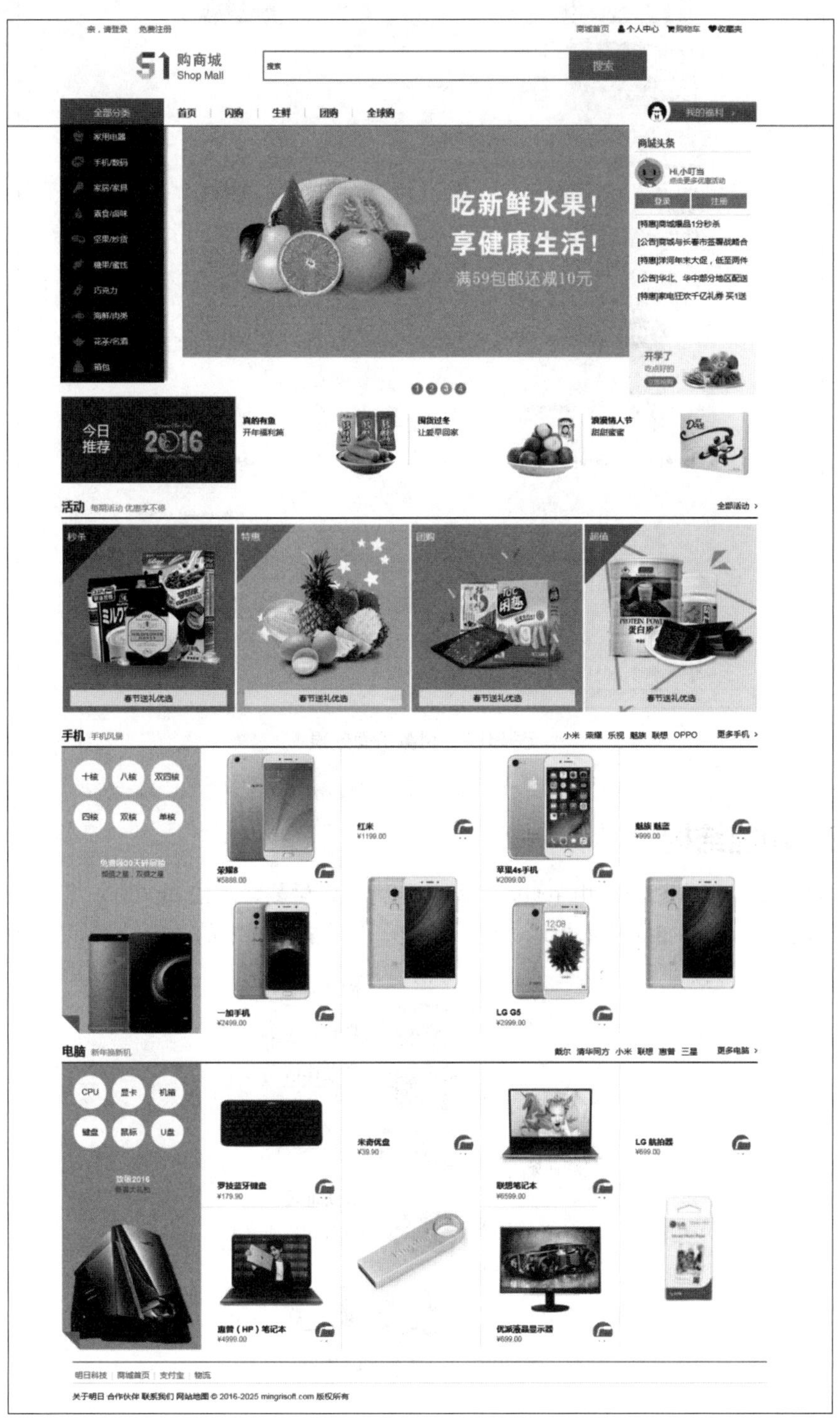

图 20.1　51 购商城主页界面

② 付款页面的效果如图 20.2 所示。用户选择完商品，加入购物车后，则进入付款页面。付款页面包含收货地址、物流方式和支付方式等内容，符合通用电商网站的付款流程。

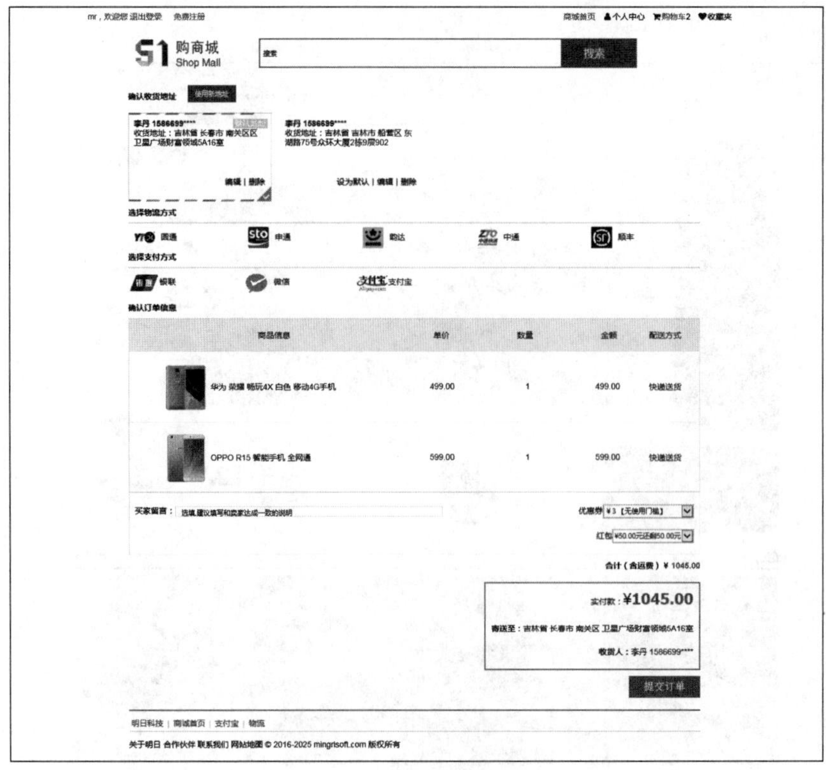

图 20.2　付款页面效果

20.1.3　功能结构

51 购商城从功能上划分，由主页、商品、购物车、付款、登录和注册 6 个功能组成。其中，登录和注册的页面布局基本相似，可以当作一个功能。详细的功能结构如图 20.3 所示。

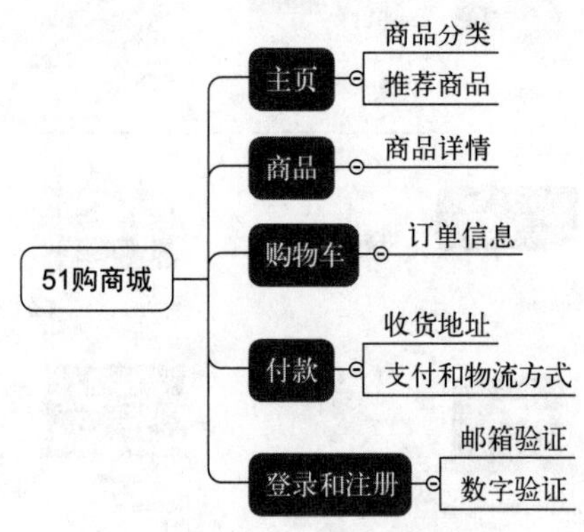

图 20.3　网站功能结构图

20.1.4　业务流程

在开发 51 购商城之前，需要先了解该网站的业务流程。根据 51 购商城的功能结构，设计出如图 20.4 所示的系统业务流程图。

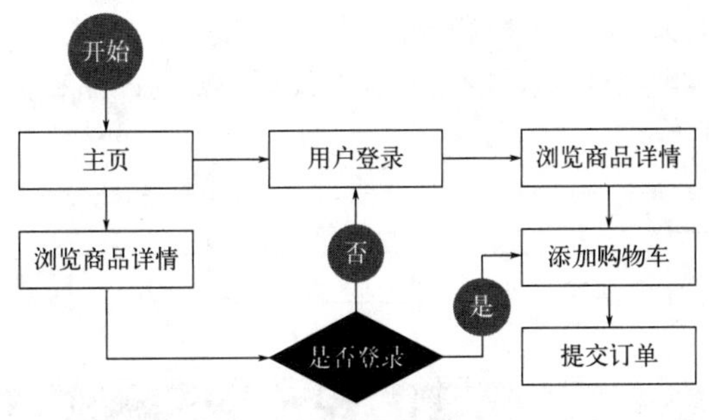

图 20.4 系统业务流程

20.1.5 文件夹组织结构

设计规范合理的文件夹组织结构，可以方便日后的维护和管理。51 购商城首先新建 shop 作为项目根目录文件夹，然后在资源存储目录 assets 中新建 css 文件夹、fonts 文件夹、images 文件夹和 js 文件夹，分别保存 CSS 样式类文件、字体资源文件、图片资源文件和 JavaScript 文件，最后新建各个功能页面的组件存储目录。具体文件夹组织结构如图 20.5 所示。

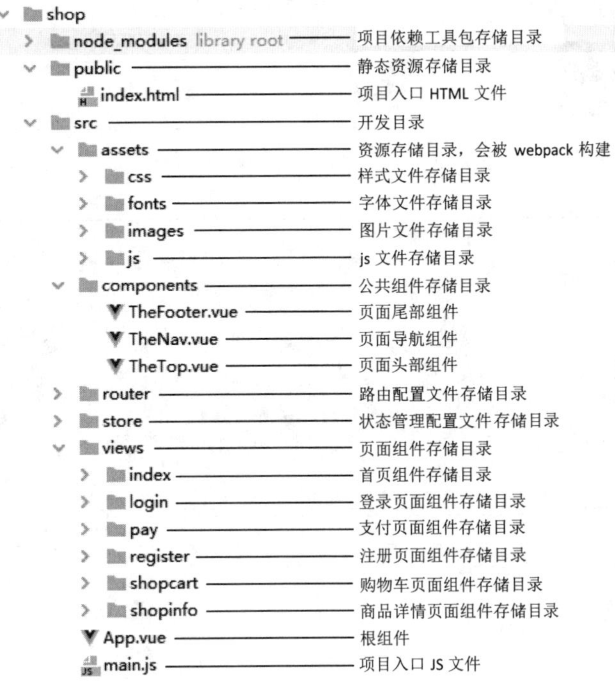

图 20.5 51 购商城的文件夹组织结构

20.2 主页的设计与实现

20.2.1 主页的设计

在越来越重视用户体验的今天，主页的设计非常重要和关键。视觉效果优秀的界面设计和方便个性化的使用体验，会让用户印象深刻，流连忘返。因此，51 购商城的主页特别设计了推荐商品和促销活动两个功能，为用户推荐最新最好的商品和活动。主页的界面效果如图 20.6 和图 20.7 所示。

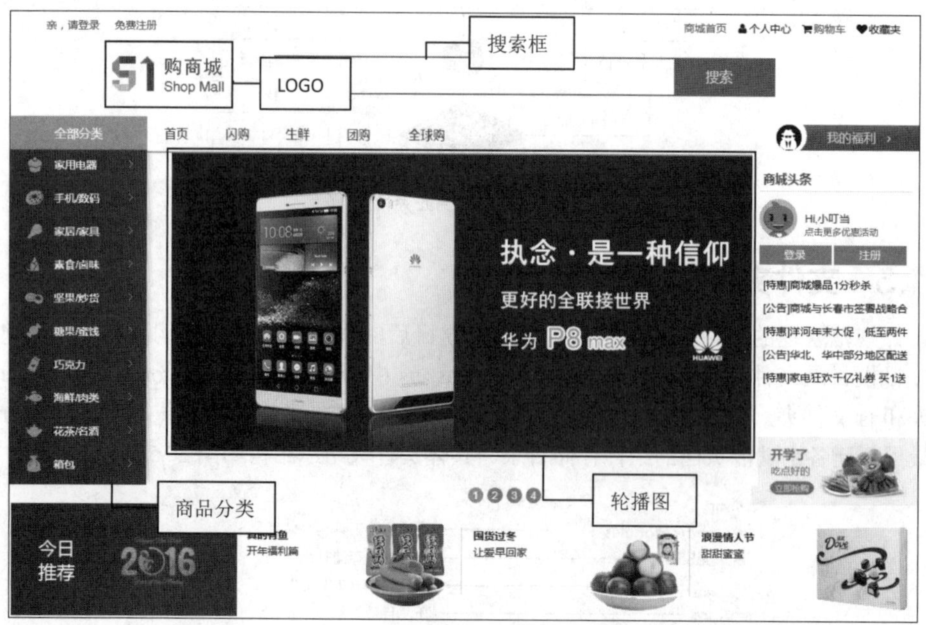

图 20.6 主页顶部区域的各个功能

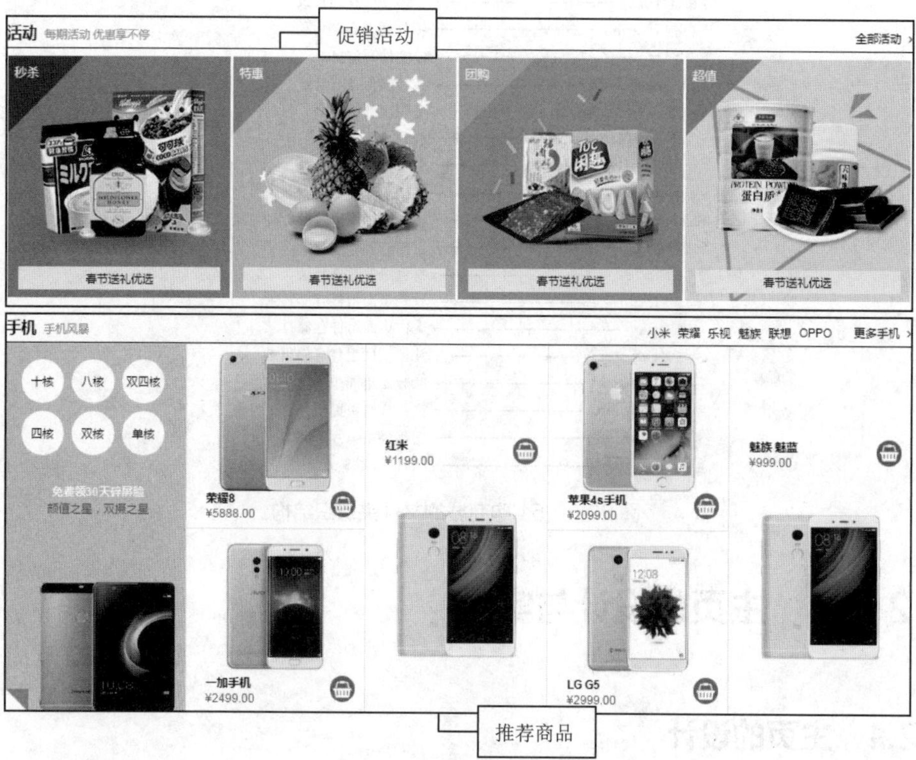

图 20.7 主页的促销活动区域和推荐商品区域

20.2.2　顶部区和底部区功能的实现

根据由简到繁的原则，首先实现网站顶部区和底部区的功能。顶部区主要由网站的 LOGO 图片、搜索框和导航菜单（登录、注册和商城首页等链接）组成，方便用户跳转到其他页面。底部区由制作公司和导航栏组成，链接到技术支持的官网。功能实现后的界面如图 20.8 所示。

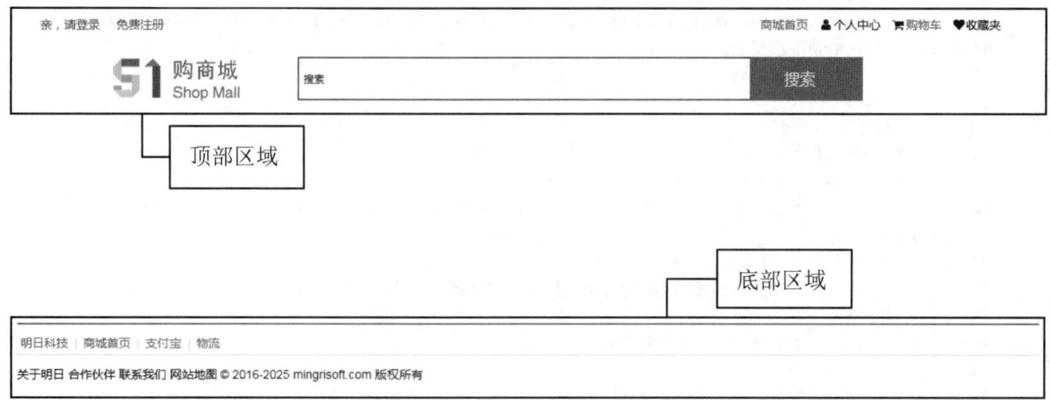

图 20.8　主页的顶部区和底部区

具体实现的步骤如下：

① 在 components 文件夹下新建 TheTop.vue 文件，实现顶部区的功能。在 <template> 标签中定义导航菜单、网站的 LOGO 图片和搜索框。在 <script> 标签中判断用户登录状态，实现不同状态下页面的跳转。关键代码如下：

```
<template>
  <div class="hmtop">
    <!-- 顶部导航条 -->
    <div class="mr-container header">
      <ul class="message-l">
        <div class="topMessage">
          <div class="menu-hd">
            <a @click="show('login')" target="_top" class="h" style="color: red" v-if="!isLogin">亲，请登录</a>
            <span v-else style="color: green">{{user}}，欢迎您 <a @click="logout" style="color: red">退出登录</a></span>
            <a @click="show('register')" target="_top" style="color: red; margin-left: 20px;">免费注册</a>
          </div>
        </div>
      </ul>
      <ul class="message-r">
        <div class="topMessage home">
          <div class="menu-hd"><a @click="show('home')" target="_top" class="h" style="color:red">商城首页</a></div>
        </div>
        <div class="topMessage my-shangcheng">
          <div class="menu-hd MyShangcheng"><a href="#" target="_top"><i class="mr-icon-user mr-icon-fw"></i>个人中心</a>
          </div>
        </div>
        <div class="topMessage mini-cart">
          <div class="menu-hd"><a id="mc-menu-hd" @click="show('shopcart')" target="_top">
```

```
            <i class="mr-icon-shopping-cart  mr-icon-fw" ></i><span style="color:red">购物车</span>
            <strong id="J_MiniCartNum" class="h" v-if="isLogin">{{length}}</strong>
          </a>
          </div>
        </div>
        <div class="topMessage favorite">
          <div class="menu-hd"><a href="#" target="_top"><i class="mr-icon-heart mr-icon-fw"></i><span>收藏夹</span></a>
          </div></div>
      </ul>
    </div>
    <!-- 悬浮搜索框 -->
    <div class="nav white">
      <div class="logo"><a @click="show('home')"><img src="@/assets/images/logo.png"/></a></div>
      <div class="logoBig">
        <li @click="show('home')"><img src="@/assets/images/logobig.png"/></li>
      </div>
      <div class="search-bar pr">
        <form>
          <input id="searchInput" name="index_none_header_sysc" type="text" placeholder="搜索" autocomplete="off">
          <input id="ai-topsearch" class="submit mr-btn" value="搜索" index="1" type="submit">
        </form>
      </div>
    </div>
    <div class="clear"></div>
  </div>
</template>
<script>
  import {mapState,mapGetters,mapActions} from 'vuex'//引入辅助函数
export default {
  name: 'TheTop',
  computed: {
    ...mapState([
        'user',//this.user映射为this.$store.state.user
        'isLogin'//this.isLogin映射为this.$store.state.isLogin
    ]),
    ...mapGetters([
        'length'//this.length映射为this.$store.getters.length
    ])
  },
  methods: {
    show: function (value) {
      if(value == 'shopcart'){
        if(this.user == null){//用户未登录
          alert('亲，请登录！');
          this.$router.push({name:'login'});//跳转到登录页面
          return false;
        }
      }
      this.$router.push({name:value});
    },
    ...mapActions([
        'logoutAction'//this.logoutAction()映射为this.$store.dispatch('logoutAction')
    ]),
    logout: function () {
```

```
      if(confirm('确定退出登录吗？')){
        this.logoutAction();// 执行退出登录操作
        this.$router.push({name:'home'});// 跳转到主页
      }else{
        return false;
      }
    }
  }
}
</script>
<style scoped lang="scss">
.logoBig li{
  cursor: pointer;// 定义鼠标指针形状
}
a{
  cursor: pointer;// 定义鼠标指针形状
}
</style>
```

② 在 components 文件夹下新建 TheFooter.vue 文件，实现底部区的功能。在 <template> 标签中，首先通过 <p> 标签和 <a> 标签，实现底部的导航栏。然后使用 <p> 段落标签，显示关于明日、合作伙伴和联系我们等网站制作团队相关信息。在 <script> 标签中定义实现页面跳转的方法。代码如下：

```
<template>
  <div class="footer ">
    <div class="footer-hd ">
      <p>
        <a href="http://www.mingrisoft.com/" target="_blank">明日科技 </a>
        <b>|</b>
        <a href="javascript:void(0)" @click="show">商城首页 </a>
        <b>|</b>
        <a href="javascript:void(0)">支付宝 </a>
        <b>|</b>
        <a href="javascript:void(0)">物流 </a>
      </p>
    </div>
    <div class="footer-bd ">
      <p>
        <a href="http://www.mingrisoft.com/Index/ServiceCenter/aboutus.html" target="_blank">关于明日 </a>
        <a href="javascript:void(0)">合作伙伴 </a>
        <a href="javascript:void(0)">联系我们 </a>
        <a href="javascript:void(0)">网站地图 </a>
        <em>© 2016-2025 mingrisoft.com 版权所有 </em>
      </p>
    </div>
  </div>
</template>
<script>
  export default {
    methods: {
      show: function () {
        this.$router.push({name:'home'});// 跳转到主页
      }
    }
  }
</script>
```

20.2.3 商品分类导航功能的实现

主页商品分类导航功能将商品分门别类，便于用户检索查找。用户使用鼠标移入某一商品分类时，界面会继续弹出商品的子类别内容，鼠标移出时，子类别内容消失。因此，商品分类导航功能可以使商品信息更清晰易查，井井有条。实现后的界面效果如图 20.9 所示。

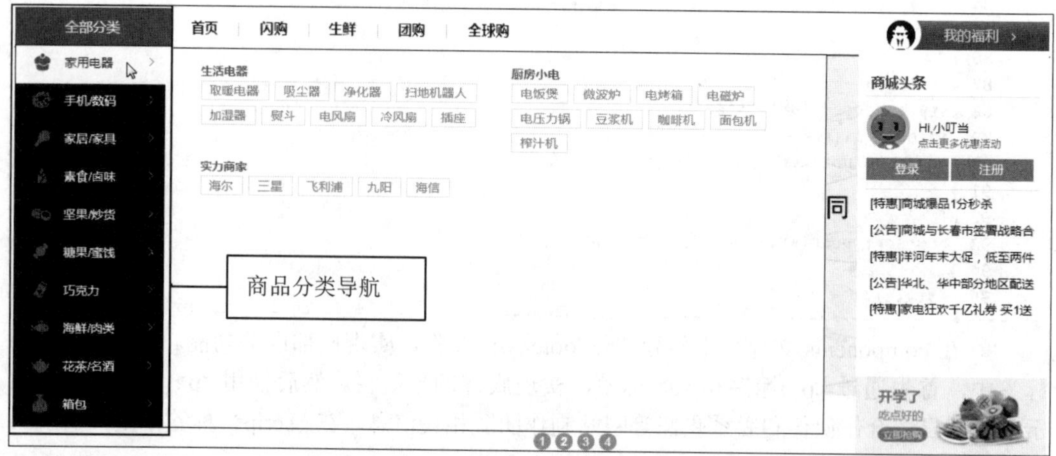

图 20.9　商品分类导航功能的界面效果

具体实现的步骤如下：

① 在 views/index 文件夹下新建 IndexMenu.vue 文件。在 <template> 标签中，通过 <li> 标签显示商品分类信息。在 <li> 标签中，通过触发 mouseover 事件和 mouseout 事件执行相应的方法。关键代码如下：

```
<template>
  <div>
      <!-- 侧边导航 -->
      <div id="nav" class="navfull">
        <div class="area clearfix">
          <div class="category-content" id="guide_2">
            <div class="category">
              <ul class="category-list" id="js_climit_li">
                <li class="appliance js_toggle relative" v-for="(v,i) in data" :key="i" @mouseover="mouseOver(i)" @mouseout="mouseOut(i)">
                  <div class="category-info">
                    <h3 class="category-name b-category-name"><i><img :src="v.url"></i><a class="ml-22" :title="v.bigtype">{{v.bigtype}}</a></h3>
                    <em>&gt;</em></div>
                  <div class="menu-item menu-in top" >
                    <div class="area-in">
                      <div class="area-bg">
                        <div class="menu-srot">
                          <div class="sort-side">
                            <dl class="dl-sort" v-for="v in v.smalltype" :key="v">
                              <dt><span >{{v.name}}</span></dt>
                              <dd v-for="v in v.goods" :key="v"><a href="javascript:void(0)"><span>{{v}}</span></a></dd>
                            </dl>
                          </div>
```

```
                        </div>
                      </div>
                    </div>
                  </div>
                  <b class="arrow"></b>
                </li>
              </ul>
            </div>
          </div>
        </div>
      </div>
    </div>
</template>
```

② 在 <script> 标签中，编写鼠标移入移出事件执行的方法。mouseOver() 方法和 mouseOut() 方法分别为鼠标移入和移出事件的方法，二者实现逻辑相似。以 mouseOver() 方法为例，当鼠标移入 <li> 标签节点时，获取事件对象 obj，设置 obj 对象的样式，找到 obj 对象的子节点（子分类信息），将子节点内容显示到页面中。代码如下：

```
<script>
import data from '@/assets/js/data.js';// 导入数据
export default {
 name: 'IndexMenu',
 data: function(){
  return {
   data: data
  }
 },
 methods: {
  mouseOver: function (i){
   var obj=document.getElementsByClassName('appliance')[i];
   obj.className="appliance js_toggle relative hover";        // 设置当前事件对象样式
   var menu=obj.childNodes;                                  // 寻找该事件子节点（商品子类别）
   menu[1].style.display='block';                            // 设置子节点显示
  },
  mouseOut: function (i){
   var obj=document.getElementsByClassName('appliance')[i];
   obj.className="appliance js_toggle relative";             // 设置当前事件对象样式
   var menu=obj.childNodes;                                  // 寻找该事件子节点（商品子类别）
   menu[1].style.display='none';                             // 设置子节点隐藏
        },
        show: function (value) {
          this.$router.push({name:value})
        }
 }
}
</script>
```

20.2.4　轮播图功能的实现

轮播图功能，根据固定的时间间隔，动态地显示或隐藏轮播图片，引起用户的关注和注意。轮播图片一般都是系统推荐的最新商品内容。在主页中，实现图片的轮播应用了过渡效果。界面的效果如图 20.10 所示。

图 20.10　主页轮播图的界面效果

具体实现步骤如下：

① 在 views/index 文件夹下新建 IndexBanner.vue 文件。在 <template> 标签中应用 v-for 和 <transition-group> 组件实现列表过渡。在 <li> 标签中应用 v-for 指令定义 4 个数字轮播顺序节点。关键代码如下：

```
<template>
  <div class="banner">
    <div class="mr-slider mr-slider-default scoll" data-mr-flexslider id="demo-slider-0">
      <div id="box">
        <ul id="imagesUI" class="list">
          <transition-group name="fade" tag="div">
          <li v-for="(v,i) in banners" :key="v" v-show="(i+1)==index?true:false"><img :src="v"></li>
          </transition-group>
        </ul>
        <ul id="btnUI" class="count">
          <li v-for="num in 4" :key="num" @mouseover='change(num)' :class='{current:num==index}'>
            {{num}}
          </li>
        </ul>
      </div>
    </div>
    <div class="clear"></div>
  </div>
</template>
```

② 在 <script> 标签中编写实现图片轮播的代码。在 mounted 钩子函数中定义每经过 3s 实现图片的轮换。在 change() 方法中实现当鼠标移入数字按钮时切换到对应的图片。关键代码如下：

```
<script>
export default {
```

```
  name: 'IndexBanner',
  data : function(){
    return {
      banners : [// 广告图片数组
          require('@/assets/images/ad1.png'),
          require('@/assets/images/ad2.png'),
          require('@/assets/images/ad3.png'),
          require('@/assets/images/ad4.png')
      ],
      index : 1,// 图片的索引
      flag : true,
      timer : '',// 定时器 ID
    }
  },
  methods : {
    next : function(){
      // 下一张图片，图片索引为 4 时返回第一张
      this.index = this.index + 1 == 5 ? 1 : this.index + 1;
    },
    change : function(num){
      // 鼠标移入按钮切换到对应图片
      if(this.flag){
        this.flag = false;
        // 过 1s 后可以再次移入按钮切换图片
        setTimeout(()=>{
          this.flag = true;
        },1000);
        this.index = num;// 切换为选中的图片
        clearTimeout(this.timer);// 取消定时器
        // 过 3s 图片轮换
        this.timer = setInterval(this.next,3000);
      }
    }
  },
  mounted : function(){
    // 过 3s 图片轮换
    this.timer = setInterval(this.next,3000);
  }
}
</script>
```

③ 在 <style> 标签中编写元素的样式，定于实现图片显示与隐藏的过渡效果使用的类名。代码如下：

```
<style lang="scss" scoped>
  #box {
    position: relative;                    /* 设置相对定位 */
    width: 100%;                           /* 设置宽度 */
    height: 455px;                         /* 设置高度 */
    background: #fff;                      /* 设置背景颜色 */
    border-radius: 5px;                    /* 设置圆角边框 */
  }
  #box .list {
    position: relative;                    /* 设置相对定位 */
    height: 455px;                         /* 设置高度 */
  }
  @media only screen and (min-width: 1450px){
    #box .list li {
      width: 50%;                          /* 设置宽度 */
```

```
    height: 50%;                        /* 设置高度 */
    margin: auto;                       /* 设置外边距 */
    margin-top: 0;                      /* 设置上外边距 */
    position: absolute;                 /* 设置绝对定位 */
    top: 0;                             /* 设置到父元素顶端的距离 */
    left: 0;                            /* 设置到父元素左端的距离 */
    bottom: 0;                          /* 设置到父元素底端的距离 */
    right: 0;                           /* 设置到父元素右端的距离 */
  }
  #box .count {
    position: absolute;                 /* 设置绝对定位 */
    left: 900px;                        /* 设置到父元素左端的距离 */
    bottom: 5px;                        /* 设置到父元素底端的距离 */
  }
}
@media  screen and (min-width: 800px) and (max-width: 1450px){
  #box .list li {
    width: 50%;                         /* 设置宽度 */
    height: 50%;                        /* 设置高度 */
    margin: auto;                       /* 设置外边距 */
    margin-top: 0;                      /* 设置上外边距 */
    position: absolute;                 /* 设置绝对定位 */
    top: 0;                             /* 设置到父元素顶端的距离 */
    left: -100px;                       /* 设置到父元素左端的距离 */
    bottom: 0;                          /* 设置到父元素底端的距离 */
    right: 0;                           /* 设置到父元素右端的距离 */
  }
  #box .list li img{
    width: 120%;                        /* 设置宽度 */
  }
  #box .count {
    position: absolute;                 /* 设置绝对定位 */
    left: 700px;                        /* 设置到父元素左端的距离 */
    bottom: 5px;                        /* 设置到父元素底端的距离 */
  }
}
@media  screen and (max-width: 400px){
  #box{
    display: none;                      /* 设置元素隐藏 */
  }
}
#box .list li.current {
  opacity: 1;                           /* 设置元素完全不透明 */
}
#box .count li {
  color: #fff;                          /* 设置文字颜色 */
  float: left;                          /* 设置左浮动 */
  width: 20px;                          /* 设置宽度 */
  height: 20px;                         /* 设置高度 */
  line-height: 20px;                    /* 设置行高 */
  text-align: center;                   /* 设置文本居中显示 */
  cursor: pointer;                      /* 设置鼠标光标形状 */
  margin-right: 5px;                    /* 设置右外边距 */
  overflow: hidden;                     /* 设置溢出部分隐藏 */
  background: #6D6B6A;                  /* 设置背景颜色 */
  opacity: 0.7;                         /* 设置不透明度 */
  border-radius: 20px;                  /* 设置圆角边框 */
}
#box .count li.current {
  color: #fff;                          /* 设置文字颜色 */
```

```
    opacity: 0.7;                                 /* 设置不透明度 */
    font-weight: 700;                             /* 设置文字粗细 */
    background: #f60;                             /* 设置背景颜色 */
    transition:all .6s ease;                      /* 设置过渡效果 */
  }
  /* 设置过渡属性 */
  .fade-enter-active, .fade-leave-active{
    transition: all 1s;
  }
  .fade-enter, .fade-leave-to{
    opacity: 0;
  }
</style>
```

20.2.5　商品推荐功能的实现

商品推荐功能是 51 购商城主要的商品促销形式，此功能可以动态显示推荐的商品信息，包括商品的缩略图、价格和打折信息等内容。通过商品推荐功能，还能将众多商品信息精挑细选，提高商品的销售率。其中，“手机”商品的界面效果如图 20.11 所示。

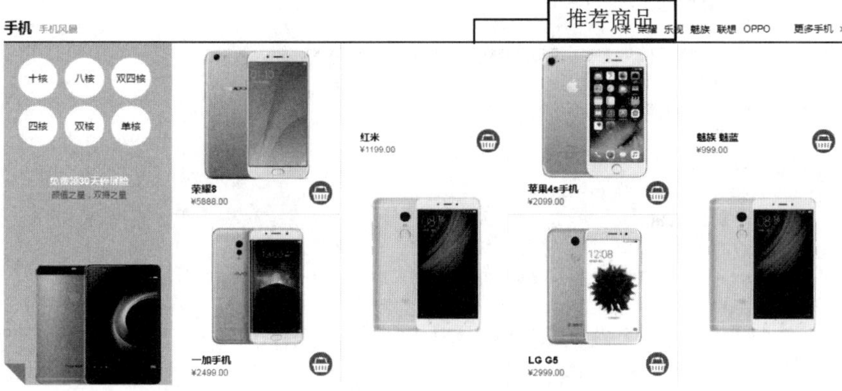

图 20.11　商品推荐功能的界面效果

具体实现步骤如下：

① 在 views/index 文件夹下新建 IndexPhone.vue 文件。在 <template> 标签中编写 HTML 的布局代码。应用 v-for 指令循环输出手机的品牌和核数。再通过 <div> 标签显示具体的商品内容，包括商品图片、名称和价格信息等。关键代码如下：

```
<template>
  <!-- 手机 -->
  <div id="f1">
    <div class="mr-container ">
      <div class="shopTitle ">
        <h4> 手机 </h4>
        <h3> 手机风暴 </h3>
        <div class="today-brands ">
          <a href="javascript:void(0)" v-for="item in brands" :key="item">{{item}}</a>
        </div>
        <span class="more ">
          <a href="javascript:void(0)"> 更多手机 <i class="mr-icon-angle-right"
style="padding-left:10px ;"></i></a>
```

```
          </span>
      </div>
    </div>
    <div class="mr-g mr-g-fixed floodFive ">
      <div class="mr-u-sm-5 mr-u-md-3 text-one list">
        <div class="word">
          <a class="outer" href="javascript:void(0)" v-for="item in cores" :key="item">
            <span class="inner"><b class="text">{{item}}</b></span>
          </a>
        </div>
        <a href="javascript:void(0)">
          <img src="@/assets/images/tel.png" width="100px" height="170px"/>
          <div class="outer-con ">
            <div class="title ">
              免费领 30 天碎屏险
            </div>
            <div class="sub-title ">
              颜值之星，双摄之星
            </div>
          </div>
        </a>
        <div class="triangle-topright"></div>
      </div>
      <div class="mr-u-sm-7 mr-u-md-5 mr-u-lg-2 text-two">
        <div class="outer-con ">
          <div class="title ">
            荣耀 8
          </div>
          <div class="sub-title ">
            ¥5888.00
          </div>
          <i class="mr-icon-shopping-basket mr-icon-md seprate"></i>
        </div>
        <a href="javascript:void(0)" @click="show"><img src="@/assets/images/phone1.jpg"/></a>
      </div>
      <!-- 省略部分代码 -->
    </div>
    <div class="clear "></div>
  </div>
</template>
```

② 在 <script> 标签中定义手机品牌数组和手机核数数组，定义当单击商品图片时执行的方法 show()，实现跳转到商品详情页面的功能。关键代码如下：

```
<script>
  export default {
    name: 'IndexPhone',
    data: function(){
      return {
        //手机品牌数组
        brands: ['小米','荣耀','乐视','魅族','联想','OPPO'],
        //手机核数数组
        cores: ['十核','八核','双四核','四核','双核','单核']
      }
    },
    methods: {
```

```
      show: function () {
        this.$router.push({name:'shopinfo'});// 跳转到商品详情页面
      }
    }
  }
</script>
```

注意

鼠标移入某具体的商品图片时，图片会呈现偏移效果，可以引起用户的注意和兴趣。

20.3 商品详情页面的设计与实现

20.3.1 商品详情页面的设计

商品详情页面是商城主页的子页面。用户单击主页中的某一商品图片后，则进入商品详情的页面。商品详情页面对用户而言，是至关重要的功能页面。商品详情页面的界面和功能直接影响用户的购买意愿。为此，51 购商城设计并实现了一系列的功能，包括商品图片放大镜效果、商品概要信息、宝贝详情和评价等功能模块。商品详情的界面效果如图 20.12、图 20.13 所示。

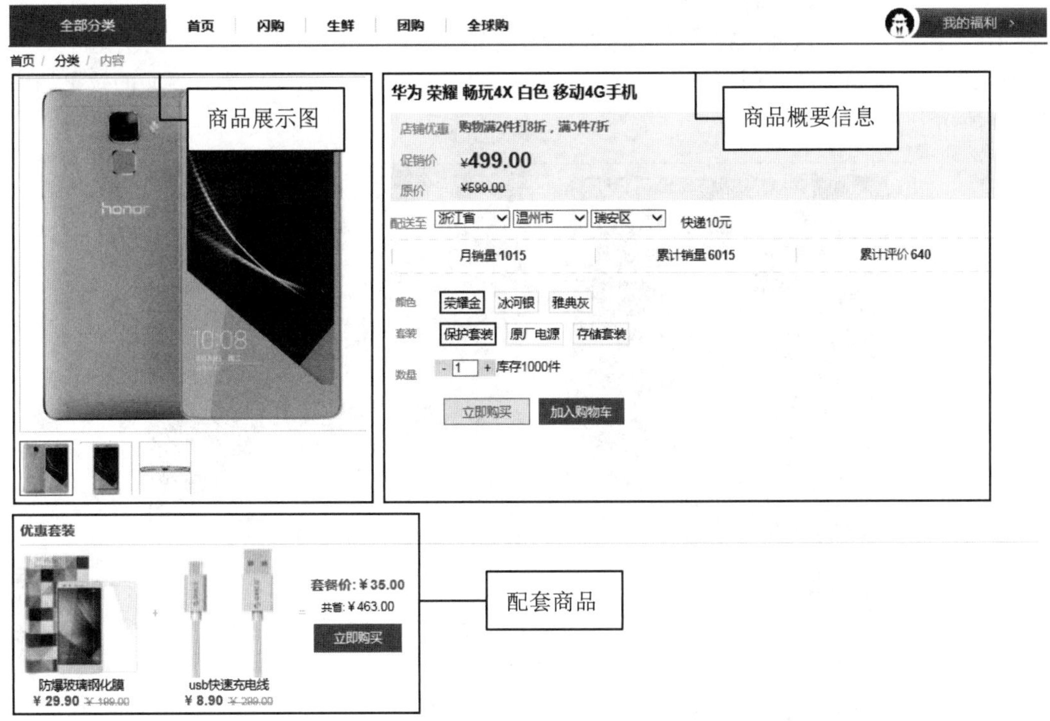

图 20.12　商品图片和概要信息

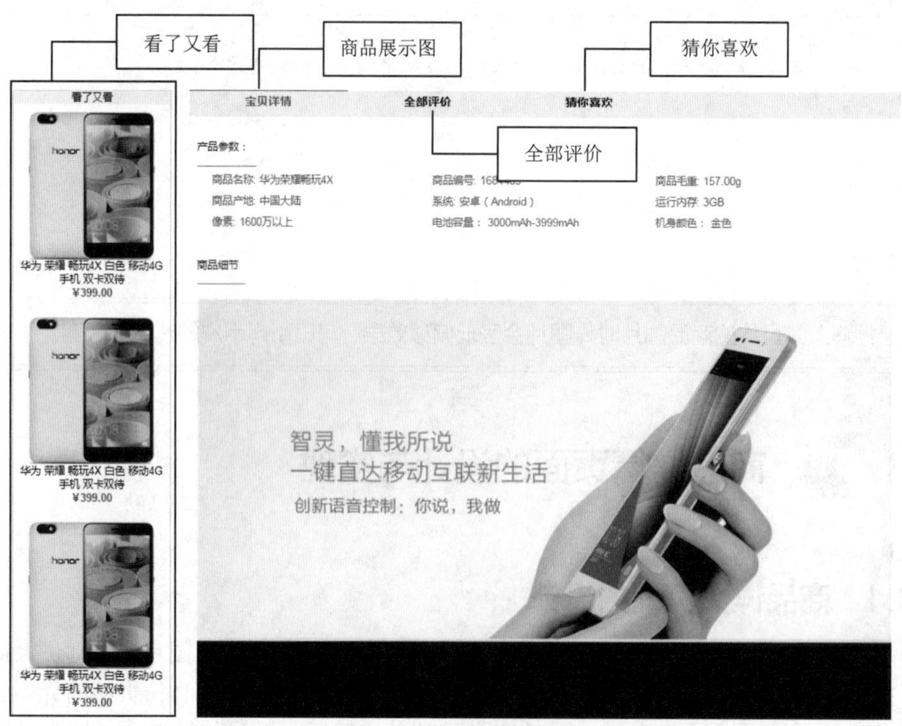

图 20.13　商品详情页面的效果

20.3.2　图片放大镜效果的实现

在商品展示图区域底部有一个缩略图列表，当鼠标指向某个缩略图时，上方会显示对应的商品图片，当鼠标移入图片时，右侧会显示该图片对应区域的放大效果。界面的效果如图 20.14 所示。

图 20.14　图片放大镜效果

具体实现步骤如下：

① 在 views/shopinfo 文件夹下新建 ShopinfoEnlarge.vue 文件。在 <template> 标签中分别

定义商品图片、图片放大工具、放大的图片和商品缩略图，通过在商品图片上触发 mouseenter 事件、mouseleave 事件和 mousemove 事件执行相应的方法。关键代码如下：

```
<template>
    <div class="clearfixLeft" id="clearcontent">
      <div class="box">
        <div class="enlarge" @mouseenter="mouseEnter" @mouseleave="mouseLeave" @mousemove="mouseMove">
          <img :src="bigImgUrl[n]" title=" 细节展示放大镜特效 ">
          <span class="tool"></span>
          <div class="bigbox">
            <img :src="bigImgUrl[n]" class="bigimg">
          </div>
        </div>
        <ul class="tb-thumb" id="thumblist">
          <li :class="{selected:n == index}" v-for="(item,index) in smallImgUrl" :key="index" @mouseover="setIndex(index)">
            <div class="tb-pic tb-s40">
              <a href="javascript:void(0)"><img :src="item"></a>
            </div>
          </li>
        </ul>
      </div>
      <div class="clear"></div>
    </div>
</template>
```

② 在 <script> 标签中编写鼠标在商品图片上移入、移出和移动时执行的方法。在 mouseEnter() 方法中，设置图片放大工具和放大的图片显示；在 mouseLeave() 方法中，设置图片放大工具和放大的图片隐藏；在 mouseMove() 方法中，通过元素的定位属性设置图片放大工具和放大的图片的位置，实现图片的放大效果。关键代码如下：

```
<script>
  export default {
    data: function(){
      return {
        n: 0,// 缩略图索引
        smallImgUrl: [// 缩略图数组
          require('@/assets/images/01_small.jpg'),
          require('@/assets/images/02_small.jpg'),
          require('@/assets/images/03_small.jpg')
        ],
        bigImgUrl: [// 商品图片数组
          require('@/assets/images/01.jpg'),
          require('@/assets/images/02.jpg'),
          require('@/assets/images/03.jpg')
        ]
      }
    },
    methods: {
      mouseEnter: function () {// 鼠标进入图片的效果
        document.querySelector('.tool').style.display='block';
        document.querySelector('.bigbox').style.display='block';
      },
      mouseLeave: function () {// 鼠标移出图片的效果
        document.querySelector('.tool').style.display='none';
        document.querySelector('.bigbox').style.display='none';
      },
```

```
      mouseMove: function (e) {
        var enlarge=document.querySelector('.enlarge');
        var tool=document.querySelector('.tool');
        var bigimg=document.querySelector('.bigimg');
        var ev=window.event || e;// 获取事件对象
        // 获取图片放大工具到商品图片左端距离
        var x=ev.clientX-enlarge.offsetLeft-tool.offsetWidth/2+document.documentElement.scrollLeft;
        // 获取图片放大工具到商品图片顶端距离
        var y=ev.clientY-enlarge.offsetTop-tool.offsetHeight/2+document.documentElement.scrollTop;
        if(x<0) x=0;
        if(y<0) y=0;
        if(x>enlarge.offsetWidth-tool.offsetWidth){
          x=enlarge.offsetWidth-tool.offsetWidth;// 图片放大工具到商品图片左端最大距离
        }
        if(y>enlarge.offsetHeight-tool.offsetHeight){
          y=enlarge.offsetHeight-tool.offsetHeight;// 图片放大工具到商品图片顶端最大距离
        }
        // 设置图片放大工具定位
        tool.style.left = x+'px';
        tool.style.top = y+'px';
        // 设置放大图片定位
        bigimg.style.left = -x * 2+'px';
        bigimg.style.top = -y * 2+'px';
      },
      setIndex: function (index) {
        this.n=index;// 设置缩略图索引
      }
    }
  }
</script>
```

20.3.3 商品概要功能的实现

商品概要功能包含商品的名称、价格和配送地址等信息。用户快速浏览商品概要信息，可以了解商品的销量、可配送地址和库存等内容，方便用户快速决策，节省浏览时间。界面的效果如图 20.15 所示。

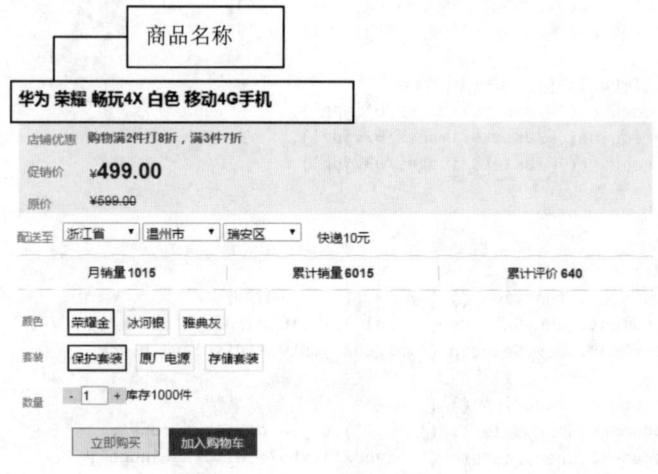

图 20.15 商品概要信息

具体实现步骤如下：

① 在 views/shopinfo 文件夹下新建 ShopinfoInfo.vue 文件。在 <template> 标签中，使用 <hl> 标签显示商品名称，使用 <li> 标签显示价格信息。然后通过 <select> 标签和 <option> 标签，显示配送地址信息。关键代码如下：

```
<template>
  <div>
    <ol class="mr-breadcrumb mr-breadcrumb-slash">
      <li><a href="javascript:void(0)"> 首页 </a></li>
      <li><a href="javascript:void(0)"> 分类 </a></li>
      <li class="mr-active"> 内容 </li>
    </ol>
    <div class="scoll">
      <section class="slider">
        <div class="flexslider">
          <ul class="slides">
            <li>
              <img src="@/assets/images/01.jpg" title="pic">
            </li>
            <li>
              <img src="@/assets/images/02.jpg">
            </li>
            <li>
              <img src="@/assets/images/03.jpg">
            </li>
          </ul>
        </div>
      </section>
    </div>
    <!-- 放大镜 -->
    <div class="item-inform">
      <ShopinfoEnlarge/>
      <div class="clearfixRight">
        <!-- 规格属性 -->
        <!-- 名称 -->
        <div class="tb-detail-hd">
          <h1>
            {{goodsInfo.name}}
          </h1>
        </div>
        <div class="tb-detail-list">
          <!-- 价格 -->
          <div class="tb-detail-price">
            <li class="price iteminfo_price">
              <dt> 促销价 </dt>
              <dd><em>¥</em><b class="sys_item_price">{{goodsInfo.unitPrice | formatPrice}}</b></dd>
            </li>
            <li class="price iteminfo_mktprice">
              <dt> 原价 </dt>
              <dd><em>¥</em><b class="sys_item_mktprice">599.00</b></dd>
            </li>
            <div class="clear"></div>
          </div>
    <!-- 省略部分代码 -->
</template>
```

② 在 <script> 标签中引入 mapState 和 mapActions 辅助函数，实现组件中的计算属性、方法和 store 中的 state、action 之间的映射，根据判断用户是否登录跳转到相应的页面。关键

代码如下：

```
<script>
  import ShopinfoEnlarge from '@/views/shopinfo/ShopinfoEnlarge'
  import {mapState,mapActions} from 'vuex' // 引入 mapState 和 mapActions
  export default {
    components: {
      ShopinfoEnlarge
    },
    data: function(){
      return {
        number: 1,                          // 商品数量
        goodsInfo: {                        // 商品基本信息
          img : require("@/assets/images/honor.jpg"),
          name : " 华为 荣耀 畅玩 4X 白色 移动 4G 手机 ",
          num : 0,
          unitPrice : 499,
          isSelect : true
        }
      }
    },
    computed: {
      ...mapState([
          'user'//this.user 映射为 this.$store.state.user
      ])
    },
      watch: {
        number: function (newVal,oldVal) {
          if(isNaN(newVal) || newVal == 0){// 输入的是非数字或 0
              this.number = oldVal;       // 数量为原来的值
          }
        }
      },
    filters: {
      formatPrice : function(value){
        return value.toFixed(2);            // 保留两位小数
      }
    },
    methods: {
      ...mapActions([
          'getListAction'//this.getListAction() 映射为 this.$store.dispatch ('getListAction')
      ]),
      show: function () {
          if(this.user == null){
            alert('亲，请登录！');
            this.$router.push({name:'login'});     // 跳转到登录页面
          }else{
            this.getListAction({                   // 执行方法并传递参数
              goodsInfo: this.goodsInfo,
              number: parseInt(this.number)
            });
            this.$router.push({name:'shopcart'}); // 跳转到购物车页面
          }
      },
      reduce: function () {
        if(this.number >= 2){
          this.number--;                           // 商品数量减 1
        }
      },
```

```
      add: function () {
        this.number++;// 商品数量加 1
      }
    }
  }
</script>
```

20.3.4　猜你喜欢功能的实现

猜你喜欢功能为用户推荐最佳相似商品，不仅方便用户立即挑选商品，也增加商品详情页面内容的丰富性，用户体验良好。界面效果如图 20.16 所示。

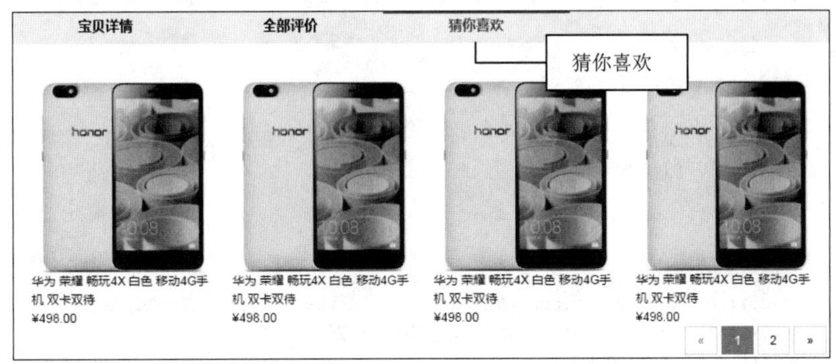

图 20.16　猜你喜欢的页面效果

具体实现步骤如下：

① 在 views/shopinfo 文件夹下新建 ShopinfoLike.vue 文件。在 <template> 标签中编写商品列表区域的 HTML 布局代码。首先使用 <li> 标签显示商品基本信息，包括商品缩略图、商品价格和商品名称等内容，然后使用 <li> 标签对商品信息进行分页处理。关键代码如下：

```
<template>
  <div id="youLike" class="mr-tab-panel">
    <div class="like">
      <ul class="mr-avg-sm-2 mr-avg-md-3 mr-avg-lg-4 boxes">
        <li>
          <div class="i-pic limit">
            <img src="@/assets/images/shopcartImg.jpg">
            <p> 华为 荣耀 畅玩 4X 白色 移动 4G 手机 双卡双待 </p>
            <p class="price fl">
              <b>¥</b>
              <strong>498.00</strong>
            </p>
          </div>
        </li>
        <!-- 省略部分代码 -->
      </ul>
    </div>
    <div class="clear"></div>
    <!-- 分页 -->
    <ul class="mr-pagination mr-pagination-right">
      <li :class="{'mr-disabled':curentPage==1}" @click="jump(curentPage-1)"><a href=
"javascript:void(0)">&laquo;</a></li>
      <li :class="{'mr-active':curentPage==n}" v-for="n in pages" :key="n" @
click="jump(n)">
```

```
      <a href="javascript:void(0)">{{n}}</a>
    </li>
    <li :class="{'mr-disabled':curentPage==pages}" @click="jump(curentPage+1)"><a href=
"javascript:void(0)">&raquo;</a></li>
  </ul>
  <div class="clear"></div>
 </div>
</template>
```

② 在 <script> 标签中编写实现商品信息分页的逻辑代码。在 data 选项中定义每页显示的元素个数，通过计算属性获取元素总数和总页数，在 methods 选项中定义 jump() 方法，通过页面元素的隐藏和显示实现商品信息分页的效果。关键代码如下：

```
<script>
 export default {
  data: function () {
   return {
    items: [],
    eachNum: 4,// 每页显示个数
    curentPage: 1// 当前页数
   }
  },
  mounted: function(){
   this.items = document.querySelectorAll('.like li');     // 获取所有元素
   for(var i = 0; i < this.items.length; i++){
    if(i < this.eachNum){
     this.items[i].style.display = 'block';              // 显示第一页内容
    }else{
     this.items[i].style.display = 'none';               // 隐藏其他页内容
    }
   }
  },
  computed: {
   count: function () {
    return this.items.length;                            // 元素总数
   },
   pages: function () {
    return Math.ceil(this.count/this.eachNum);           // 总页数
   }
  },
  methods: {
   jump: function (n) {
    this.curentPage = n;
    if(this.curentPage < 1){
     this.curentPage = 1;                                // 页数最小值
    }
    if(this.curentPage > this.pages){
     this.curentPage = this.pages;                       // 页数最大值
    }
    for(var i = 0; i < this.items.length; i++){
     this.items[i].style.display = 'none';               // 隐藏所有元素
    }
    var start = (this.curentPage - 1) * this.eachNum;    // 每页第一个元素索引
    var end = start + this.eachNum;                      // 每页最后一个元素索引
    end = end > this.count ? this.count : end;           // 尾页最后一个元素索引
    for(var j = start; j < end; j++){
     this.items[j].style.display = 'block';              // 当前页元素显示
    }
   }
```

```
    }
  }
</script>
```

20.3.5　选项卡切换效果的实现

在商品详情页面有“宝贝详情”“全部评价”和“猜你喜欢”三个选项卡，当单击某个选项卡时，下方会切换为该选项卡对应的内容。界面效果如图 20.17 所示。

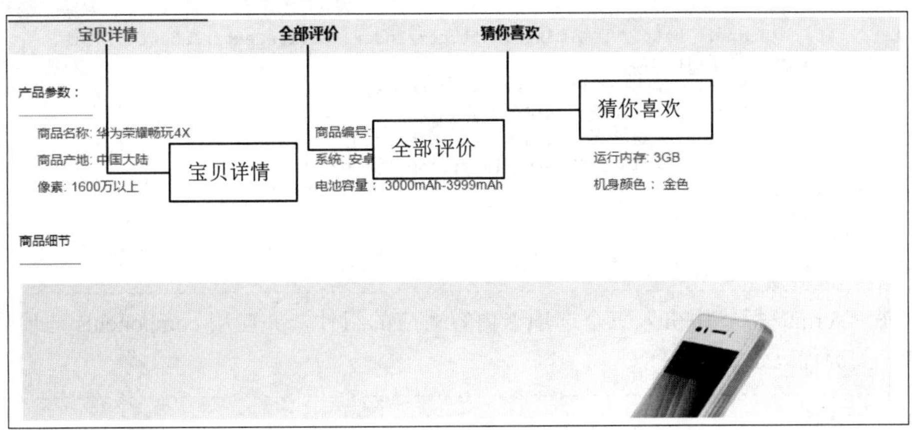

图 20.17　选项卡的切换

具体实现步骤如下：

① 在 views/shopinfo 文件夹下新建 ShopinfoIntroduce.vue 文件。在 <template> 标签中首先定义“宝贝详情”“全部评价”和“猜你喜欢”三个选项卡，然后使用动态组件，应用 <component> 元素将 data 数据 current 动态绑定到它的 is 属性。代码如下：

```
<template>
  <div class="introduceMain">
    <div class="mr-tabs" data-mr-tabs>
      <ul class="mr-avg-sm-3 mr-tabs-nav mr-nav mr-nav-tabs">
        <li id="infoTitle" :class="{'mr-active':current=='ShopinfoDetails'}">
          <a @click="current='ShopinfoDetails'">
            <span class="index-needs-dt-txt"> 宝贝详情 </span></a>
        </li>
        <li id="commentTitle" :class="{'mr-active':current=='ShopinfoComment'}">
          <a @click="current='ShopinfoComment'">
            <span class="index-needs-dt-txt"> 全部评价 </span></a>
        </li>
        <li id="youLikeTitle" :class="{'mr-active':current=='ShopinfoLike'}">
          <a @click="current='ShopinfoLike'">
            <span class="index-needs-dt-txt"> 猜你喜欢 </span></a>
        </li>
      </ul>
      <div class="mr-tabs-bd">
        <component :is="current"></component>
      </div>
    </div>
    <div class="clear"></div>
    <div class="footer ">
      <div class="footer-hd ">
```

```
      <p>
        <a href="http://www.mingrisoft.com/" target="_blank">明日科技</a>
        <b>|</b>
        <a href="javascript:void(0)" @click="show">商城首页</a>
        <b>|</b>
        <a href="javascript:void(0)">支付宝</a>
        <b>|</b>
        <a href="javascript:void(0)">物流</a>
      </p>
    </div>
    <div class="footer-bd ">
      <p>
        <a href="http://www.mingrisoft.com/Index/ServiceCenter/aboutus.html" target="_blank">关于明日</a>
        <a href="javascript:void(0)">合作伙伴</a>
        <a href="javascript:void(0)">联系我们</a>
        <a href="javascript:void(0)">网站地图</a>
        <em>&copy; 2016-2025 mingrisoft.com 版权所有</em> </p>
    </div>
  </div>
 </div>
</template>
```

② 在<script>标签中引入三个选项卡内容对应的组件，并应用components选项注册三个组件。关键代码如下：

```
<script>
 import ShopinfoDetails from '@/views/shopinfo/ShopinfoDetails'      //引入组件
 import ShopinfoComment from '@/views/shopinfo/ShopinfoComment'      //引入组件
 import ShopinfoLike from '@/views/shopinfo/ShopinfoLike'            //引入组件
 export default {
  name: 'ShopinfoIntroduce',
  data: function(){
   return {
    current: 'ShopinfoDetails'                                        //当前显示组件
   }
  },
  components: {
   ShopinfoDetails,
   ShopinfoComment,
   ShopinfoLike
  },
  methods: {
   show: function () {
    this.$router.push({name:'home'});                                 //跳转到主页
   }
  }
 }
</script>
```

20.4 购物车页面的设计与实现

20.4.1 购物车页面的设计

电商网站都具有购物车的功能。用户一般先将自己挑选好的商品放到购物车中，然后统一付款，交易结束。在 51 购商城中，用户只有先进行登录之后才可以进入购物车页面。购物车的页面要求包含订单商品的型号、数量和价格等信息内容，方便用户统一确认购买。购物车的页面效果如图 20.18 所示。

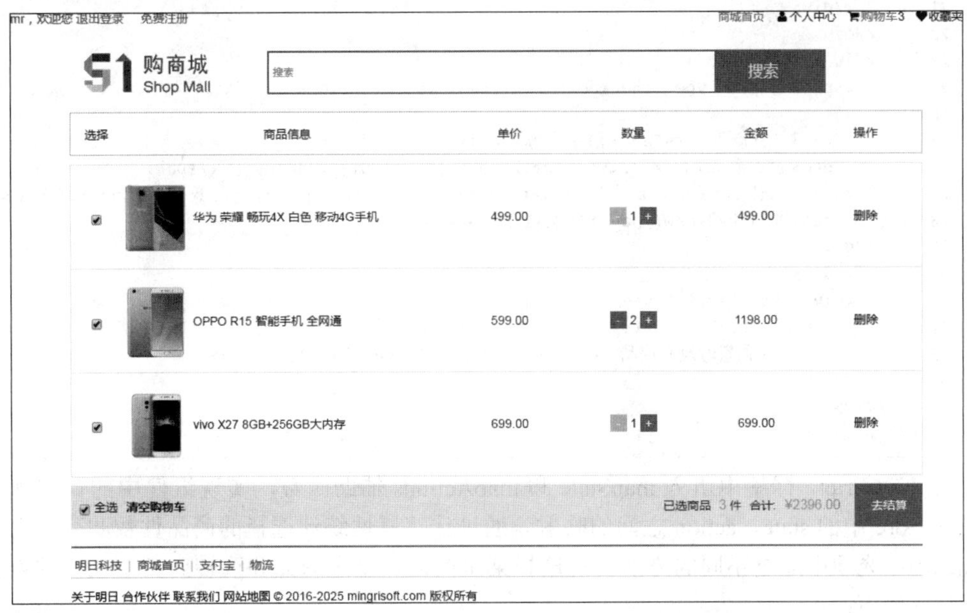

图 20.18　购物车的页面效果

20.4.2　购物车页面的实现

购物车页面分为顶部、主显示区和底部三个部分。这里重点讲解购物车页面中主显示区的实现方法。具体实现步骤如下：

① 在 views/shopcart 文件夹下新建 ShopcartCart.vue 文件。在 <template> 标签中应用 v-for 指令循环输出购物车中的商品信息，在商品数量一栏中添加“-”按钮和“+”按钮，当单击按钮时执行相应的方法实现商品数量减 1 或加 1 的操作。在操作中添加“删除”超链接，当单击某个超链接时会执行 remove() 方法，实现删除指定商品的操作。关键代码如下：

```
<template>
  <div>
      <div v-if="list.length>0">
    <div class="main">
      <div class="goods" v-for="(item,index) in list" :key="index">
        <span class="check"><input type="checkbox" @click="selectGoods(index)"
:checked="item.isSelect"> </span>
        <span class="name">
   <img :src="item.img">
   {{item.name}}
  </span>
        <span class="unitPrice">{{item.unitPrice | formatPrice}}</span>
        <span class="num">
            <span @click="reduce(index)" :class="{off:item.num==1}">-</span>
            {{item.num}}
            <span @click="add(index)">+</span>
        </span>
```

```
        <span class="unitTotalPrice">{{item.unitPrice * item.num | formatPrice}}</span>
        <span class="operation">
          <a @click="remove(index)"> 删除 </a>
        </span>
      </div>
    </div>
    <div class="info">
      <span><input type="checkbox" @click="selectAll" :checked="isSelectAll"> 全选 </
span>
        <a @click="emptyCar"> 清空购物车 </a>
      <span> 已选商品 <span class="totalNum">{{totalNum}}</span> 件 </span>
      <span> 合计 :<span class="totalPrice">¥{{totalPrice | formatPrice}}</span></span>
      <span @click="show('pay')"> 去结算 </span>
    </div>
      </div>
      <div class="empty" v-else>
        <img src="@/assets/images/shopcar.png">
        购物车内暂时没有商品，<a @click="show('home')"> 去购物 ></a>
      </div>
  </div>
</template>
```

② 在 <script> 标签中引入 mapState 和 mapActions 辅助函数，实现组件中的计算属性、方法和 store 中的 state、action 之间的映射。通过计算属性统计选择的商品件数和商品总价，在 methods 选项中通过不同的方法实现选择某个商品、全选商品和跳转到指定页面的操作。关键代码如下：

```
<script>
  import { mapState,mapActions } from 'vuex'// 引入 mapState 和 mapActions
  export default{
    data: function () {
      return {
        isSelectAll : false                   // 默认未全选
      }
    },
    mounted: function(){
        this.isSelectAll = true;              // 全选
        for(var i = 0;i < this.list.length; i++){
            // 有一个商品未选中即取消全选
            if(this.list[i].isSelect == false){
                this.isSelectAll=false;
            }
        }
    },
    filters: {
      formatPrice : function(value){
        return value.toFixed(2);              // 保留两位小数
      }
    },
    computed : {
        ...mapState([
            'list'                            //this.list 映射为 this.$store.state.list
        ]),
        totalNum : function(){               // 计算商品件数
        var totalNum = 0;
        this.list.forEach(function(item){
          if(item.isSelect){
            totalNum+=1;
```

```
        }
      });
      return totalNum;
    },
    totalPrice : function(){                // 计算商品总价
      var totalPrice = 0;
      this.list.forEach(function(item){
        if(item.isSelect){
          totalPrice += item.num*item.unitPrice;
        }
      });
      return totalPrice;
    }
  },
  methods : {
      ...mapActions({
          reduce: 'reduceAction',           // 减少商品个数
          add: 'addAction',                 // 增加商品个数
          remove: 'removeGoodsAction',      // 移除商品
          selectGoodsAction: 'selectGoodsAction',  // 选择商品
          selectAllAction: 'selectAllAction',      // 全选商品
          emptyCarAction: 'emptyCarAction'         // 清空购物车
      }),
    selectGoods : function(index){          // 选择商品
        var goods = this.list[index];
        goods.isSelect = !goods.isSelect;
        this.isSelectAll = true;
        for(var i = 0;i < this.list.length; i++){
            if(this.list[i].isSelect == false){
                this.isSelectAll=false;
            }
        }
        this.selectGoodsAction({
            index: index,
            bool: goods.isSelect
        });

    },
    selectAll : function(){                 // 全选或全不选
      this.isSelectAll = !this.isSelectAll;
      this.selectAllAction(this.isSelectAll);
    },
      emptyCar: function(){                 // 清空购物车
        if(confirm(' 确定要清空购物车吗？ ')){
            this.emptyCarAction();
        }
      },
    show: function (value) {
        if(value == 'home'){
            this.$router.push({name:'home'});// 跳转到主页
        }else{
            if(this.totalNum==0){
                alert(' 请至少选择一件商品！ ');
                return false;
            }
            this.$router.push({name:'pay'});// 跳转到支付页面
        }
    }
  }
 }
</script>
```

20.5 付款页面的设计与实现

20.5.1 付款页面的设计

用户在购物车页面单击“去结算”按钮后，进入付款页面。付款页面包括收货人姓名、手机号、收货地址、物流方式和支付方式等内容。用户需要再次确认上述内容后，单击“提交订单”按钮，完成交易。付款页面的效果如图 20.19 所示。

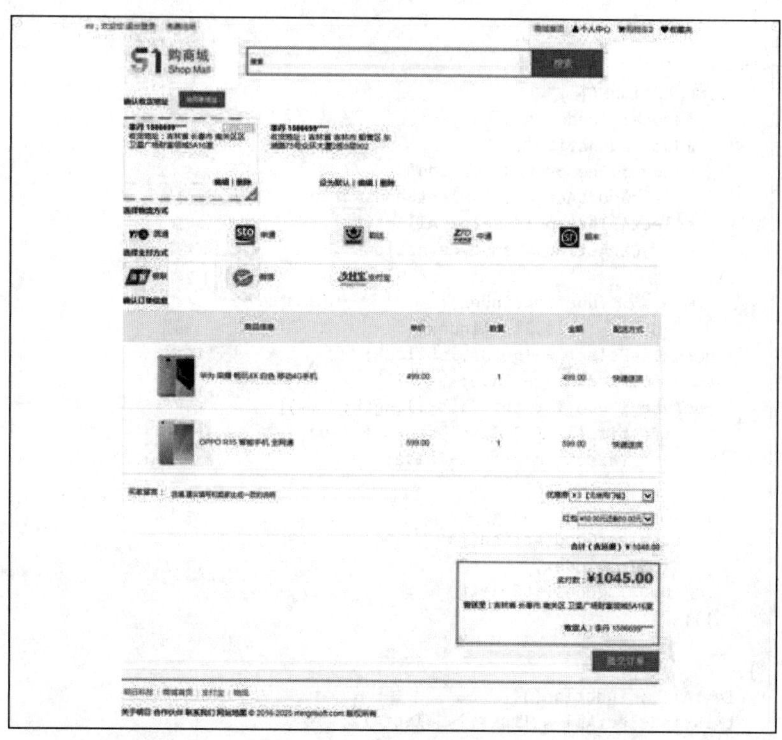

图 20.19 付款页面效果

20.5.2 付款页面的实现

付款页面包括多个组件。这里重点讲解付款页面中确认订单信息组件 PayOrder.vue 和执行订单提交的组件 PayInfo.vue。确认订单信息的页面效果如图 20.20 所示。

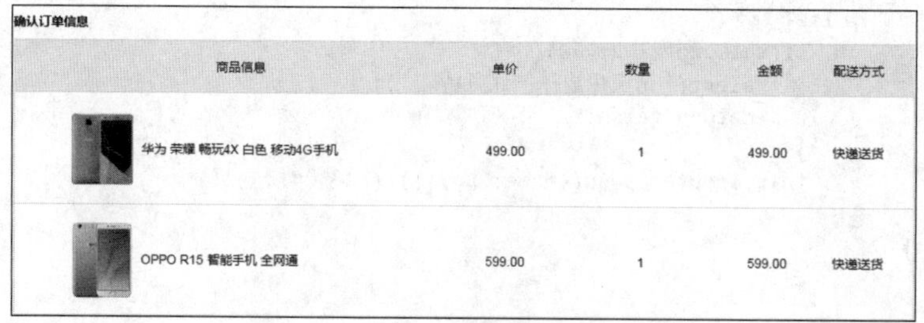

图 20.20 确认订单信息的页面效果

执行订单提交的页面效果如图 20.21 所示。

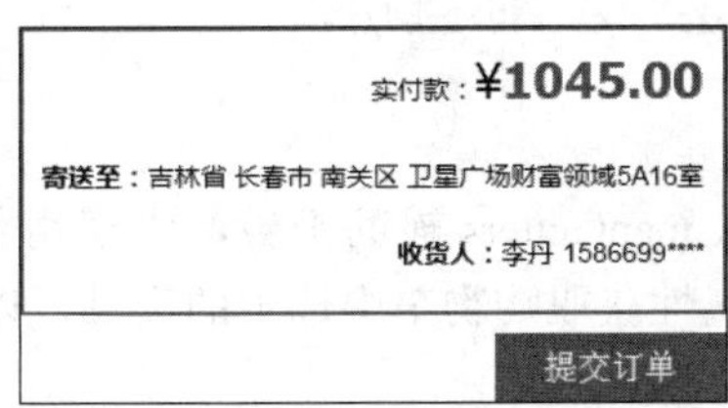

图 20.21　执行订单提交的页面效果

PayOrder.vue 组件的具体实现步骤如下：

① 在 views/pay 文件夹下新建 PayOrder.vue 文件。在 <template> 标签中应用 v-for 指令循环输出购物车中选中的商品信息，包括商品名称、单价、数量和金额等。关键代码如下：

```
<template>
  <!-- 订单 -->
    <div>
  <div class="concent">
    <div id="payTable">
      <h3> 确认订单信息 </h3>
      <div class="cart-table-th">
        <div class="wp">
          <div class="th th-item">
            <div class="td-inner"> 商品信息 </div>
          </div>
          <div class="th th-price">
            <div class="td-inner"> 单价 </div>
          </div>
          <div class="th th-amount">
            <div class="td-inner"> 数量 </div>
          </div>
          <div class="th th-sum">
            <div class="td-inner"> 金额 </div>
          </div>
          <div class="th th-oplist">
            <div class="td-inner"> 配送方式 </div>
          </div>
        </div>
      </div>
      <div class="clear"></div>
      <div class="main">
        <div class="goods" v-for="(item,index) in list" :key="index">
          <span class="name">
              <img :src="item.img">
              {{item.name}}
          </span>
          <span class="unitPrice">{{item.unitPrice | formatPrice}}</span>
          <span class="num">
              {{item.num}}
          </span>
          <span class="unitTotalPrice">{{item.unitPrice * item.num | formatPrice}}</span>
            <span class="pay-logis">
                快递送货
            </span>
        </div>
      </div>
    </div>
```

```
</div>
  <PayMessage :totalPrice="totalPrice"/>
  </div>
</template>
```

② 在 <script> 标签中引入 mapGetters 辅助函数，实现组件中的计算属性和 store 中的 getter 之间的映射。通过计算属性获取购物车中选中的商品，以及统计单个商品的总价。关键代码如下：

```
<script>
  import {mapGetters} from 'vuex'                        //引入 mapGetters
  import PayMessage from '@/views/pay/PayMessage'    //引入组件
  export default {
    components:{
      PayMessage                                        //注册组件
    },
    computed: {
      ...mapGetters([
              'list'//this.list 映射为 this.$store.getters.list
      ]),
      totalPrice : function(){                          //计算商品总价
        var totalPrice = 0;
        this.list.forEach(function(item){
          if(item.isSelect){
            totalPrice += item.num*item.unitPrice;
          }
        });
        return totalPrice;
      }
    },
    filters: {
      formatPrice : function(value){
        return value.toFixed(2);                        //保留两位小数
      }
    }
  }
</script>
```

PayInfo.vue 组件的具体实现步骤如下：

① 在 views/pay 文件夹下新建 PayInfo.vue 文件。在 <template> 标签中定义实付款、收货地址以及收货人信息，并设置当单击“提交订单”按钮时执行 show() 方法。关键代码如下：

```
<template>
  <!-- 信息 -->
  <div class="order-go clearfix">
    <div class="pay-confirm clearfix">
      <div class="box">
        <div tabindex="0" id="holyshit267" class="realPay"><em class="t">实付款：</em>
          <span class="price g_price ">
            <span>¥</span>
            <em class="style-large-bold-red " id="J_ActualFee">{{lastPrice |
formatPrice}}</em>
          </span>
        </div>
```

```
        <div id="holyshit268" class="pay-address">
          <p class="buy-footer-address">
            <span class="buy-line-title buy-line-title-type">寄送至：</span>
            <span class="buy--address-detail">
              <span class="province">吉林</span>省
              <span class="city">长春</span>市
              <span class="dist">南关</span>区
              <span class="street">卫星广场财富领域 5A16 室</span>
            </span>
          </p>
          <p class="buy-footer-address">
            <span class="buy-line-title">收货人：</span>
            <span class="buy-address-detail">
              <span class="buy-user">李丹 </span>
              <span class="buy-phone">1586699****</span>
            </span>
          </p>
        </div>
      </div>
      <div id="holyshit269" class="submitOrder">
        <div class="go-btn-wrap">
          <a id="J_Go" class="btn-go" tabindex="0" title="点击此按钮，提交订单" @click="show">提交订单</a>
        </div>
      </div>
      <div class="clear"></div>
    </div>
  </div>
</template>
```

② 在 <script> 标签中引入 mapActions 辅助函数，实现组件中的方法和 store 中的 action 之间的映射。在 methods 选项中定义 show() 方法，在方法中执行清空购物车的操作，并通过路由跳转到商城主页。关键代码如下：

```
<script>
  import {mapActions} from 'vuex'              // 引入 mapActions
  export default {
    props:['lastPrice'],                        // 父组件传递的数据
    methods: {
        ...mapActions({
          emptyCar: 'emptyCarAction'            //this.emptyCar() 映射为 this.$store.dispatch('emptyCarAction')
        }),
      show: function () {
          this.emptyCar();                      // 执行清空购物车操作
        this.$router.push({name:'home'});       // 跳转到主页
      }
    },
    filters: {
      formatPrice : function(value){
        return value.toFixed(2);                // 保留两位小数
      }
    }
  }
</script>
```

20.6 登录注册页面的设计与实现

20.6.1 登录注册页面的设计

登录和注册页面是通用的功能页面。51购商城在设计登录和注册页面时，使用简单的JavaScript方法验证邮箱和数字的格式。登录注册的页面效果分别如图20.22和图20.23所示。

图20.22 登录页面效果

图20.23 注册页面效果

20.6.2 登录页面的实现

登录页面分为顶部、主显示区和底部三个部分。这里重点讲解主显示区中登录界面的布局和用户登录的验证。登录界面效果如图20.24所示。

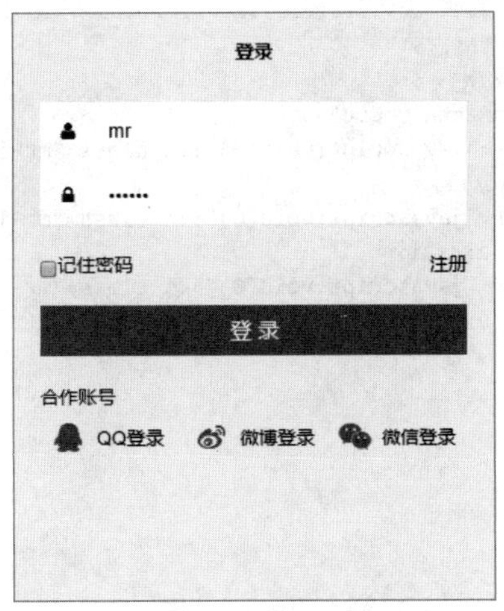

图 20.24　登录界面效果

具体实现步骤如下：

① 在 views/login 文件夹下新建 LoginHome.vue 文件。在 <template> 标签中编写登录页面的 HTML 代码。首先定义用于显示用户名和密码的表单，并应用 v-model 指令对表单元素进行数据绑定，然后通过 <input> 标签设置一个“登录”按钮，当单击该按钮时会执行 login() 方法。关键代码如下：

```
<template>
  <div>
  <div class="login-banner">
    <div class="login-main">
      <div class="login-banner-bg"><span></span><img src="@/assets/images/big.png"/></div>
      <div class="login-box">
        <h3 class="title"> 登录 </h3>
        <div class="clear"></div>
        <div class="login-form">
          <form>
            <div class="user-name">
              <label for="user"><i class="mr-icon-user"></i></label>
              <input type="text" v-model="user" id="user" placeholder=" 邮箱 / 手机 / 用户名 ">
            </div>
            <div class="user-pass">
              <label for="password"><i class="mr-icon-lock"></i></label>
              <input type="password" v-model="password" id="password" placeholder=" 请输入密码 ">
            </div>
          </form>
        </div>
        <div class="login-links">
          <label for="remember-me"><input id="remember-me" type="checkbox"> 记住密码 </label>
          <a href="javascript:void(0)" @click="show" class="mr-fr"> 注册 </a>
          <br/>
        </div>
        <div class="mr-cf">
          <input type="submit" name="" value=" 登 录 " @click="login" class="mr-btn mr-btn-primary mr-btn-sm">
        </div>
```

```
        <div class="partner">
          <h3>合作账号</h3>
          <div class="mr-btn-group">
            <li><a href="javascript:void(0)"><i class="mr-icon-qq mr-icon-sm"></i><span>QQ登录</span></a></li>
            <li><a href="javascript:void(0)"><i class="mr-icon-weibo mr-icon-sm"></i><span>微博登录</span> </a></li>
            <li><a href="javascript:void(0)"><i class="mr-icon-weixin mr-icon-sm"></i><span>微信登录</span> </a></li>
          </div>
        </div>
      </div>
    </div>
  </div>
  <LoginBottom/>
  </div>
</template>
```

② 在<script>标签中编写验证用户登录的代码。首先引入mapActions辅助函数，实现组件中的方法和store中的action之间的映射。在methods选项中定义login()方法，在方法中分别获取用户输入的用户名和密码信息，并验证用户输入是否正确。如果输入正确，则弹出相应的提示信息，接着执行loginAction()方法对用户名进行存储，并跳转到商城主页。代码如下：

```
<script>
  import {mapActions} from 'vuex'                                   //引入mapActions
  import LoginBottom from '@/views/login/LoginBottom'              //引入组件
  export default {
    name : 'LoginHome',
    components : {
      LoginBottom                                                   //注册组件
    },
    data: function(){
      return {
        user:null,                                                  //用户名
        password:null                                               //密码
      }
    },
    methods: {
      ...mapActions([
        'loginAction'//this.loginAction()映射为this.$store.dispatch('loginAction')
      ]),
      login: function () {
        var user=this.user;                                         //获取用户名
        var password=this.password;                                 //获取密码
        if(user == null){
          alert('请输入用户名！');
          return false;
        }
        if(password == null){
          alert('请输入密码！');
          return false;
        }
        if(user!=='mr' || password!=='mrsoft' ){
          alert('您输入的账户或密码错误！');
          return false;
        }else{
          alert('登录成功！');
```

```
          this.loginAction(user);                    // 触发 action 并传递用户名
          this.$router.push({name:'home'});          // 跳转到主页
        }
      },
      show: function () {
        this.$router.push({name:'register'});        // 跳转到注册页面
      }
    }
  }
</script>
```

注意

默认正确用户名为 mr，密码为 mrsoft。若输入错误，则提示“您输入的账户或密码错误”，否则提示“登录成功”。

20.6.3　注册页面的实现

注册页面的实现过程与登录页面相似，在验证用户输入的表单信息时，需要验证邮箱格式是否正确，验证手机格式是否正确等。注册页面效果如图 20.25 所示。

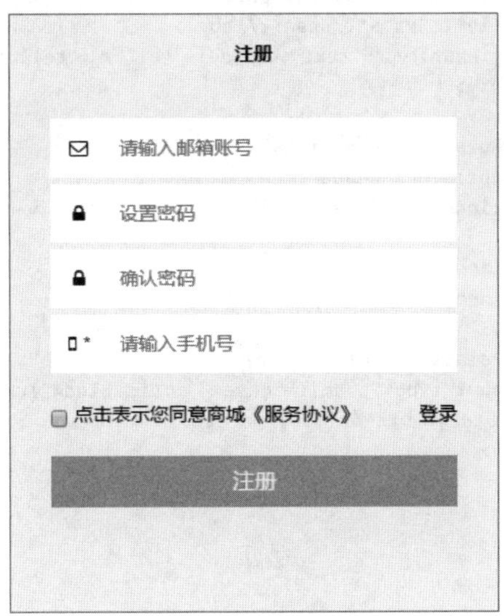

图 20.25　注册页面效果

具体实现步骤如下：

① 在 views/register 文件夹下新建 RegisterHome.vue 文件。在 <template> 标签中编写注册页面的 HTML 代码。首先定义用户注册的表单信息，并应用 v-model 指令对表单元素进行数据绑定，然后通过 <input> 标签设置一个“注册”按钮，当单击该按钮时会执行 mr_verify() 方法。关键代码如下：

```
<template>
  <div>
    <div class="res-banner">
```

```
      <div class="res-main">
        <div class="login-banner-bg"><span></span><img src="@/assets/images/big.png"/></div>
        <div class="login-box">
          <div class="mr-tabs" id="doc-my-tabs">
            <h3 class="title">注册</h3>
            <div class="mr-tabs-bd">
              <div class="mr-tab-panel mr-active">
                <form method="post">
                  <div class="user-email">
                    <label for="email"><i class="mr-icon-envelope-o"></i></label>
                    <input type="email" v-model="email" id="email" placeholder="请输入邮箱账号">
                  </div>
                  <div class="user-pass">
                    <label for="password"><i class="mr-icon-lock"></i></label>
                    <input type="password" v-model="password" id="password" placeholder="设置密码">
                  </div>
                  <div class="user-pass">
                    <label for="passwordRepeat"><i class="mr-icon-lock"></i></label>
                    <input type="password" v-model="passwordRepeat" id="passwordRepeat" placeholder="确认密码">
                  </div>
                  <div class="user-pass">
                    <label for="passwordRepeat"><i class="mr-icon-mobile"></i><span style="color:red;margin-left:5px">*</span></label>
                    <input type="text" v-model="tel" id="tel" placeholder="请输入手机号">
                  </div>
                </form>
                <div class="login-links">
                  <label for="reader-me">
                    <input id="reader-me" type="checkbox" v-model="checked"> 点击表示您同意商城《服务协议》
                  </label>
                  <a href="javascript:void(0)" @click="show" class="mr-fr">登录</a>
                </div>
                <div class="mr-cf">
                  <input type="submit" name="" :disabled="!checked" @click="mr_verify" value="注册" class="mr-btn mr-btn-primary mr-btn-sm mr-fl">
                </div>
              </div>
            </div>
          </div>
        </div>
      </div>
    </div>
    <RegisterBottom/>
  </div>
</template>
```

② 在 <script> 标签中编写验证用户注册信息的代码。在 data 选项中定义注册表单元素绑定的数据，然后在 methods 选项中定义 mr_verify() 方法，在方法中分别获取用户输入的邮箱、密码、确认密码和手机号码信息，并验证用户输入是否正确。如果输入正确，则弹出相应的提示信息，并跳转到商城主页。代码如下：

```
<script>
  import RegisterBottom from '@/views/register/RegisterBottom'// 引入组件
```

```
export default {
  name : 'RegisterHome',
  components : {
    RegisterBottom// 注册组件
  },
  data: function(){
    return {
      checked:false,// 是否同意注册协议复选框
      email:'',// 电子邮箱
      password:'',// 密码
      passwordRepeat:'',// 确认密码
      tel:''// 手机号
    }
  },
  methods: {
    mr_verify: function () {
      // 获取表单对象
      var email=this.email;
      var password=this.password;
      var passwordRepeat=this.passwordRepeat;
      var tel=this.tel;
      // 验证表单元素是否为空
      if(email==='' || email===null){
        alert(" 邮箱不能为空！ ");
        return;
      }
      if(password==='' || password===null){
        alert(" 密码不能为空！ ");
        return;
      }
      if(passwordRepeat==='' || passwordRepeat===null){
        alert(" 确认密码不能为空！ ");
        return;
      }
      if(tel==='' || tel===null){
        alert(" 手机号码不能为空！ ");
        return;
      }
      if(password!==passwordRepeat){
        alert(" 密码设置前后不一致！ ");
        return;
      }
      // 验证邮件格式
      var apos = email.indexOf("@")
      var dotpos = email.lastIndexOf(".")
      if (apos < 1 || dotpos - apos < 2) {
        alert(" 邮箱格式错误！ ");
        return;
      }
      // 验证手机号格式
      if(isNaN(tel)){
        alert(" 手机号请输入数字！ ");
        return;
      }
      if(tel.length!==11){
        alert(" 手机号是 11 个数字！ ");
        return;
      }
      alert(' 注册成功！ ');
      this.$router.push({name:'home'});// 跳转到主页
```

```
      },
      show: function () {
        this.$router.push({name:'login'});// 跳转到登录页面
      }
    }
  }
</script>
```

注意

JavaScript 验证手机号格式是否正确的原理，是通过 isNaN() 方法验证数字格式，通过 length 属性值验证数字长度是否等于 11。

小结

本章使用 Vue.js、vue-router 和 Vuex 技术，设计并完成了一个功能相对完整的电子商务网站。在实现网站各个功能时使用了 Vue.js 的一些核心技术，希望通过本章的学习可以对读者日后的工作实践有所帮助。